Einführung in die organisch=chemische Laboratoriumstechnik

Von

Professor Dr. Konrad Bernhauer

Lorsch ⟨Hessen⟩

Fünfte, ergänzte Auflage

Mit 100 Abbildungen

Springer-Verlag Wien GmbH
1947

ISBN 978-3-7091-3581-5   ISBN 978-3-7091-3580-8 (eBook)
DOI 10.1007/978-3-7091-3580-8

Aus dem Vorwort zur ersten Auflage.

Für die Abfassung der vorliegenden Arbeit und die *Auswahl des Stoffes* waren folgende Gesichtspunkte maßgebend:

1. Es gelangen nur gut bewährte Arbeitsmethoden und Apparate der präparativen organischen Chemie zur Darstellung, die vielseitig erprobt sind und dem heutigen Stand entsprechen. Auf die Darlegung der historischen Entwicklung von Arbeitsmethoden und Apparaten wird daher völlig verzichtet.

2. Der behandelte Stoff geht über den Rahmen einer ersten Einführung (wie sie in praktikumartigen Lehrbüchern geboten wird[1]) wesentlich hinaus; das Büchlein soll daher auch dem weiter Fortgeschrittenen dienlich sein.

3. Während in den großen Handbüchern der organisch-chemischen Arbeitsmethoden[2] eine für den Anfänger verwirrende Fülle von Tatsachen geboten wird und der junge Chemiker noch nicht über die ausreichende Erfahrung und Kritik verfügt, die für einen bestimmten Zweck in Betracht kommenden Methoden und Apparate auszuwählen, ist die vorliegende Darstellung so gehalten, daß die jeweils zweckdienlichen Methoden und Apparaturen ersichtlich werden.

4. Falls bei bestimmten Gerätschaften eine größere Anzahl von Konstruktionen vorliegt, wird in erster Linie auf die zweckmäßigste Form hingewiesen. In diesem Zusammenhang wurden stets die selbst gemachten Erfahrungen verwertet; es wird daher auch eine Anzahl von eigenen Konstruktionen sowie Verbesserungen von Apparaten behandelt.

---

[1] Vgl. GATTERMANN-WIELAND: Die Praxis des organischen Chemikers. Berlin und Leipzig: Walter de Gruyter & Co.

[2] HOUBEN-WEYL: Die Methoden der organischen Chemie, I. Bd., Leipzig: Thieme 1925. — H. MEYER: Analyse und Konstitutionsermittlung organischer Substanzen. Berlin: Springer 1922 (in den letzten Neuauflagen sind jene Abschnitte, welche die Laboratoriumstechnik und allgemeine organisch-chemische Operationen betreffen, zum überwiegenden Teil fortgelassen). — LASSAR-COHN: Arbeitsmethoden für organisch-chemische Laboratorien, I. Bd. Leipzig: Voss 1923; in vielem veraltet.

5. Besonderer Wert ist auch auf die Darstellung der präparativen Halbmikro- und Mikromethoden gelegt, da dieselben Hand in Hand mit den betreffenden analytischen Methoden in jüngster Zeit von größter Bedeutung für die Entwicklung der organisch-chemischen Forschung geworden sind. Außerdem haben dieselben auch noch keine eingehendere Behandlung vom Gesichtspunkt der Laboratoriumstechnik aus erfahren und finden sich vielfach nur im Rahmen von anderen Arbeiten vor (und sind daher häufig nur schwer auffindbar).

6. Bei der Besprechung der verschiedenen Operationen ist überall auf eine Reihe von Beispielen aus der Originalliteratur hingewiesen, aus denen man sich über die Anwendung gewisser Apparaturen und Durchführung verschiedener Methoden und Operationen in schwierigeren oder besonderen Fällen orientieren kann.

Die vorliegende Schrift verfolgt folgende Zwecke:

1. Sie ist als Einführung gedacht und daher insbesondere für den Praktikanten im organisch-chemischen Laboratorium bestimmt. Sie soll in geschlossener Form einen Überblick über die zur Verfügung stehenden präparativen Arbeitsmethoden der organischen Chemie bieten, und zwar vom Gesichtspunkt der Laboratoriumstechnik aus; sie soll also den Chemiepraktikanten mit den wichtigsten Gerätschaften, Apparaturen und sonstigen Hilfsmitteln und deren Handhabung vertraut machen.

2. Dem jungen Chemiker soll zum Bewußtsein gebracht werden, daß für ihn das Erlernen der organisch-chemischen Experimentierkunst und die Beherrschung der mannigfaltigen diesbezüglichen Arbeitsmethoden von entscheidender Bedeutung ist und daß er daher möglichst bald die Scheu vor komplizierteren Apparaten oder scheinbar schwierigeren Operationen zu überwinden hat (z. B. eine Vakuumdestillation soll für den organischen Chemiker möglichst frühzeitig eine selbstverständliche und einfache Operation werden). Die im folgenden gegebenen Anleitungen sollen daher auch in diesem Sinne von Nutzen sein.

3. Das vorliegende Büchlein soll einen Übergang vom reinen Praktikumbetrieb zum wissenschaftlichen Arbeiten vermitteln helfen und sodann auch bei diesem dienlich sein.

4. Dasselbe soll auch den Laboratoriumsassistenten entlasten helfen, indem die Anleitungen so gehalten sind, daß ein organischer Chemiker, der die grundlegenden Methoden bereits beherrscht, sich leicht allein weiter zurechtfinden wird.

5. Das Büchlein verfolgt ferner den Zweck, das Verständnis für chemische Apparaturen anzuregen und zu fördern, um so den

Chemiker instand zu setzen, eine Apparatur für einen bestimmten Zweck selbständig sinngemäß zu konstruieren oder zu verbessern.

6. Die vorliegende Arbeit soll daher nicht gewissermaßen eine Erweiterung der „allgemeinen Arbeitsregeln" des GATTERMANN-WIELAND oder ein Auszug aus dem HOUBEN-WEYL sein, sondern sie soll gemäß dem Gesagten etwas prinzipiell Neues vorstellen.

Vorwort zur dritten und vierten Auflage.

Bereits kaum in einem Jahr nach ihrem Erscheinen (März 1942) war die zweite Auflage vergriffen (Januar 1943). Aus äußeren Gründen war es leider nicht möglich, die nunmehr vorliegende dritte und vierte Auflage rascher herauszubringen.

Die in der zweiten Auflage vorgenommene völlige Neubearbeitung hatte sich bewährt und konnte im wesentlichen beibehalten werden. Ich konnte mich daher nunmehr mit einigen notwendig erscheinenden Erweiterungen und Ergänzungen begnügen. Jedenfalls bin ich bemüht gewesen, das Büchlein wieder auf den neuesten Stand zu bringen unter Berücksichtigung der neuesten Literatur und der inzwischen auch selbst gemachten weiteren Erfahrungen. Da unter den gegebenen Verhältnissen der Raum beschränkt ist und eine wesentliche Erweiterung nicht möglich war, konnte allerdings manche Methode nicht so ausführlich behandelt werden, daß deren Beschreibung tatsächlich als Anleitung zum unmittelbaren Arbeiten ausreichen würde. Dies gilt z. B. für die Molekulardestillation, die Reinigung von Enzymen durch Adsorption u. a. Hier muß unbedingt auf die diesbezüglichen ausführlichen Darstellungen verwiesen werden. Ich fühlte mich aber doch verpflichtet, derartige Methoden aufzunehmen und wenigstens andeutungsweise zu behandeln, um so auf dieselben aufmerksam zu machen; die stets vorhandenen Literaturangaben führen sodann leicht weiter.

Die Stoffanordnung blieb die gleiche wie in der zweiten Auflage. Das einleitende Kapitel, das eine *Charakteristik der organisch-chemischen Reaktionen und Operationen* beinhaltet, und in dem Bedeutung und Ziel des organisch-chemischen Arbeitens erläutert werden, wurde aus den bereits im Vorwort zur zweiten Auflage genannten Gründen möglichst kurz gehalten.

Im ersten Hauptteil werden *die organisch-chemischen Operationen im allgemeinen* behandelt, also die Erhitzungs- und Kühlungsmethoden, das Arbeiten bei vermindertem sowie erhöhtem Druck, unter Schütteln und Rühren, sodann das Arbeiten mit Lösungsmitteln sowie Gasen. Dabei wird nicht nur die diesbezügliche Arbeitstechnik samt den erforderlichen Geräten und Apparaten im allgemeinen dargestellt, sondern stets auch deren Anwendung bei der Durchführung organisch-chemischer Reaktionen.

Im zweiten Hauptteil gelangen die *Methoden und Operationen zur Isolierung und Reinigung organischer Substanzen* zur Darstellung. Dabei werden zunächst verschiedene vorbereitende Operationen kurz beschrieben, wie Zerkleinern und Sieben, Filtrieren und Zentrifugieren sowie Trocknen fester und flüssiger organischer Stoffe. Ausführlich besprochen wird sodann die Extraktion von festen Körpern und von Flüssigkeiten, die Reinigung organischer Substanzen durch Krystallisation, die Destillation und Sublimation unter Atmosphärendruck sowie im Vakuum auch unter Berücksichtigung der wichtigsten Spezialmethoden, wie z. B. der Molekulardestillation. Schließlich wird in einem Abschlußkapitel die Reinigung und Trennung organischer Körper durch die Adsorptionsmethode behandelt. In der Regel werden dabei einerseits die anzuwendenden Geräte und Apparaturen beschrieben und andererseits wird eine kurze Anleitung zu deren Benützung gegeben, sowie Methoden und Maßnahmen angeführt, die auch in schwierigeren Fällen zum Ziele führen können.

Ebenso wie in der ersten Auflage wird in ausführlichen *Anhängen*, die gleichfalls in vielen Einzelheiten ergänzt wurden, auf verschiedene chemische Geräte und Hilfsmittel eingegangen, so auf die Behandlung von Glas und Porzellan, von Kork und Kautschuk, auf die Herstellung verschiedener Kitte und Dichtungsmittel usw. Sodann wird die Handhabung ätzender, giftiger, explosibler und leicht entzündlicher Stoffe besprochen; ferner werden allgemeine Laboratoriumseinrichtungen und -anordnungen beschrieben, die für die Organisation des Laboratoriumsbetriebes wichtig erscheinen. Schließlich werden noch Leitlinien für die Protokollführung und Veröffentlichung wissenschaftlicher Arbeiten gegeben.

Herrn Dr. KURT WEIGNER und Frl. Dr. MARGARETE POSSELT danke ich für ihre eifrige Mithilfe beim Lesen der Korrekturen. Frl. Dr. Posselt habe ich überdies für die Abfassung des Sachverzeichnisses herzlichst zu danken.

Prag, im Juni 1944.

K. Bernhauer.

Vorwort zur fünften Auflage.

Die vorliegende Auflage stellt einen Neudruck der 3./4. Auflage vor und ist lediglich durch einen kurzen Nachtrag ergänzt, dessen Inhalt allerdings infolge der derzeitigen Verhältnisse keinen Anspruch auf Vollständigkeit erheben kann, da die Literaturbeschaffung immer noch auf große Schwierigkeiten stößt. Erst nach Normalisierung der Verhältnisse wird es daher möglich sein, das Büchlein wieder auf den neuesten Stand zu bringen. Infolge der großen Nachfrage ist allerdings die Herausgabe der fünften Auflage im vorliegenden, also nur unvollständig ergänzten Zustand notwendig geworden. Aus den angeführten Gründen bitte ich daher um die Nachsicht der Leser für diese Auflage.

Lorsch (Hessen), im August 1947.

K. Bernhauer.

Inhaltsverzeichnis.

Einleitung. Charakteristik der organisch-chemischen Reaktionen und Operationen.

Seite

A. Die organisch-chemischen Reaktionen (Bedeutung und Ziel derselben). 1

   1. Prinzipien der organischen Synthese 1

      a) Die Kondensation als synthetisches Hauptprinzip . . 1

      b) Die Darstellung von Derivaten 2

   2. Leitlinien der Konstitutionsermittlung organischer Substanzen 2

B. Isolierung und Reinigung organischer Substanzen. 3

   1. Isolierung und präparative Trennung organischer Substanzen 3

      a) Trennung auf Grund verschiedener chemischer Eigenschaften 3

      b) Trennung auf Grund verschiedener physikalischer Eigenschaften 5

   2. Reinigung von Rohprodukten 5

C. Die Charakterisierung und Identifizierung organischer Substanzen. 5

   1. Bestimmung der physikalischen Konstanten einer organischen Substanz 6

   2. Analyse organischer Substanzen 7

I. Die organisch-chemischen Operationen im allgemeinen.

A. Arbeiten bei erhöhter Temperatur (Erhitzungsmethoden) 7

   1. Erhitzen in kolbenartigen Gefäßen 8

   2. Erhitzen in Röhren 11

   3. Durchführung von Reaktionen bei relativ niedrigen Temperaturen (bis zum Siedepunkt) 12

      a) Allgemeine Reaktionsmethoden 12

      b) Spezielle Reaktionsmethoden 13

   4. Überhitzungsmethoden 14

      a) Überhitzung in Röhren 14

      b) Überhitzung unter Rückflußkühlung 15

B. Arbeiten bei tieferen Temperaturen (Kühlungsmethoden) 15

   1. Kühlung von Flüssigkeiten 15

   2. Kondensation gasförmiger Stoffe durch Kühlung . . . 18

      a) Kondensation des Dampfes siedender Flüssigkeiten . 18

      b) Kondensation von Gasen in engerem Sinne 21

X Inhaltsverzeichnis.

Seite

C. Arbeiten bei vermindertem Druck (Allgemeine Vakuumtechnik) 22
  1. Art der Evakuierung 22
    a) Vakuumpumpen 23
    b) Adsorptions- und Kondensationsmethoden zur Hoch-
      vakuumerzeugung 25
  2. Vakuummessung 26
  3. Prinzipielles über Vakuumanlagen 27
    a) Anlagen für Wasserstrahlpumpenvakuum 28
    b) Hochvakuumanlagen 29
  4. Allgemeine Richtlinien für die Handhabung der Vakuum-
    apparaturen 30

D. Arbeiten unter erhöhtem Druck 31
  1. Überdruck bei organisch-chemischen Reaktionen (Er-
    hitzen unter Druck) 31
    a) Einschmelzröhren und Druckflaschen 31
    b) Autoklaven 33
  2. Überdruck bei allgemeinen organisch-chemischen Ope-
    rationen 34

E. Arbeiten unter Schütteln und Rühren 35
  1. Schüttelmethoden 36
  2. Rührvorrichtungen 37

F. Arbeiten mit Lösungsmitteln 43

G. Arbeiten mit Gasen 51
  1. Darstellung und Reinigung von Gasen 51
  2. Durchführung von Reaktionen mit gasförmigen Stoffen . . 56

II. Methoden und Operationen zur Isolierung und Reinigung organischer Substanzen.

A. Vorbereitende Operationen. 61
  1. Zerkleinern und Sieben 61
  2. Filtrieren und Zentrifugieren 62
    a) Einfaches Filtrieren unter dem hydrostatischen Druck
      des Filtergutes 63
    b) Absaugen (Filtrieren unter vermindertem Druck) . . 64
    c) Filtrieren unter erhöhtem Druck 65
    d) Abpressen 66
    e) Zentrifugieren 66
  3. Trocknen 68
    a) Das Trocknen fester Stoffe 68
    b) Das Trocknen von Flüssigkeiten und Lösungen . . . 71

B. Extraktion 72
  1. Allgemeines über Extraktionsmittel und Extraktions-
    technik 72
    a) Trennung organischer von anorganischen Substanzen
      durch Extraktion 72
    b) Auswahl der Extraktionsmittel 73
    c) Allgemeine Extraktionstechnik 73

Seite

2. Extraktion fester Körper 74
   a) Extraktion bei gewöhnlicher Temperatur 74
   b) Extraktion bei erhöhter Temperatur (Digerieren) . . 75
   c) Extraktion in kontinuierlichen Extraktionsapparaten 75
3. Extraktion von Flüssigkeiten 80
   a) Ausschütteln 80
   b) Kontinuierliche Flüssigkeitsextraktoren (Perforatoren) . 81
   c) Fraktionierte Verteilung 84
   d) Anhang: Dialyse 85

C. Reinigung organischer Substanzen durch Krystallisation 86
1. Lösungsmittel und allgemeine Technik des Umkrystallisierens 86
2. Die Einzeloperationen des Umkrystallisierens 90
   a) Allgemeine Reinigungsmethoden, Entfernung von Verunreinigungen, Entfärbungsmittel usw. 90
   b) Lösen und Filtrieren 91
   c) Auskrystallisieren 94
3. Trennung der festen Substanzen von der Mutterlauge . 97
   a) Absaugen 98
   b) Zentrifugieren 102
   c) Abpressen 103
   d) Verwendung von Ton 103
   e) Trocknen fester Substanzen 104
4. Spezielle Krystallisationsmethoden 105
   a) Umkrystallisieren in indifferenter Gasatmosphäre . . 105
   b) Die fraktionierte Krystallisation 107

D. Destillation 108
1. Die Destillation unter Atmosphärendruck 109
   a) Destillierapparate 109
   b) Destillationstechnik 114
2. Vakuumdestillation 116
   a) Destillationsgefäße und Fraktionieraufsätze 117
   b) Einfache Destilliervorlagen 123
   c) Fraktioniervorlagen 124
   d) Technik der Vakuumdestillation 129
3. Molekulardestillation (Hochvakuumdestillation im engeren Sinn) 133
4. Verdampfung 138
   a) Verdampfung bei Atmosphärendruck 138
   b) Verdampfung im Vakuum 140
5. Wasserdampfdestillation 146
   a) Destillation mit gesättigtem Wasserdampf 147
   b) Destillation mit überhitztem Wasserdampf 150
   c) Technik der Wasserdampfdestillation 150

E. Sublimation 151
1. Sublimieren unter Atmosphärendruck 151
2. Vakuumsublimation 153
3. Sublimationstechnik 155

Seite

F. Reinigung und Trennung organischer Substanzen
   durch Adsorption 155
    1. Anwendung der Adsorptionsmethode für wohl definierte
       organische Substanzen 156
        a) Methodik 157
        b) Anwendbarkeit der Adsorptionsmethode 163
    2. Benützung der Adsorptionsmethode zur Enzymreinigung
       u. dgl. 165
        a) Methodik 165
        b) Anwendbarkeit der Adsorptionsmethode 168

Anhang.

  I. Die chemischen Geräte und Hilfsmittel im allgemeinen . 169
    1. Glasgeräte 169
    2. Porzellangeräte 175
    3. Behandlung von Kork und Kautschuk. 176
    4. Metallgeräte 177
    5. Sonstiges 179
 II. Handhabung ätzender, giftiger und leicht brennbarer che-
     mischer Stoffe usw. 179
    1. Ätzende Substanzen 179
    2. Giftige Stoffe 180
    3. Explosible Stoffe und Arbeiten im Vakuum sowie unter
       Druck 180
    4. Leicht entzündliche Stoffe 180
III. Allgemeine Laboratoriumseinrichtungen und -anordnungen 181
    1. Bau und Anlage chemischer Laboratorien 181
    2. Allgemeine Einrichtung organisch-präparativer Labo-
       ratorien. 182
    3. Einrichtung von Spezialräumen 183
 IV. Leitlinien für die Protokollführung und Veröffentlichung . 184
    1. Protokollführung 184
    2. Publikationstechnik 185
        a) Allgemeines. 186
        b) Art der Abfassung von Veröffentlichungen in Zeit-
           schriften 188

Nachtrag 191

Sachverzeichnis 193

Einleitung.

Charakteristik der organisch-chemischen Reaktionen und Operationen.

Die Arbeit im organisch-chemischen Laboratorium bzw. die dabei einzuhaltende prinzipielle Methodik ist durch eine Dreiteilung gekennzeichnet, nämlich: 1. Die Durchführung einer Reaktion zwecks Darstellung einer organischen Substanz aus einem bestimmten Ausgangsmaterial. 2. Die Isolierung und Reinigung des Reaktionsproduktes. 3. Die Charakterisierung und Identifizierung des Reaktionsproduktes. — Bei der Arbeit mit Naturprodukten entfällt Punkt 1.

A. Die organisch-chemischen Reaktionen (Bedeutung und Ziel derselben).

Ziele der organisch-chemischen Reaktionen: Synthese bestimmter Verbindungen oder Konstitutionsermittlung organischer Substanzen durch Abbau; ferner: Charakterisierung organischer Verbindungen durch Derivate, eingehenderes Studium gewisser Reaktionen (zur Aufklärung des Chemismus derselben oder zwecks Ausarbeitung bestimmter Darstellungsverfahren, insbesondere von technischer Bedeutung) usw.

1. Prinzipien der organischen Synthese.

a) Die Kondensation als synthetisches Hauptprinzip.

Bedeutung: Darstellung von Verbindungen mit neuen C-Bindungen; daher Gewinnung neuer Stammkörper. In den meisten Fällen Anwendung von Kondensationsmitteln erforderlich. Auf die zahlreichen Kondensationsvorgänge und -methoden kann hier nicht näher eingegangen werden[1].

---

[1] Einen guten Überblick bietet C. WEYGAND: Organisch-chemische Experimentierkunst. Leipzig: J. A. Barth 1938.

b) Die Darstellung von Derivaten.

Je nach der Art der Ausgangskörper handelt es sich um sehr verschiedene Methoden und Vorgänge. Prinzipiell können zwei Gruppen von Derivaten unterschieden werden, nämlich **Substitutionsderivate** und **funktionelle Derivate**. Im ersten Fall: Ersatz eines Atoms oder einer Atomgruppe durch andere (z. B. Halogenierung, Nitrierung, Sulfonierung), im zweiten Fall: Reaktionen bestimmter funktioneller Atomgruppen mit anderen organischen Verbindungen (z. B. Verätherung, Veresterung, Amidierung, Acylierung, Acetalisierung, Darstellung von Hydrazonen, Oximen u. v. a.). Die funktionellen Derivate dienen vielfach zur Identifizierung organischer Substanzen, indem so auf präparativem Wege der Beweis für das Vorhandensein bestimmter Atomgruppen erbracht wird.

2. Leitlinien der Konstitutionsermittlung organischer Substanzen[1].

Es handelt sich hier vor allem um *Abbaureaktionen*, wobei komplizierter zusammengesetzte Substanzen nach Möglichkeit in einfachere übergeführt werden, und zwar so, daß aus der Art und Konstitution der Abbauprodukte auf die Konstitution und Zusammensetzung des Ausgangskörpers geschlossen werden kann. Reaktionen sekundärer Natur sind möglichst zu vermeiden.

Über die Art der betreffenden Substanz gibt zunächst die Elementaranalyse und weiterhin der Nachweis und die Bestimmung der gegebenenfalls vorhandenen *Atomgruppen* (z. B. Hydroxyl-, Aldehyd-, Keto-, Carboxyl-Gruppen, Doppelbindungen usw.) sowie die Darstellung der entsprechenden funktionellen Derivate Auskunft. Bei Anwendung agressiver Abbaumethoden sind empfindliche Atomgruppen zu schützen oder durch beständigere Gruppen zu ersetzen. So wird man z. B. Verbindungen mit Hydroxylgruppen zunächst veräthern (insbesondere methylieren) und dann erst z. B. einer Oxydation unterwerfen.

Neben der Konstitutionsermittlung auf analytischem Wege (Abbau usw.) ist die auf synthetischem Wege von größter Bedeutung; dieselbe verläuft je nach dem Einzelfall sehr verschieden.

Es gelingt vor allem durch Oxydation und Reduktion aus organischen Verbindungen einfacher zusammengesetzte Körper zu erhalten, die einen Einblick in die Konstitution der Ausgangskörper ermöglichen.

---

[1] Vgl. H. MEYER: Analyse und Konstitutionsermittlung organischer Verbindungen, 6. Aufl. Wien: Springer 1938. — HOUBEN-WEYL: Methoden der organischen Chemie. Leipzig: Thieme 1925 bis 1941.

Es ist auch zu unterscheiden, ob es sich um die Konstitutionsermittlung synthetischer Substanzen oder von Naturprodukten handelt. Im ersten Falle kann man in der Regel bereits aus der Art der Synthese vermuten, um was für eine Substanz es sich handelt, deren Konstitution zu ermitteln ist und danach den weiteren Weg der Konstitutionsaufklärung wählen, während im zweiten Falle der Weg vielfach erst durch mühsame Vorversuche zu ermitteln und klarzulegen sein wird.

B. Isolierung und Reinigung organischer Substanzen.

Organisch-chemische Reaktionen führen fast nie zur Bildung reiner einheitlicher Substanzen; zumeist ist neben der gewünschten Substanz etwas unverändertes Ausgangsmaterial vorhanden, ferner Neben- oder Zwischenprodukte, gefärbte Beimengungen, Verunreinigungen harzartiger Natur usw. Ebenso bei Naturprodukten. Daher ist es eine sehr wichtige Aufgabe der präparativen Chemie, die Substanzen in einheitlicher Form zu isolieren und in analysenreinen Zustand zu bringen. Man nimmt die Operation zumeist in zwei Etappen vor, nämlich: Isolierung des Rohproduktes aus einem Substanzgemisch und sodann die Reinigung des Rohproduktes selbst.

1. Isolierung und präparative Trennung organischer Substanzen.

Es sind zwei prinzipiell verschiedene Trennungsmethoden zu unterscheiden, nämlich auf Grund verschiedener chemischer oder physikalischer Eigenschaften. Der erste Fall wird im allgemeinen zu einer rascheren und gründlicheren Trennung führen und prinzipiell stets anzuwenden sein, sobald die Gelegenheit dazu gegeben ist; der zweite Fall insbesondere bei der Trennung chemisch gleichartiger Substanzen (z. B. bei verschiedenen Gliedern einer homologen Reihe usw.).

a) Trennung auf Grund verschiedener chemischer Eigenschaften.

Prinzip: Die eine Substanz wird in Form eines Salzes, Derivates, einer Anlagerungsverbindung in wäßrige Lösung (oder eine in organischen Lösungsmitteln unlösliche Form) übergeführt und sodann der zweite Bestandteil durch Dampfdestillation, Extraktion usw. entfernt[1]. Vgl. dazu Tabelle 1.

---

[1] Eine eingehende Beschreibung der Methoden und Wege zur Trennung organisch-chemischer Substanzgemische gibt STAUDINGER im Rahmen seiner „Anleitung zur organischen qualitativen Analyse", 2. Aufl. Berlin: Springer 1929.

Tabelle 1.

Zu trennende Bestandteile		Bindung des Bestandteiles A		Abtrennung von B	Zerlegung von C (zwecks Gewinnung von A)
A	B	durch	als (C)	durch	durch
Säuren	aliph. K.W., arom. K.W. u. deren Nitro- u. Halogenderivate, Alkohole, Basen	Alkalilauge	Salz	Dampfdestillation oder Extraktion	verdünnte Schwefelsäure oder Phosphorsäure
Säuren	Phenole, Ester Aldehyde, Ketone	Alkalicarbonat oder Bicarbonat	Salz	Dampfdestillation oder Extraktion	verdünnte Schwefelsäure oder Phosphorsäure
Phenole	aliph. K.W., arom. K.W. u. deren Nitro- u. Halogenderivate, Alkohole, Basen	Alkalilauge	Phenolate	Dampfdestillation oder Extraktion	verdünnte Schwefelsäure (Kohlensäure)
Alkohole (manche aliphatische)	Kohlenwasserstoffe, Aldehyde, Ketone, Ester	konz. Chlorcalciumlösung	$CaCl_2$-Additionsprodukt	Extraktion (Ausschütteln)	Säuren oder Alkalien
Aldehyde und Ketone	Kohlenwasserstoffe, Alkohole, Ester, Phenole, Säuren	konz. Natrium-Bisulfitlösung	$NaHSO_3$-Additionsprodukt	Extraktion (Ausschütteln)	Sodalösung oder verd. Schwefelsäure
Basen	Kohlenwasserstoffe, arom. Halogen- und Nitrokörper, Alkohole, Phenole, Ester, Säuren	Säuren (H_2SO_4, H_3PO_4)	Salz	Dampfdestillation oder Extraktion	Alkalilauge

b) Trennung auf Grund verschiedener physikalischer Eigenschaften.

Aggregatzustand: Trennung der festen von flüssigen Substanzen durch Absaugen, Zentrifugieren usw.

Siedetemperatur: bei flüssigen oder auch festen Substanzen; fraktionierte Destillation: Gewinnung der Einzelfraktionen durch getrenntes Auffangen der Destillate.

Sublimationstemperatur: bei festen Substanzen, fraktionierte Sublimation, getrenntes Auffangen der einzelnen Bestandteile bei verschiedenen Temperaturen.

Löslichkeit: bei festen oder flüssigen Substanzen: Extraktion, und zwar ist entweder ein Bestandteil in einem Lösungsmittel schwer löslich und bleibt zurück, oder man verteilt die Substanzen zwischen zwei miteinander nicht mischbaren Lösungsmitteln. Bei festen Substanzen: fraktionierte Krystallisation, indem beide Bestandteile gelöst werden und der schwerer lösliche zuerst auskrystallisiert.

Adsorbierbarkeit: zumeist bei festen (aber auch bei flüssigen) Substanzen, fraktionierte Adsorption mit mechanischer Trennung der Adsorbate und Elution. Meist bei gefärbten Substanzen anwendbar.

2. Reinigung von Rohprodukten.

Sobald ein Produkt im wesentlichen ein einziges chemisches Individuum vorstellt, muß dasselbe in analysenreinen Zustand gebracht werden. Je nach der Art der Substanz wird man verschiedene Methoden anzuwenden haben:

Flüssige Substanzen: Reinigung vor allem durch Destillation; bei empfindlichen Substanzen im Vakuum. In manchen Fällen auch Adsorption anwendbar.

Feste Substanzen: Reinigung durch Krystallisation oder Sublimation, in manchen Fällen auch durch Adsorption.

C. Die Charakterisierung und Identifizierung organischer Substanzen.

Sobald eine organische Substanz in reinem Zustand vorliegt, sind zu ermitteln: die physikalischen Konstanten, die empirische Zusammensetzung sowie die gegebenenfalls vorhandenen Atomgruppen.

1. Bestimmung der physikalischen Konstanten einer organischen Substanz[1].

Bei krystallisierten Substanzen ist vor allem der *Schmelzpunkt* ein Kriterium von größter Bedeutung. Derselbe ist meist so charakteristisch, daß vielfach schon geringe Verunreinigungen eine starke Depression desselben bewirken. Aus dieser Tatsache erhellt auch die Bedeutung des *Mischungsschmelzpunktes* für die Identifizierung einer krystallisierten organischen Substanz[2].

Bei flüssigen Substanzen ist der *Siedepunkt* von Bedeutung, doch ist derselbe nicht so charakteristisch wie der Schmelzpunkt und manchmal hat man es auch mit konstant siedenden Gemischen zu tun.

Charakterisierung optisch aktiver Substanzen durch Bestimmung des *Drehungsvermögens: Polarisationsapparate*. Bei Flüssigkeiten vielfach von Wichtigkeit: Bestimmung der *Dichte* (z. B. in *Pyknometern*) sowie Ermittlung des *Brechungsvermögens* (in *Refraktometern*). Hierher gehört ferner die *Interferometrie*, bei der die refraktometrischen Messungen mit Hilfe der Interferenz des Lichtes ausgeführt werden (Flüssigkeitsinterferometer von LOEWE).

Für manche Zwecke leistet auch die *Colorimetrie* gute Dienste. Es kommen dabei entweder gefärbte Substanzen in gelöstem Zustand zur Untersuchung, oder es wird die Färbung bestimmt, die bei gewissen Farbreaktionen auftritt. Lovibond-Tintometer (z. B. für Untersuchungen in der Carotinoidreihe), Stufenphotometer usw.

Als Wegweiser für die Konstitutionsermittlung organischer Substanzen hat auch die Ermittlung des *Absorptionsspektrums* Bedeutung erlangt. Photometer bzw. Spektralapparate, entweder

---

[1] Fast alle hierher gehörigen Methoden werden beschrieben in HOUBEN-WEYL: Die Methoden der organischen Chemie, Bd. I (1925) sowie in C. WEYGAND: Organisch-chemische Experimentierkunst, Leipzig: J. A. Barth 1938. Einzelne Kapitel auch in folgenden Büchern: H. MEYER: Analyse und Konstitutionsermittlung org. Verb., 6. Aufl., Wien: Springer 1938; ROST und EISENLOHR: Refraktometrisches Hilfsbuch, Leipzig: Veit 1911; vgl. ferner LÖWE: Optische Messungen des Chemikers und Mediziners, Dresden: Steinkopff 1925; LIFSCHITZ: Kurzer Abriß der Spektroskopie und Colorimetrie, 2. Aufl., Leipzig: Barth 1927; SCHUMM: Die spektrometrische Analyse natürlicher Farbstoffe, 2. Aufl., Jena: G. Fischer 1927; FORMANEK: Untersuchung und Nachweis organischer Farbstoffe auf spektroskopischem Wege, 2. Aufl., Berlin: Springer 1926/27.

[2] Der Mischungsschmelzpunkt ist allerdings nicht immer entscheidend; insbesondere bei nahe stehenden Substanzen ist Vorsicht geboten. Eine Schmelzpunktsdepression der Mischung beweist jedoch stets das Vorliegen verschiedener Substanzen.

mit direkter Beobachtung oder Einrichtung zur photographischen Aufnahme des Absorptionsspektrums; Einrichtungen zur Messung der Absorption im ultravioletten Licht (also insbesondere bei farblosen Substanzen) von Wichtigkeit. Aufnahme des Absorptionsspektrums auch bei bestimmten Farbreaktionen von Bedeutung.

Weiterhin ist auch die Aufnahme der *Röntgenspektren* vielfach von Wichtigkeit geworden.

2. Analyse organischer Substanzen.

Die Ermittlung der Zusammensetzung einer organischen Substanz durch Analyse wird vor allem zwei Ziele haben, und zwar kann sie einerseits als Grundlage und Vorbereitung für die Konstitutionsermittlung einer Substanz dienen und andererseits als Beweis für die Einheitlichkeit und Reinheit einer bestimmten Verbindung. Je nachdem, welches Ziel man verfolgt, wird jeweils die Art der zu wählenden Analyse verschieden sein. Auf Einzelheiten kann hier nicht näher eingegangen werden[1].

I. Die organisch-chemischen Operationen im allgemeinen.

A. Arbeiten bei erhöhter Temperatur (Erhitzungsmethoden).

Temperaturmessung und -Regelung. Für alle Operationen, die bei erhöhten oder tieferen Temperaturen vor sich gehen, ist die Messung dieser von größter Bedeutung. Hierzu bedient man sich im Laboratorium in erster Linie der Flüssigkeitsthermometer, und zwar vor allem der *Quecksilberthermometer*, unter denen besonders die Stabthermometer am meisten angewendet werden. Für tiefere Temperaturen benützt man *Alkoholthermometer* (bis etwa — 60°) oder *Pentanthermometer* (bis — 180°) mit gefärbtem Flüssigkeitsfaden. Zur Messung höherer Temperaturen (meist über 300°) dienen *Thermoelemente*, bei denen bekanntlich zur Messung der Temperatur die thermoelektrische Kraft benutzt wird, die in einem aus zwei Leitern (Drähten verschiedener Metalle) gebildeten Stromkreis auftritt, wenn

---

[1] Vgl. vor allem H. MEYER: Analyse und Konstitutionsermittlung organischer Verbindungen, 6. Aufl. Wien: Springer 1938. Ferner HOUBEN-WEYL: Die Methoden der organischen Chemie, 1. Bd. Leipzig: Thieme 1935. — C. WEYGAND: Organisch-chemische Experimentierkunst. Leipzig: J. A. Barth 1938. — Die prinzipiell wichtigsten Methoden in: GATTERMANN-WIELAND: Die Praxis des organischen Chemikers. Berlin und Leipzig: Walter de Gruyter. — Mikromethoden: F. PREGL: Die quantitative organische Mikroanalyse, 3. Aufl. Berlin: Springer 1930. — SUCHARDA u. BOBRANSKY: Halbmikromethoden zur automatischen Verbrennung organischer Substanzen. Braunschweig: Vieweg & Sohn 1929 u. a.

die eine der beiden Lötstellen (am Ort der Messung) auf einer anderen Temperatur gehalten wird als die andere (die bei konstanter Temperatur bleibt). Die Messung selbst erfolgt mittels eines geeichten Galvanometers. Auf diese Weise können sehr hohe Temperaturen gemessen werden. Derartige Thermoelemente sind aber auch für die üblichen Temperaturen bestens geeignet, auch in Verbindung mit Fernschreibern zur automatischen Aufzeichnung der Temperatur (z. B. zum Verfolgen von Reaktionsabläufen). — Auf die Dampfdruck- und Gasthermometer, die für die feinsten Messungen dienen, sowie die Widerstandsthermometer und die optische Temperaturmessung kann hier nur verwiesen werden.

Bei der *Temperaturregelung* handelt es sich vor allem um die Einstellung und Konstanthaltung der Temperatur von verschiedenen Bädern, Luft- und Wasserthermostaten, Trockenschränken usw. Für Geräte mit Gasheizung verwendet man Gasdruckregler bzw. *Gasregulatoren.* Für elektrische Heizgeräte gibt es mannigfaltige Typen von Reglern. Zu empfehlen sind vor allem die sehr praktischen *Kontaktthermometer,* die eine einfache Temperatureinstellung ermöglichen.

1. Erhitzen in kolbenartigen Gefäßen.

Direktes Erhitzen der Gefäße. In der Regel mittels eines Gasbrenners. Von Vorteil ist der Schutz der Flamme gegen Luftströmungen mittels eines Turmes. Die Benützung von Drahtnetzen ist meist zu empfehlen. Verwendung von Sicherheitsbrennern oder von elektrischen Heizplatten beim Erhitzen leicht entzündlicher Flüssigkeiten.

Luftbäder. Verwendung für die verschiedensten Temperaturbereiche. Die bekannteste Form ist der BABOsche Trichter.

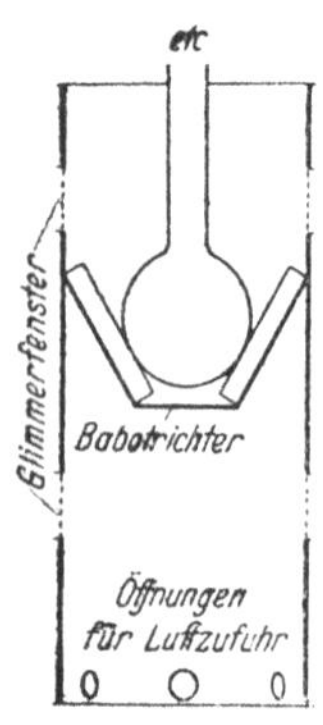

Abb. 1
BABO-Trichter in
Metallzylinder.

Einstellung von konstanten Temperaturen durch gleichzeitige Verwendung von Blech- oder Asbestzylindern (Abb. 1). Diese Anordnung ist besonders zur Destillation hoch siedender Substanzen im Vakuum zu empfehlen. Statt der Luftbäder aus Metall oder Asbest werden auch Luftbäder aus Jenaer Glas (Supremaxzylinder) verwendet, die infolge ihrer Durchsichtigkeit eine einfache Beobachtung von Reaktionen gestatten. *Elektrische Heiztrichter;* Erzielung der jeweils gewünschten Temperatur durch Verwendung von Kohlenfadenlampen verschiedener Größe oder von Heizkörpern mit Widerstandsdraht. Anwendung: besonders zum Erhitzen (Abdestillieren usw.) von niedrig siedenden, leicht brennbaren Lösungsmitteln. Zur Vermeidung einer eventuellen Überhitzung (vor allem beim Abdestillieren von Schwefelkohlenstoff) empfiehlt sich die Benutzung einer Schale mit Wasser als Bad.

Bäder für relativ niedrige Temperaturen: *Wasserbäder;* Anwendung zum Erhitzen „auf dem siedenden Wasserbade" (also im Dampf) oder „im Wasserbade". Statt der meist üblichen Wasserbäder aus Kupfer wurden auch solche aus Duran-Glas[1] oder aus Hartporzellan[2] empfohlen. Die Wasserbäder besitzen zweckmäßigerweise stets eine Zulaufvorrichtung, um ein Leerkochen zu vermeiden. Bei Verwendung einfacher Töpfe oder Bechergläser als Wasserbäder benützt man gleichfalls Überlaufvorrichtungen (vgl. Abb. 2). Ein neues Modell hat v. VIDITZ[3] entwickelt. Ein großes Laboratoriumswasserbad (300 l Inhalt) für Koch-, Maische- und Fermentationsversuche haben COLES u. TOURNAY[4] ausführlich beschrieben. *Dampfbäder* im engeren Sinne vgl. Abb. 3; auch hier befindet sich das zu erhitzende Gefäß entweder im Trichter eingesenkt oder auf den Ringen desselben. Hinsichtlich Dampfentwicklern für Laboratorien vgl. S. 148.

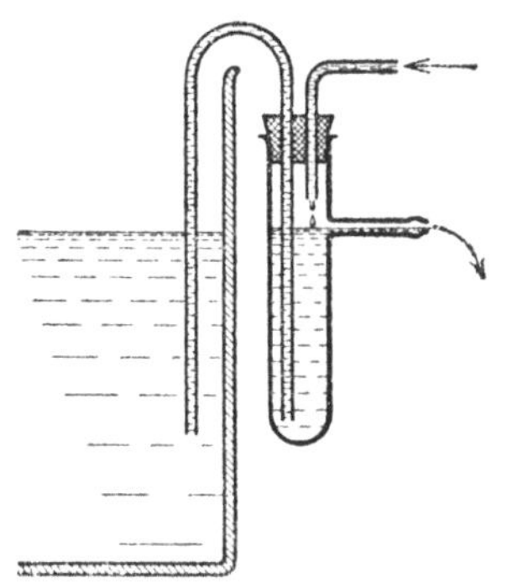

Abb. 2. Überlaufvorrichtung für Wasserbäder nach FÖRSTER[5].

Bäder für mittlere Temperaturen: Benützt werden zumeist *Ölbäder:* Metallgefäße (Schalen oder Töpfe), die mit der betreffenden Badflüssigkeit gefüllt werden, in die das zu erhitzende Gefäß (vor allem Kolben)

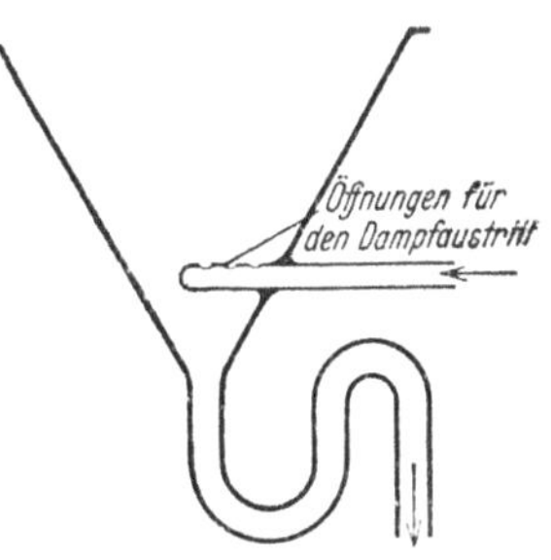

Abb. 3. Dampfbad.

eingesenkt wird. An Stelle der Metallgefäße empfiehlt sich bei Benützung durchsichtiger Badflüssigkeiten die Verwendung von Bechergläsern aus widerstandsfähigem Glas (Duran usw.). Als Bäder für kleine Gefäße haben sich (unten ausgeblasene) Bechergläser aus dem Schottschen Duran-Glas mit einem angeschmolzenen Glasrohr zur Befestigung bestens bewährt. Das Anheizen der Bäder

---

[1] Hersteller Glaswerk Schott & Gen., Jena.
[2] E. MOSER: Chem. Technik **16**, 233 (1943).
[3] v. VIDITZ: Mikrochim. Acta [Wien] **2**, 209 (1937).
[4] COLES H. W., u. W. E. TOURNAY: Ind. Engng. Chem., analyt. Edit. **13**, 840 (1941).
[5] FÖRSTER: Chemiker-Ztg. **14**, 607 (1890); Fr. **30**, 219 (1891). Der eingezeichnete Stopfen muß mit einem Schlitz versehen werden, damit ein dauerndes Funktionieren gewährleistet ist.

erfolgt in der Regel durch Gasbrenner oder auch durch geeignete elektrische Heizvorrichtungen.

Badflüssigkeiten: Glycerin, bis etwa 220° (darüber meist schon Acroleinbildung). Schwefelsäure: Verwendung bis etwa 250 (280)°, darüber beginnt dieselbe schon zu rauchen; wird in offenen Bädern selten benützt, häufig dagegen in Schmelzpunktapparaten; zur Verlangsamung des Dunkelwerdens eignet sich der Zusatz von etwas Salpeter. — Paraffinöl: bis etwa 250°, oberhalb raucht es bereits beträchtlich. Festes Paraffin vom Schmp. 30—60°; Verwendungsbereich bis gegen 300°, sodann auch schon starke Rauchentwicklung. Vakuumöle, bis etwa 300°, sind dunkel gefärbt und werden bei öfterem Gebrauch ganz schwarz und auch immer dickflüssiger. Alle Badflüssigkeiten müssen nach längerer Benützungsdauer erneuert werden. Bäder, bei denen die Erhitzung im Dampf der Badflüssigkeit erfolgt, dienen meist für spezielle Zwecke; sie werden daher jeweils am Orte der Besprechung der betreffenden Apparate behandelt.

Bäder für hohe Temperaturen: Außer den Luftbädern benützt man besonders Salz-, Sand- und Metallbäder.

Salzbäder: Für einen recht weiten Temperaturbereich empfiehlt sich eine Mischung aus gleichen Teilen Kaliumnitrat und Natriumnitrat, die bei 218° eine durchsichtige Schmelze ergibt und bis etwa 700° verwendbar ist. Die eingetauchten Geräte sind vor dem Erstarren des Bades herauszunehmen.

Als *Sandbäder* benützt man Metallschalen, die mit einer dünnen Sandschicht bedeckt sind, auf die das zu erhitzende Gefäß zu stehen kommt oder in die dasselbe eingebettet wird.

Anheizen mittels einer Gasflamme. Regulierung und Konstanthaltung der Temperatur mit Schwierigkeiten verbunden; ähnlich bei Graphitbädern[1]. Vorzuziehen sind Badfüllungen, wie Eisenfeile, Aluminiumspäne usw.

Dagegen gestatten die eigentlichen *Metallbäder*, bei denen geschmolzene Metallegierungen zur Badfüllung dienen, wegen der guten Wärmeleitung die Erzielung gleichmäßiger Temperaturen.

Man benützt Eisengefäße von geeigneter Form (meist schalen- oder halbkugelförmig). Die Badfüllung wird zunächst geschmolzen und der Kolben vor dem Eintauchen mittels der leuchtenden Flamme berußt. Es ist zweckmäßig, den Kolben vor dem Wiedererstarren des Metalles aus dem Bad herauszunehmen. Als Füllung für Metallbäder eignet sich vor allem die niedrig schmelzende WOODsche[2] (Schmp. 71°) oder ROSEsche[3] Legierung (Schmp. 94°).

Elektrisch geheizte Luftbäder sind vielfach den Öl- oder Glycerinbädern vorzuziehen. Ein derartiges Heizgerät, das mittels eines

---

[1] Hinsichtlich der Verwendung von Graphitbädern vgl. auch W. I. HARBER: Ind. Engng. Chem., analyt. Edit. **13**, 429 (1941).

[2] Zusammensetzung: 4 Teile Wismut, 2 Teile Blei, 1 Teil Cadmium und 1 Teil Zinn.

[3] Zusammensetzung: 9 Teile Wismut, 1 Teil Blei und 1 Teil Zinn.

Rheostaten, Thermostaten oder Transformators auf wenige Grade konstant gehalten werden kann, wurde z. B. von MASTER[1] beschrieben.

Für *mikrochemische Zwecke* wurde eine universell anwendbare Mikro-Heiz- und Kühleinrichtung mit automatischer Temperaturregelung von G. GORBACH[2] entwickelt[3].

Innenheizung der Gefäße. In manchen Fällen verwendet man mit Vorteil an Stelle von Bädern zur Beheizung von Gefäßen Schlangen, die in die zu beheizende Flüssigkeit eingebaut sind und durch die Dampf, Wasser von bestimmter Temperatur oder eine andere erwärmte Flüssigkeit hindurchgeleitet wird. Diese Art der Heizung ist besonders bei technischen Apparaturen in Verwendung. Zur Beheizung von Laboratoriumsgeräten kann vor allem der HÖPPLERsche *Ultrathermostat*[4] empfohlen werden; zum Umpumpen der Flüssigkeit durch die Schlangen bedient man sich bei größeren Apparaturen der *KPG-Umlaufpumpen* von Schott & Gen.; es können dabei auch relativ hohe Temperaturen angewendet werden[5].

Verwiesen sei schließlich noch auf die bekannten *Tauchsieder*, die auch mit einer Glasumhüllung verwendbar sind[6].

2. Erhitzen in Röhren.

Von dieser Erhitzungsart wird einerseits bei organisch-analytischen Methoden (Elementaranalyse, N-Bestimmung nach DUMAS, Halogenbestimmung nach LIEBIG usw.) Gebrauch gemacht und andererseits insbesondere bei der Überhitzung organischer Substanzen (z. B. Durchleiten durch ein glühendes Rohr oder über Katalysatoren) oder zur Durchführung spezieller Reaktionen (Zinkstaubdestillation usw.). Die Erhitzung erfolgt mittels einer Flamme oder elektrisch.

Erhitzung mittels der Gasflamme. Benützung der bekannten Verbrennungsöfen.

Elektrische Heizung von Röhren: dieselben werden mit einer oder mehreren Lagen von Wicklungen aus Widerstandsdraht versehen. Zwecks Regulierung der Temperatur werden geeignete Widerstände eingeschaltet. An Stelle des Widerstandsdrahtes kann auch ein schmales Nickelband verwendet werden. — Hinsichtlich eines leicht

---

[1] MASTER: Ind. Engng. Chem., analyt. Edit. **11**, 452 (1939). — Vgl. ferner PALKIN u. CHADWICK: Ebenda **11**, 509 (1939); Gerät besonders für Destillationen. — Vgl. auch Chemiker-Ztg. **63**, 72 (1939).

[2] G. GORBACH: Mikrochemie **31**, 116 (1943).

[3] Hersteller: Paul Haack, Wien IX.

[4] Hersteller: Gebr. Haake, Medingen b. Dresden. — Beschreibung desselben vgl. REIF: Kältetechn. Anz. **13**, 123 (1938).

[5] Vgl. dazu ALBRECHT: Chem. Fabrik **10**, 470 (1937).

[6] Vgl. J. H. BURROWS u. M. REIS: Chem. and Ind. **62**, 215 (1943).

selbst herzustellenden elektrischen Ofens aus Glas für Temperaturen bis zu 600°, vgl. FRICKE u. MEYER[1].

3. Durchführung von Reaktionen bei relativ niedrigen Temperaturen (bis zum Siedepunkt).

Bedeutung der Temperatur für die organisch-chemischen Reaktionen. Eine Reaktion zwischen organischen Substanzen findet entweder schon beim bloßen Zusammenbringen derselben oder aber in Gegenwart eines reaktionsvermittelnden Stoffes (z. B. eines Katalysators, wasserentziehenden Mittels usw.) statt. Manche Reaktionen verlaufen dabei sehr stürmisch, unter starker Wärmeentwicklung; um dabei den Reaktionsverlauf in gewünschter Weise vor sich gehen zu lassen (also einheitlich zu gestalten oder um die betreffenden Substanzen zu schonen), muß derselbe gemäßigt werden, was durch *Kühlung* geschieht. Bei manchen organisch-chemischen Reaktionen ist wieder nur ein schwaches Erwärmen notwendig, um die Reaktion einzuleiten, die dann vielfach sehr lebhaft weiterverläuft, so daß manchmal auch Kühlung erforderlich ist. Im übrigen gehen die organisch-chemischen Reaktionen nicht spontan vor sich (bzw. nur sehr langsam), und man muß zur Beschleunigung solcher Reaktionen unter *Erhöhung der Temperatur* (oder unter Anwendung von Katalysatoren) arbeiten. In manchen Fällen muß die Temperatur über den Siedepunkt der betreffenden Substanz gesteigert werden, um eine Reaktion zu erzielen; dabei arbeitet man entweder in geschlossenen Gefäßen, also *unter erhöhtem Druck* (vgl. S. 31ff.), oder aber bei Atmosphärendruck unter *Überhitzung* der Dämpfe der betreffenden Verbindung (vgl. S. 14).

a) Allgemeine Reaktionsmethoden.

Reaktionen bei gewöhnlicher Temperatur. In diesem methodisch einfachsten Fall werden die zu reagierenden Verbindungen miteinander gemischt bzw. in geeigneten Solvenzien gelöst und verbleiben nun in einem passenden Gefäß (Kolben, Becherglas usw.) bis zur Beendigung der Reaktion (einige Minuten, Stunden, Tage oder Wochen). Falls zu starke bzw. unerwünschte Erwärmung stattfindet, ist zu kühlen (vgl. dazu S. 15).

Reaktionen bei erhöhter Temperatur. Bei *Reaktionen mit nichtflüchtigen Stoffen* sind keine weiteren Maßnahmen erforderlich, sondern das Reaktionsgefäß (Kolben, Becherglas usw.) wird unter Anwendung einer der früher beschriebenen Methoden (besonders in einem Bad, vgl. S. 9, 10) auf die gewünschte Temperatur erhitzt; Anwendung vor allem bei Reaktionen im Schmelzfluß. Die Temperatur im Reaktionsgefäß ist zu kontrollieren und wunschgemäß einzustellen. Bei *Reaktionen mit flüchtigen Substanzen: Rückflußkühlung* (vgl. S. 18). Am bequemsten und

---

[1] FRICKE u. MEYER: Chemiker-Ztg. **66**, 53 (1942). — **Vgl. dazu** F. SCHAIDER: Chemiker-Ztg. **68**, 68 (1944).

sichersten ist die Anwendung von Gefäßen mit Normalschliffen. Man benützt dabei vor allem Rundkolben, in denen die Flüssigkeit zum Sieden erhitzt wird. Wenn während der Operation Substanzen eingetragen werden sollen, wird der Kolben mit einem seitlichen Ansatz versehen; derselbe kann auch zum Durchleiten eines Gases dienen (also z. B. in indifferenter Gasatmosphäre); das Gaseinleitungsrohr wird dabei in den Ansatz eingedichtet. Dieser Ansatz ist manchmal auch für die Temperaturmessung erforderlich (insbesondere, wenn die zu reagierende Substanz sich nicht im Sieden befindet). — Es wurden auch Geräte für kleine Substanzmengen beschrieben, die nach Durchführung einer Reaktion unter Rückflußkühlung ein unmittelbares Abdestillieren des überschüssigen Stoffes ermöglichen[1].

b) Spezielle Reaktionsmethoden.

(Durchführung von Reaktionen unter Destillation.)

Die Destillation ist bei der Durchführung einer organisch-chemischen Reaktion insbesondere dann anzuwenden, wenn das entstehende Reaktionsprodukt leicht flüchtig ist und daher aus dem Reaktionsgefäß (Destillierkolben) entfernt werden kann. Im einfachsten Fall werden die zu reagierenden Substanzen gemischt und der Destillation (bei gewöhnlichem Druck oder im Vakuum) unterworfen (z. B. bei der Darstellung von Ketonen aus den Ca-Salzen von Carbonsäuren usw.). — In anderen Fällen läßt man die eine Reaktionskomponente zu dem im Destillierkolben befindlichen Agens zutropfen unter gleichzeitiger Destillation (z. B. bei der Darstellung von Essigester aus Essigsäure und Äthylalkohol mittels Schwefelsäure). Man verwendet einen Kolben, der mit einem absteigenden Kühler (vgl. S. 20) mittels eines mit Tropftrichter versehenen Destillieraufsatzes verbunden wird (vgl. Abb. 4).

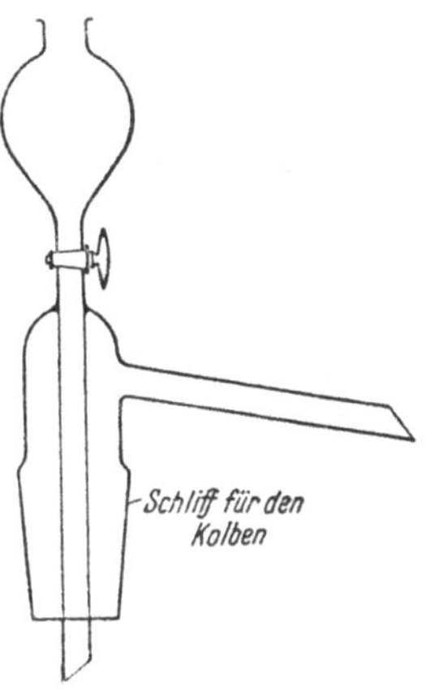

Abb. 4. Destillieraufsatz mit Tropftrichter.

Anwendung der Destillationsmethode zur Entfernung von störenden Stoffen (insbesondere des Wassers), die während der Reaktion entstehen und deren weiteren Fortgang hemmen unter Benützung eines *Wasserfängers*. Prinzip der Methode: Das ent-

---

[1] ERDÖS: Mikrochem. 24, 278 (1938).

stehende Wasser wird mit Hilfe eines leichtflüchtigen Lösungsmittels (Tetrachlorkohlenstoff, Benzol usw.) abdestilliert. Das
Destillat gelangt durch einen Kühler in den Wasserfänger (Separator), wird hier durch ein Trockenmittel vom Wasser befreit und
gelangt sodann wieder in das Reaktionsgefäß zurück[1].

Die Apparatur ist auch zur Durchführung von Reaktionen im
Vakuum verwendbar. Auch ist jeweils sinngemäß vorzugehen, je
nachdem ob das abzudestillierende Lösungsmittel schwerer oder
leichter als Wasser ist. Für die Durchführung vieler derartiger
Reaktionen eignet sich sehr gut der Extraktionsapparat von THIELE-
PAPE[2] (vgl. S. 77) unter Verwendung von Ca-Carbid als Wasser-
bindungsmittel. Auch auf den Veresterungsapparat von HAHN[3] sei
hier hingewiesen (Hersteller: Greiner & Friedrichs). Hinsichtlich der
Verwendung eines gekröpften Rückflußkühlers zur Wasserabscheidung
(z. B. bei der Herstellung von Isoamyläther aus Isoamylalkohol +
H_2SO_4) vgl. THELIN[4].

4. Überhitzungsmethoden.

Überhitzung organischer Substanzen (Erhitzen über ihren Siedepunkt) ist entweder in geschlossenen Gefäßen erzielbar (vgl. dazu
S. 31) oder indem die betreffende Substanz bei Atmosphärendruck
in Gasform über eine Stelle geleitet wird, deren Temperatur sehr
wesentlich über dem Siedepunkt der betreffenden Substanz liegt.
Im folgenden ist dieser zweite Fall zu besprechen.

Anwendung: Z. B. bei gewissen Dehydrierungsreaktionen (so bei
der katalytischen Dehydrierung von Alkoholen zu Aldehyden, bei
der Dehydrierung von Kohlenwasserstoffen, wobei pyrogene Konden-
sationen erfolgen usw.), weiterhin bei der Zinkstaubdestillation
organischer Substanzen usw.

Allgemeiner Vorgang: Die organischen Substanzen werden entweder in einem Rohr auf höhere Temperatur erhitzt oder der Dampf
der betreffenden Verbindungen wird durch das Rohr geleitet und
hier überhitzt oder der Dampf der Substanz wird über glühende
Metall- oder Kohlenfäden geleitet und durch Rückflußkühlung wieder
kondensiert.

a) Überhitzung in Röhren.

Hinsichtlich der allgemeinen Methodik vgl. S. 11. Als Beispiel
sei die Apparatur von BOUVEAULT[5] für die katalytische Dehydrierung von Alkoholen zu Aldehyden angeführt, da dieselbe in
sinngemäßer Weise auch für manche andere Reaktionen verwendet
werden kann.

---

[1] Anwendung des Prinzips z. B. bei Veresterungen, Entwässerun-
gen organischer Substanzen usw. (HULTMANN, DAVIS u. CLARKE:
J. Amer. chem. Soc. **43**, 366 [1921]) oder bei Sulfonierungen (H.
MEYER: Liebigs Ann. Chem. **433**, 327 [1923]) u. a.

[2] THIELEPAPE: Ber. dtsch. chem. Ges. **66**, 1454 (1933).

[3] HAHN: Chem. Fabrik **9**, 165 (1936).

[4] I. H. THELIN: Ind. Engng. Chem., analyt. Edit. **13**, 405 (1941).

[5] BOUVEAULT: Bull. Soc. chim. France (4) **3**, 120 (1908).

Die Dämpfe des zu dehydrierenden Alkohols werden durch ein mit dem Katalysator gefülltes Kupferrohr geleitet, das elektrisch auf die gewünschte Temperatur gebracht wird (etwa 200—300°). Die aus dem Rohr entweichenden Dämpfe werden durch einen Fraktionieraufsatz getrennt, so daß der gebildete Aldehyd abdestilliert und der unveränderte Alkohol in den Siedekolben zurückläuft. Das Prinzip der Methode ist aus Abb. 5 ersichtlich. Mit der Apparatur kann in sinngemäßer Weise auch im Vakuum gearbeitet werden. Ein Gerät zur Dehydrierung kleiner Substanzmengen hat RUZICKA[1] beschrieben.

b) Überhitzung unter Rückflußkühlung.

Benützung eines einfachen Rundkolbens mit Rückflußkühler; oberhalb der siedenden Flüssigkeit wird ein Metalldraht (aus Platin, Chromnickel usw.) oder ein Kohlenfaden in Form einer Spirale oder in anderer Weise befestigt, und durch Stromdurchleitung zum Glühen gebracht[2].

B. Arbeiten bei tieferen Temperaturen (Kühlungsmethoden).

Anwendung tieferer Temperaturen: bei Reaktionen, die unter starker Wärmeentwicklung verlaufen, bei der Darstellung zersetzlicher Substanzen, ferner wenn durch starke Kühlung Kristallisation erzielt werden soll, oder zwecks Kondensation von gasförmigen Stoffen oder zur Sättigung von Flüssigkeiten mit einem Gas usw. Kühlungsmethoden sind daher sowohl bei der Durchführung chemischer Reaktionen als auch bei der Reinigung organischer Substanzen von Wichtigkeit.

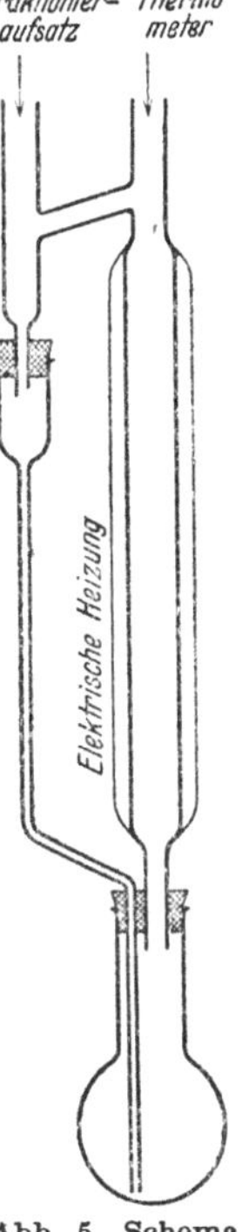

Abb. 5. Schema der Dehydrierungsapparatur von BOUVEAULT.

1. Kühlung von Flüssigkeiten.

Die in einem Gefäß (Kolben, Becherglas, Reagenzglas usw.) befindliche Substanz (zumeist Flüssigkeit) soll auf eine tiefere Temperatur gebracht werden.

---

[1] RUZICKA: Helv. chim. Acta 7, 90 (1924).
[2] Benützung der Apparatur für Pyrokondensationen: MEYER, H., u. A. HOFMANN: Mh. Chem. 37, 601 (1916); 38, 141, 343 (1917); J. prakt. Chem. (2) 102, 287 (1921); Depolymerisationen [„Isoprenlampe": HARRIES u. GOTTLOB: Liebigs Ann. Chem. 383, 228 (1911)]; Spaltungen [„Ketenlampe", aus einer gewöhnlichen Wolframbirne herstellbar: OTT, SCHRÖTER u. PACKENDORFF: J. prakt. Chem. (2) 130, 177 (1931)] usw.; auch im Vakuum anwendbar: vgl. STAUDINGER u. KLEVER: Ber. dtsch. chem. Ges. 44, 2212 (1911).

Durchführung der Kühlung: Das die Substanz enthaltende Gefäß wird in ein zweites Gefäß, das das betreffende Kühlmittel enthält (Schale, Topf, Becherglas usw.) eingesenkt. Bei länger währenden Operationen ist eine öftere Erneuerung des Kühlmittels erforderlich. Messung tiefer Temperaturen durch Thermometer, die nicht mit Quecksilber (Schmp. — 39,4°), sondern mit angefärbtem Pentan gefüllt und bis unterhalb — 120° verwendbar sind.

Kühlmittel: Zumeist Schnee oder fein zerstoßenes Eis, das gegebenenfalls mit etwas Wasser durchtränkt wird. Wünscht man eine Temperatur unterhalb 0°, so verwendet man *Kältemischungen* (vgl. Tabelle 2), wobei man aber tatsächlich die vorgeschriebenen Mischungsverhältnisse einhalten muß.

Tabelle 2.

Wasser oder Schnee	Salz- oder Säurezusatz	Temperatur
100 Teile Wasser (von Zimmertemperatur)	250 Teile Calciumchlorid, kryst.	— 8°
	33 Teile Salmiak und	
	33 Teile Salpeter	— 12°
	100 Teile Salmiak und	
	100 Teile Salpeter	— 25°
100 Gew.-Teile Schnee (oder fein zerkleinertes Eis)[1]	33 Teile Natriumchlorid (Viehsalz) . .	— 20°
	100 Teile techn. Kalisalz (Staßfurter Salz)	— 30°
	100 Teile 66proz. Schwefelsäure	— 37°
	150 Teile Calciumchlorid, kryst.	— 49°

Für noch tiefere Temperaturen benützt man *feste Kohlensäure* (Schmp. — 78,8°). Dieselbe ist in Form von Blöcken im Handel. Braucht man nur eine kleinere Menge fester Kohlensäure, so wird dieselbe mittels einer flüssige Kohlensäure enthaltenden Flasche bereitet.

Die Kohlensäurebombe wird zu diesem Zwecke auf ein passendes Gestell schräg abwärts gelegt und die Kohlensäure durch einen einfachen Schlauchansatz in einen Sack aus festem Leinen usw., der am Ventil gut befestigt ist, einströmen gelassen, unter gleichzeitigem kräftigem Schütteln bzw. „Melken" desselben. Durch die rasche Verdunstung eines Teils der ausströmenden Kohlensäure findet so starke Temperaturerniedrigung statt, daß die Kohlensäure zu einem schneeartigen Pulver erstarrt, das aus dem Leinenbeutel bequem herausgeschüttelt werden kann.

---

[1] Das Zerkleinern erfolgt mittels eines Holzhammers nach dem Einschlagen des Eises in ein Tuch oder durch Zermahlen in einer Eisbrechmaschine oder Eismühle.

Der Kohlensäureschnee wird in ein DEWARsches Gefäß[1] gebracht, in dem die Kühlung vorgenommen werden kann. Meist fügt man noch organische Flüssigkeiten hinzu und erzielt auf diese Weise eine verschieden große Temperaturerniedrigung, und zwar mit Aceton -86^0 und mit Äther -90^0. Verschiedene Temperaturstufen sind auch in der Weise erzielbar, daß in das in einem DEWARschen Gefäß befindliche Lösungsmittel feste Kohlensäure eingeworfen wird, wodurch man die jeweils gewünschte Temperatur erreichen kann.

Zur Erzielung noch tieferer Temperaturen dient *flüssige Luft.* Temperatur derselben je nach ihrer Zusammensetzung (Stickstoff- bzw. Sauerstoffgehalt) etwa -180 bis -190^0. Man wird beim organisch-chemischen Arbeiten jedoch relativ selten genötigt sein, derartig tiefe Temperaturen anzuwenden.

Kühlschränke: Verwendung, wenn eine Substanz längere Zeit bei tiefer Temperatur gehalten werden soll, also besonders zur Erzielung von Krystallisation; dieselben bieten große Vorteile, da erfahrungsgemäß organische Substanzen vielfach erst bei wochenlangem Verweilen bei Temperaturen von etwa -5 bis -10^0 zur Krystallisation gelangen, in wäßriger Lösung etwa zwischen $+2$ und $+5^0$ (vgl. auch S. 96).

Abkühlung durch *Verdunstung eines Lösungsmittels.* Es wird z. B. das in einem äußeren Gefäß befindliche Kühlmittel zur Verdunstung gebracht und so die in einem inneren Gefäß befindliche Substanz gut abgekühlt. Am einfachsten ist, das Reagensglas bis zur Höhe des Flüssigkeitsspiegels mit Watte zu umgeben (Gummiring) und in Schräglage aus einem Tropftrichter mit Äther langsam zu beträufeln: Rasche Abkühlung auf -5 bis -10^0[2]. Es kann auch das Kühlmittel als Lösungsmittel zu der abzukühlenden Substanz zugesetzt und verdunsten gelassen werden. Beschleunigung der Verdunstung des Kühlmittels: Durchleiten eines raschen Luftstromes oder Anwendung von Vakuum. Bei Verwendung von Äther sinkt die Temperatur bis gegen -20^0, bei Verwendung von Methylchlorid auf -53^0. Der Verlust der Lösungsmittel bildet natürlich einen wesentlichen Nachteil dieser Methode.

Anwendung von Kühlmethoden bei der Durchführung organisch-chemischer Reaktionen. Viele Reaktionen müssen von vornherein bei tiefen Temperaturen durchgeführt werden. Das Reaktionsgefäß wird dabei in der Regel in eine geeignete Kältemischung

---

[1] Auch WEINHOLD-Gefäß genannt. Versehen mit Doppelmantel, analog den Thermosflaschen; innen meist mit Silberspiegel oder Kupferspiegel versehen. Zwischenraum evakuiert oder mit einem leicht kondensierbaren Dampf (SO_2, CS_2) gefüllt.

[2] Vgl. LUBER: Chemiker-Ztg. 60, 1006 (1936).

eingebettet. Aber auch bei manchen Reaktionen, die bei gewöhnlicher Temperatur verlaufen sollen, ist vielfach eine Kühlung erforderlich, um zu starke oder unerwünschte Erwärmung zu verhindern.

Bei Reaktionen in kleinerem Maßstab wendet man die *Außenkühlung* des Reaktionsgefäßes an: Kühlung unter der Wasserleitung oder Benützung von *Kühlgefäßen*, durch die Wasser hindurchgeleitet wird (mit Überlaufrohr [vgl. S. 9] oder mit Zu- und Ablaufrohr). Bei der Durchführung von Reaktionen in größerem Ausmaße benützt man eine *Kühlschlange*, die man in das Reaktionsgefäß einsetzt (vgl. S. 20). Durch dieselbe leitet man während der Reaktion Wasser oder, falls noch tiefere Temperatur erforderlich ist, eine geeignete Kühlflüssigkeit (vgl. S. 11, 16). Soll die Reaktion bei noch tieferer Temperatur vorgenommen werden, so wird vor allem Außenkühlung mit Hilfe einer geeigneten Kältemischung (vgl. S. 16) angewendet. Wichtig für die Beobachtung des Reaktionsverlaufes ist die dauernde Kontrolle der Temperatur im Reaktionsgefäß mit Hilfe eines Thermometers oder Thermoelementes.

2. Kondensation gasförmiger Stoffe durch Kühlung.

Wir haben hier zwei Möglichkeiten zu unterscheiden, nämlich einerseits die Kondensierung eines Dampfes, der beim Erhitzen einer Flüssigkeit entsteht, und andererseits die Kondensierung von Gasen im engeren Sinne, die bei einer chemischen Reaktion oder Operation gebildet werden.

a) Kondensation des Dampfes siedender Flüssigkeiten.

Diese Operation findet sowohl bei der Durchführung einer chemischen Reaktion als auch bei der Reinigung organischer Substanzen Anwendung. Man benützt dabei vor allem *Kühler*, und zwar je nach dem beabsichtigten Zweck entweder Rückflußkühler, wenn der kondensierte Dampf wieder in flüssiger Form in das Siedegefäß zurückgeleitet werden soll, oder absteigende Kühler, wenn der kondensierte Dampf in einem anderen Gefäß aufgefangen wird (bei der Destillation).

Rückflußkühlung. Im einfachsten Fall Luftkühlung, indem ein gewöhnliches Glasrohr mit dem Siedekolben dicht verbunden

wird. Anzuwenden insbesondere bei höher siedenden Substanzen
(etwa über 120⁰). Bei niedriger siedenden Flüssigkeiten Wasser-
kühlung; das Rückflußrohr wird mit einem Glasmantel versehen
(mit Zu- und Ablauf) und durch denselben während der Operation
Wasser hindurchgeleitet, wodurch die aufsteigenden Dämpfe zur
Kondensation gelangen. Bei besonders tief siedenden
Substanzen, die unter Rückflußkühlung erhitzt wer-
den sollen (z. B. Acetaldehyd, Sdp. 21⁰), genügt die
Wasserkühlung nicht; man leitet dann durch den
Kühlmantel Flüssigkeiten von tieferer Temperatur
(Chlorcalcium-Sole usw., vgl. S. 16, Tabelle 2).

Es wurde eine große Anzahl von Rückflußkühlern
konstruiert, von denen insbesondere die *Kugelkühler*
und *Schlangenkühler* von Bedeutung sind. Im ersten
Falle ist die Oberfläche des Kühlrohres durch einige
kugel- oder birnenförmige Ausbuchtungen vergrößert
(Abb. 6), im zweiten Falle wird dieses Ziel durch die
Schlangenform des Kühlrohres erreicht.

Schlangenkühler, die meist für niedrig siedende Flüssigkeiten (wie Äther usw.) verwendet werden, bedingen allerdings Rücklaufstauungen, so daß sie zweckmäßiger nicht
als Rückflußkühler, sondern als Destillierkühler benutzt
werden[1]. Zweckmäßigerweise werden Zu- und Ablaufrohr
der Rückflußkühler etwa rechtwinklig nach unten abgebogen, um das lästige Knicken der Kühlschläuche zu
vermeiden[2]. Zur Verbindung des Rückflußkühlers mit dem
Siedekolben dienen meist durchbohrte Kork- oder Gummistöpsel. Gegenüber diesen bieten natürlich Glasschliffe
(vor allem Normalschliffe) sehr wesentliche Vorteile.

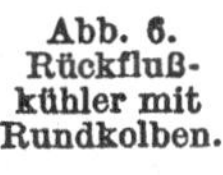

Abb. 6.
Rückfluß-
kühler mit
Rundkolben.

Unter den zahlreichen sonstigen Konstruktionen von
Rückflußkühlern sei noch auf die SOXLETschen *Kugelkühler* hingewiesen, die aus zwei oder drei konzentrisch
angeordneten Kugeln bestehen und aus Glas oder Metall
angefertigt werden. Auf die anderen Kühlerformen, wie die Expreß-
kühler, Rapidkühler, Schraubenkühler usw., kann hier nur hingewiesen werden[3].

---

[1] Vgl. dazu wie über den Wirkungsgrad von Laboratoriums-
kühlern überhaupt FRIEDRICHS u. KRUSKA: Chem. Fabrik **7**, 284
(1934).

[2] Verfügt man gerade nur über Kühler, deren Zu- und Ablaufrohr
nicht abgebogen ist, so wird über den Schlauch, an der Stelle, an
der er mit dem Kühler verbunden wird, eine Spirale aus Kupferdraht
geschoben, die den Schlauch in der gewünschten Lage hält und ein
Knicken desselben verhindert. Insbesondere bei Benutzung alter
Schläuche ist dies unbedingt notwendig.

[3] Vgl. BAUER in HOUBEN-WEYL: Methoden der organischen
Chemie Bd. 1, S. 349ff. Leipzig: Thieme 1925.

Zu erwähnen sind noch die *Einhängekühler*, die beim Erhitzen kleinerer Substanzmengen (so insbesondere auch beim Umkrystallisieren von Substanzen) mit Vorteil verwendet werden können. Dieselben werden in den Hals des Siedekolbens eingehängt (vgl. Abb. 7); im einfachsten Fall benützt man eine mit Zuflußrohr versehene Saugeprouvette. Ein mit Mantel versehener Einhängekühler ist der DIMROTH-Kühler, der als Rückflußkühler bestens zu empfehlen ist (Abb. 8). Auf besondere Konstruktionen kann nur verwiesen werden (vgl. z. B. in Abb. 86, S. 141). — Verschiedene neuere Kühlerkonstruktionen für den Laboratoriumsgebrauch beschrieb vor kurzem H. WALTHER[1]. Die dort angeführten Kühlaggregate besitzen eine vergrößerte Oberfläche, wodurch Verluste durch nicht ausreichende Kühlflächen herabgesetzt werden, was besonders beim Arbeiten im Vakuum wichtig ist (Neo-Intensivkühler, im Prinzip wie in Abb. 86, ferner Lamellenkühler, Intensiv-Flachrohrkühler mit 4—8 Rohren, Mantel-Kurzrohrkühler). — Falls die Kühlung mit Leitungswasser nicht ausreichend ist, verwendet man Eis, feste Kohlensäure u. a. unter Benützung eines oben offenen Spiralenkühlers. Ein derartiger Doppelspiralenkühler wurde z. B. von BUSH[2] beschrieben.

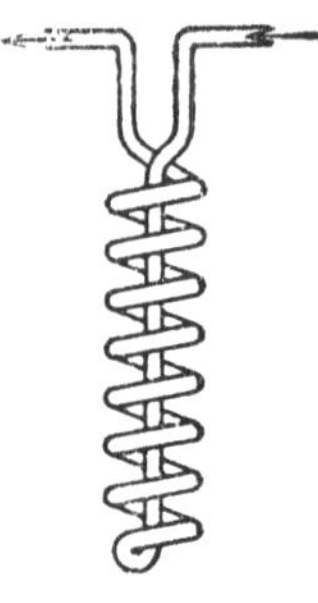

Abb. 7. Einhängekühler.

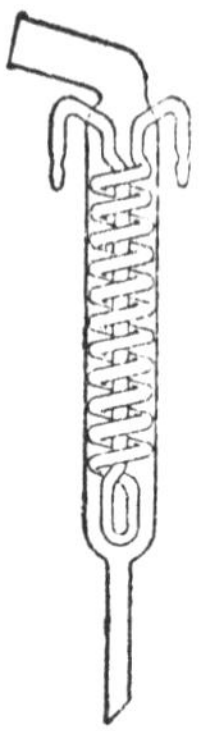

Abb. 8. DIMROTH-Kühler.

Mikrorückflußkühler, die als Überfangrückflußkühler ausgebildet sind und auf einem Heizblock aufgestellt werden, wurden von G. GORBACH[3] beschrieben (für Flüssigkeitsmengen bis zu 0.3 ccm herab verwendbar).

Absteigende Kühler (*Destillierkühler*, LIEBIG-*Kühler*) verwendet man bei den verschiedenen Destillationsmethoden. Man benützt dabei entweder nur Luftkühlung, also ein einfaches Kühlrohr, das mit dem Destilliergefäß verbunden wird, oder Wasserkühlung (bzw. Kühlung mit Flüssigkeiten von tieferer Temperatur), wenn niedrig siedende Substanzen kondensiert werden sollen. Je nach dem Siedepunkt der betreffenden Flüssigkeit benützt man dabei den bekannten LIEBIGschen Kühler (vgl. z. B. in Abb. 90, S. 148), der in schräger Lage befestigt wird (von Vorteil ist bei dessen Konstruktion ein weites Kühlrohr, die abgebogene Form des Ablaufrohres für das Kühlwasser und die abgebildete Form der Tulpe), oder die bereits erwähnten Schlangen- bzw. Spiralenkühler (deren oberer Teil mit dem Destillierkolben verbunden wird).

Die letztgenannte Kühlerform ist naturgemäß wegen des verlängerten Kühlweges wesentlich wirksamer als der LIEBIG-Kühler;

---

[1] WALTHER H.: Chem. Techn. 15, 218 (1942).

[2] BUSH M. T.: Ind. Engng. Chem., analyt. Edit. 13, 592 (1941).

[3] G. GORBACH: Fette und Seifen 47, 499 (1940), 51, 6 (1944); Mikrochem. 31, 112 (1943).

man benützt sie insbesondere bei der Destillation von Äther usw.
Während bei den Rückflußkühlern die heißen Dämpfe sogleich an
die Eintrittstelle des kalten Wassers gelangen, erfolgt bei den ab-
steigenden Kühlern zunächst eine Vorkühlung und erst vor dem
Austritt der bereits im wesentlichen kondensierten bzw. abgekühlten
Flüssigkeiten findet deren Berührung mit dem kältesten Teil des
Kühlrohres statt.

b) Kondensation von Gasen in engerem Sinne.

Bei manchen chemischen Reaktionen sowie auch bei
gewissen Operationen (wie insbesondere bei der Vakuum-

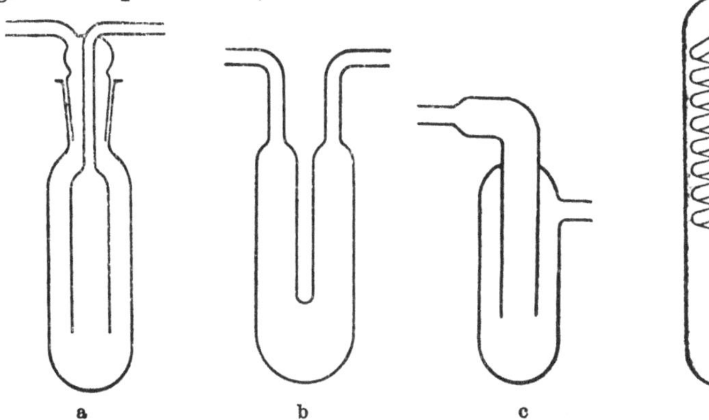

a　　　　　b　　　　　c　　　　　d

Abb. 9.　Gaskondensationsgefäße.

destillation) entweichen Gase, die nur durch starke Kühlung in
flüssigen oder festen Zustand übergeführt werden können. Diesem
Zweck dienen *Gasfallen*, das sind Gefäße, die in ein geeignetes Kühlmittel (vgl. S. 16) eintauchen, und durch die die betreffenden Gase
hindurchgeleitet werden. (Die Gase können auch durch Absorption
und Adsorption gewonnen werden (vgl. S. 25, 54, 58). Die Kühlgefäße sind ähnlich wie Waschflaschen (Abb. 9a und 9c) oder wie
U-Röhren (Abb. 9b) konstruiert. Das kondensierte Gas scheidet
sich in flüssiger oder fester Form am Gefäßboden ab. Sehr brauchbar ist auch die in Abb. 9d wiedergegebene, nach dem Gegenstromprinzip arbeitende Tiefkühlvorlage von SAUTER[1]. Die
Modelle b und c können gegebenenfalls auch mit einem kleinen
Hahn am untersten Teil des Bodens versehen werden, wodurch
eine leichte Entleerung ermöglicht wird, ohne diesen Apparatteil
abnehmen zu müssen.

---

[1] SAUTER: Chem. Fabrik **14**, 391 (1941).

Die Rohre müssen weit sein, da sie sonst bei Abscheidung fester Substanz leicht verstopft werden können. Wird das Gas nur verflüssigt, so kann mit Vorteil ein Einhängekühler (Abb. 7), der unten eine Glaskugel besitzt, benützt werden; die Flüssigkeit sammelt sich dann in dem kugelförmigen Teil an. In manchen Fällen wird man mehrere derartige Gefäße hintereinander schalten oder auch je zwei mit Dreiweghähnen verbundene Gefäße nebeneinander, so daß stets ein Gefäß in Betrieb ist und eins entleert werden kann. Dies ist insbesondere bei Form a (Abb. 9) leicht zu bewerkstelligen, da dabei das Außengefäß mit einem Schliff versehen und daher leicht abnehmbar ist; beim Arbeiten im Vakuum wird noch ein Entlüftungshahn angebracht (vgl. Abb. 71).

C. Arbeiten bei vermindertem Druck (Allgemeine Vakuumtechnik)[1]

Bei der Isolierung und Reinigung organischer Substanzen (vor allem bei der Destillation und Sublimation) arbeitet man sehr häufig unter vermindertem Druck; aber auch für die Durchführung gewisser Reaktionen (besonders mit empfindlichen, leicht zersetzlichen Substanzen) wird man sich des Vakuums bedienen.

Im folgenden ist die prinzipielle Art der Vakuumerzeugung im Laboratorium sowie die Vakuummessung zu behandeln, ferner die Ausgestaltung von Vakuumanlagen für die mannigfachsten Zwecke. Die speziellen Arbeitsmethoden, bei denen man sich des Vakuums bedient, werden sodann erst später in geeignetem Zusammenhang besprochen werden. Hinsichtlich der für das Arbeiten im Vakuum geeigneten Gefäße sei noch vorausgeschickt, daß dünnwandige Glasgeräte wie Stehkolben, Erlenmeyerkolben, Proberöhrchen niemals evakuiert werden dürfen; dagegen sind Rundkolben auch von erheblicher Größe sowie zylindrische Röhren auch für Hochvakuum geeignet. Falls die Röhren relativ eng sind, können sie auch ziemlich dünnwandig sein.

1. Art der Evakuierung.

Zur Erzeugung des Vakuums stehen zwei prinzipiell verschiedene Methoden zur Verfügung, indem die Evakuierung entweder mittels besonderer Vakuumpumpen erfolgt, oder in der Weise, daß ein die Vakuumapparatur ausfüllendes Gas durch Erzeugung

---

[1] Vgl. H. GOETZ: Physik und Technik des Hochvakuums, 2. Aufl. Braunschweig 1926. — S. DUSHMAN: Die Grundlagen der Hochvakuumtechnik. Berlin 1926. — E. VON ANGERER: Technische Kunstgriffe bei physikalischen Untersuchungen. Braunschweig 1936. — ESPE u. KNOLL: Werkstoffkunde der Hochvakuumtechnik. Berlin 1936. — E. HOLLAND-MERTEN: Die Vakuumtechnik. Erfurt 1936. — PETERS: Z. angew. Chem. 41, 509 (1928). — GÜNTER MÖNCH: Vakuumtechnik im Laboratorium. Weimar: E. Wagner Sohn 1937. (Glasinstrumentenkunde Bd. 3.) — Fortschritte der Vakuumtechnik vgl. fortlaufende Abhandlungen in der Zeitschrift Glas u. Apparat. — Allgemeine Grundlagen der Vakuumtechnik vgl. ETZRODT: Chem. Apparatur 25, 51 (1938).

tiefer Temperatur oder durch Adsorption entfernt und so der Druck vermindert wird.

a) Vakuumpumpen.

Man benützt verschiedene Pumpen, je nachdem bis zu welchem Vakuum man gelangen will. Zur Erzeugung eines relativ schwachen Unterdrucks bedient man sich der Wasserstrahlpumpen, während man zur Erzeugung des Hochvakuums Öl- oder Quecksilberpumpen verwendet.

Wasserstrahlpumpen[1] sind in jedem Laboratorium, in dem die Wasserleitung einen genügend starken Druck (2—3 Atmosphären) besitzt, zur Vakuumerzeugung in Verwendung. Unter den zahlreichen Modifikationen ist vor allem die VOLMER-Pumpe zu empfehlen, da diese bei richtiger Konstruktion einerseits besonders wirksam und andererseits am leichtesten zu reinigen ist[2]. In Abb. 10 sind zwei derartige Formen wiedergegeben.

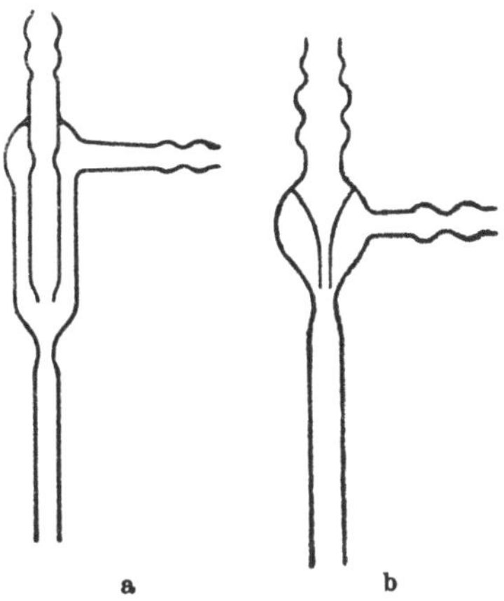

Abb. 10. Wasserstrahlpumpen nach VOLMER.

— Empfehlenswert infolge ihrer Unzerbrechlichkeit sind auch die im Handel befindlichen, analog konstruierten Wasserstrahlpumpen aus Metall (z. B. die Niederdruckpumpe nach HÖPPLER[3] oder aus Kunststoff mit Einsatzdüsen aus Metall[4]).

Mittels der Wasserstrahlpumpe erzielt man ein Vakuum von etwa 10—14 mm Quecksilber, entsprechend der Wasserdampftension je nach der Temperatur des Wassers.

Der Anschluß der Wasserstrahlpumpen an den Holländerverschluß der Wasserhähne geschieht mittels eines Stückchens Druckschlauch, der mit starken Kupferdrahtligaturen befestigt wird. Für größere (z. B. halbtechnische) Vakuumgefäße verwendet man größere Metallpumpen, die an eine entsprechend starke Wasserleitung anzuschließen sind. Vielfach wird man sich auch durch gleichzeitige Benutzung von zwei oder drei gewöhnlichen Glaspumpen helfen können, die

---

[1] Vgl. dazu auch F. FRIEDRICHS: Glas und Apparat 24, 69 (1943).

[2] Insbesondere bei neuen Rohrleitungen werden durch das Wasser kleine Eisenstückchen mitgerissen, die in die Pumpe gelangen können und diese unbrauchbar machen; dieselben müssen daher entfernt werden. Außerdem empfiehlt es sich, die Pumpen von Zeit zu Zeit mittels Salzsäure zu reinigen.

[3] Hersteller Gebr. Haake, Medingen bei Dresden.

[4] Hersteller E. Leybolds Nachf. AG., Köln.

nebeneinander geschaltet werden; diese müssen jedoch gut aufeinander abgestimmt, also gleich wirksam sein, was nicht immer leicht zu erzielen ist.

Zum Betrieb größerer Vakuum-Verdampfungs- oder Trocknungsanlagen empfiehlt sich die Verwendung der rotierenden Hochvakuum-Naßluftpumpe[1], die nach dem Prinzip der Wasserstrahlpumpe gebaut ist, wobei jedoch ein kreisförmiger Kranz von Wasserstrahlen mittels eines Turbinenrades gleichmäßig in einen Sammelkanal geschleudert wird.

Dampfstrahlpumpen kommen gleichfalls in erster Linie für größere Vakuumanlagen in Frage. Verwiesen sei z. B. auf kombinierte Dampf-Wasserstrahl-Saugaggregate[2].

Ölpumpen. In Gebrauch sind zahlreiche ausgezeichnete Typen, so die GERYK-Ölluftpumpe, die rotierenden Kammer- und Kapselpumpen, in verschiedenen Modifikationen; für Motorenantrieb eingerichtet. Für Laboratorien kommen vor allem die kleinen Modelle in Betracht, wie sie z. B. von E. Leybolds Nachfolger (Köln) oder A. Pfeiffer (Wetzlar) hergestellt werden. Das bei diesen Pumpen verwendete Öl besitzt eine geringe Tension, wodurch die Erzielung eines Vakuums von 0,01 bis 0,001 mm Hg meist leicht gelingt. Das Öl muß durch gewisse Einrichtungen (vgl. S. 21, 29) vor Verunreinigungen durch flüchtige Substanzen geschützt werden, da sich diese im Öl lösen und dadurch dessen Tension erhöhen, wodurch die Leistungsfähigkeit der Pumpen wesentlich herabgesetzt wird. Meist kommt man mit einfachen billigen Pumpen aus[3], deren Endvakuum im frisch gefüllten Zustand 0,05—0,1 mm beträgt. Neuere Konstruktionen enthalten nur wenig Öl, das bequem und rasch gewechselt werden kann[4].

Quecksilberpumpen. Insbesondere die VOLMERsche *Quecksilberdampfstrahlpumpe*[5] ist von Bedeutung geworden, während die älteren Modelle von Quecksilberpumpen kaum mehr ein praktisches Interesse haben. Das Hochvakuum wird durch strömenden Quecksilberdampf erzeugt. Das Vorvakuum wird in der Regel durch eine Wasserstrahlpumpe hergestellt. Die durch den Quecksilberdampf abgesaugte Luft wird durch die Vorvakuumpumpe abgeführt. Die Quecksilberdampfstrahlpumpen ermöglichen leicht

---

[1] Hersteller K. Herbert, Lahr in Baden.
[2] Hersteller Körting, Hannover-Linden.
[3] „Pharma-Pumpen“ von Pfeiffer (Wetzlar) oder „Chemiker-Pumpen“ von Leybold (Köln).
[4] Z. B. bei einer rotierenden Gaedepumpe von Leybold nur 25 ccm; vgl. v. MEYEREN: Chem. Fabrik **6**, 449 (1933).
[5] VOLMER: Ber. dtsch. chem. Ges. **52**, 804 (1919).

die Erreichung eines Vakuums von 0,001 mm Hg; die Saugleistung ist jedoch recht gering.

Noch weitere Luftleere kann man mittels der GAEDEschen *Quecksilberdiffusionspumpe*[1] erziehlen, bei der meist ein Vorvakuum von 0,1 mm Hg erforderlich ist; insbesondere die von der Firma Leybold hergestellten Quecksilberdiffusionspumpen aus Metall sind wegen ihrer großen Saugleistung sehr zu empfehlen (für ein Vakuum bis zu 1.10^{-6} mm Hg).

Das bei Verwendung von besonders reinem Quecksilber auftretende heftige Stoßen dieser Pumpen kann rasch dadurch beseitigt werden, daß einige hundert Kubikzentimeter Schwefelwasserstoff bei Zimmertemperatur durch die Pumpe geleitet werden[2]. Auch der Zusatz von etwas metallischem Blei wirkt günstig.

Öldiffusionspumpen sind für manche Zwecke den Quecksilberpumpen vorzuziehen. Sie werden mit Apiezonölen betrieben, die eine hohe thermische Stabilität besitzen, bei Zimmertemperatur einen Dampfdruck von nur 1.10^{-5} bzw. 1.10^{-7} mm Hg haben und stoßfrei sieden[3] (vgl. S. 135).

b) Adsorptions- und Kondensationsmethoden zur Hochvakuumerzeugung.

Prinzip: In der zu evakuierenden Apparatur wird zunächst ein Wasserstrahlpumpenvakuum in üblicher Weise erzeugt und sodann die in der Apparatur noch befindliche verdünnte Luft entweder durch Adsorption entfernt (Adsorptionsmethode[4]) oder zunächst allmählich durch Kohlendioxyd verdrängt und dieses durch flüssige Luft verdichtet, so daß dessen Tension nur noch sehr gering ist (Kondensationsmethode[5]).

Im organischen Laboratorium wird von diesen Methoden nur selten Gebrauch gemacht werden, da die Verwendung von Pumpen

---

[1] GAEDE: Arch. Pharmaz. **46**, 389 (1915). — Vgl. dazu E. JUSTI: Elektrotechn. Z. **64**, 285 (1943).

[2] Vgl. N. K. ADAM und E. W. BALSON: J. chem. Soc. [London] 1941, 620.

[3] Hersteller: E. Leybolds Nachf., Köln.

[4] WOHL u. LOSANITSCH: Ber. dtsch. chem. Ges. **38**, 4149 (1905). — TAIT u. DEWAR: Nature [London] **12**, 217 (1875). — DEWAR: Proc. Roy. Soc. [London] **74**, 122 (1905). — Nach B. STEMPEL [Arch. Pharmaz. **267**, 484 (1929)] erzielt man gleichfalls ein Vakuum von 0,05 mm, indem in die Apparatur ein Eisenrohr eingeschaltet wird, das mit Ca- oder Mg-Spänen beschickt ist. Der Apparat wird mit CO_2 oder H_2 im Wasserstrahlpumpenvakuum gefüllt; beim Erhitzen des Rohres auf 700 bzw. 800^0 bildet sich CaH_2 bzw. $CaO + C$, und dadurch entsteht das Vakuum.

[5] ERDMANN: Ber. dtsch. chem. Ges. **36**, 3456 (1903); **39**, 192, 3626 (1906). — KRAFT: Ebenda **37**, 95 (1904).

weit größere Vorteile bietet. Erwähnt sei lediglich die *Kombinationsmethode*, die in einfacher Ausführungsform von ANSCHÜTZ[1] beschrieben wurde.

Als Adsorptionsmittel verwendet man nach MITTASCH und KUSS[2] am besten aktive Kieselsäure, da dieselbe ungefährlich ist, während die aktive Kohle zu schweren Explosionen Anlaß geben kann, wenn sie durch Springen eines Gefäßes mit flüssiger Luft in Berührung kommt[3].

Nach ANSCHÜTZ muß das Kieselsäure-Gel (sogenanntes Silica-Gel[4]) vor Benützung folgendermaßen entgast werden: Man bringt dasselbe derart in ein waagrechtes Bombenrohr, daß ein Abzugskanal über dem Gel verbleibt, und evakuiert nun mit einer Wasserstrahlpumpe; dabei wird das Rohr mit der stets bewegten Flamme etwa $^1/_4$ Stunde mäßig erhitzt (nicht glühen!). Nach dem Erkalten im Vakuum wird das Gel in ein Adsorptionsgefäß eingefüllt. Nach Benützung ist dasselbe in gleicher Weise zu entgasen, ohne daß seine Aktivität abnimmt.

2. Vakuummessung.

Zur *Messung* des **Wasserstrahlpumpenvakuums** dient das *Manometer*, ein gewöhnliches, U-förmig gebogenes, mit Quecksilber gefülltes Rohr, das am geschlossenen Ende[5] verengt ist. Zweckmäßiger ist die Verwendung eines weiten Kapillarrohres (geringere Zerbrechlichkeit, Ersparnis an Quecksilber). Das offene Ende ist meist nochmals abgebogen und mit einem Hahn versehen (empfehlenswert ist dabei ein sogenannter Schwanzhahn zwecks einfacher Entlüftung; vgl. z. B. in Abb. 14). Am Manometer wird eine in Millimeter eingeteilte Skala angebracht (oder es wird das Manometer an einem geeigneten Brettchen befestigt). Die Differenz der Quecksilberhöhe in den beiden Schenkeln ergibt den Druck, ausgedrückt in mm Hg.

Das Ausschalten des Vakuums (also Einlassen von Luft in das Manometer) ist nach Möglichkeit zu vermeiden, indem der Hahn nur unter Vakuum geöffnet wird, um ein Mitreißen von Luft zu

---

[1] ANSCHÜTZ, L.: Ber. dtsch. chem. Ges. **59**, 1791 (1926); J. prakt. Chem. **133**, 81 (1932).

[2] MITTASCH u. KUSS: Chemiker-Ztg. **50**, 125 (1926).

[3] Insbesondere da dieselbe nach längerem Aufbewahren fast nur noch aus Sauerstoff besteht.

[4] Zu beziehen von der Erzröstgesellschaft m. b. H., Köln a. Rh., das Standard-Silicagel von der Deutschen Silicagel-Gesellschaft Dr. v. Lude, Berlin, und das Blaugel von Gebr. Herrmann, Köln-Bayenthal 263. — Verwiesen sei ferner auf die für zahlreiche Zwecke verwendbaren verschiedenen eng-, mittel- und weitporigen Kieselgele der I. G. Farbenindustrie A. G. (vgl. dazu auch S. 56).

[5] LASSAR-COHN: Arbeitsmethoden für organisch-chemische Laboratorien, 1. Bd., S. 72. Leipzig 1923.

verhindern. Falls trotzdem in ein Manometer nach längerem Gebrauch
Luft eingedrungen ist, muß dieselbe durch vorsichtiges Auskochen
des Quecksilbers unter gleichzeitiger Evakuierung des Manometers
entfernt werden.

Zur *Messung* des **Hochvakuums** dienen eigene
Vakuummeter, die darauf beruhen, daß ein bestimmtes Volumen abgesperrt und durch Quecksilber in
eine Capillare unter bestimmtem Druck hineinge-
trieben wird. Das einfachste Modell ist das Vakuummeter von MAC LEOD; eine praktische Form ist in
Abb. 11 wiedergegeben.

Das Quecksilber wird dabei durch Hochheben einer
mittels eines Vakuumschlauches verbundenen Glas-
birne in das Meßsystem getrieben. Eichung (Ermittlung
der Skala) mit Hilfe eines zweiten Vakuummeters.
Das ganze Instrument wird am besten auf einem Brett
montiert. Zu beachten ist, daß jeweils bei der Messung
die Quecksilberhöhe in der seitlichen Capillare mit der
höchsten Stelle der Meßcapillare übereinstimmen muß.
Ferner darf die Entlüftung nie vorgenommen werden,
wenn die Quecksilberbirne hochgehoben ist, da sonst
die Wiederentfernung des Quecksilbers aus der Meßcapillare recht umständlich ist.

Sonstige Vakuummeter. Verwiesen sei hier auf
einige weitere Typen[1]: Abgekürztes oder kippbares
MacLeod nach REIFF (verschiedene Modelle mit Meß-
bereichen zwischen 10 und 10^{-4} mm Hg); Kenometer
nach v. REDEN (Meßbereich $1—10^{-3}$ mm Hg); Vaku-
skope nach GAEDE[2] (verschiedene Ausführungsformen,
Meßbereich bis 0,01 mm); Vakuummeter nach BRUNNER[3]
(bis 0,01 mm brauchbar); Hitzdraht-Vakuummeter
nach PIRANI $(0,1—10^{-4}$ mm Hg); Hochfrequenz-
Vakuumprüfer (zum Anschluß an die Lichtleitung,
ermöglicht die Prüfung des Vakuums durch Annähern
der Metallelektrode von außen an die Apparatur

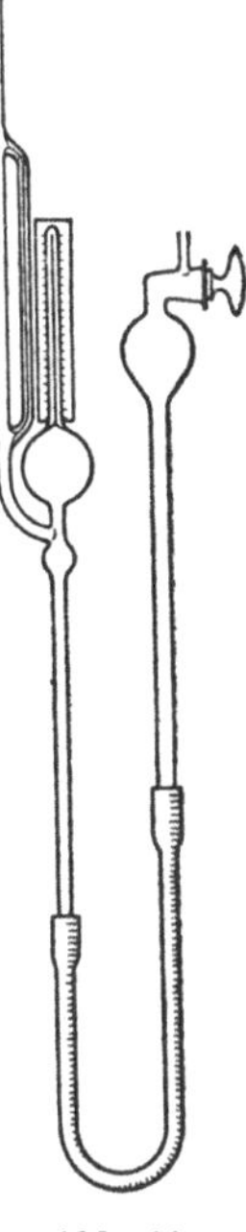

Abb. 11.
Vakuummeter
nach
MAC LEOD.

durch Leuchterscheinungen: bei $0,1 — 0,01$ mm Hg
rotes bzw. violettes Anodenlicht, bis 0,001 mm Hg Übergang zu grüner
Fluorescenz, bei höherem Vakuum Verschwinden des Leuchtens);
Ionisationsmanometer (Meßbereich $10^{-3} — 10^{-6}$ mm Hg); Molvakuum-
meter nach GAEDE (bis 10^{-7} mm Hg). Auf die nähere Beschreibung
dieser verschiedenen Instrumente muß hier verzichtet werden.

3. Prinzipielles über Vakuumanlagen.

In vielen Laboratorien ist eine zentrale Vakuumanlage mit
Anschlüssen an die Laboratoriumstische vorhanden; diese Anlagen

---

[1] Hersteller: E. Leybold's Nachf., Köln bzw. A. Pfeiffer, Wetzlar.
Prospekte dieser Firmen enthalten auch zweckmäßige Hinweise und
Literaturangaben.

[2] GAEDE: Chem. Fabrik 6, 449 (1933).

[3] BRUNNER: Chem. Fabrik 5, 22 (1932).

sind aber fast stets nur zum Absaugen und andere Operationen, die nur eine schwache Evakuierung benötigen, brauchbar.

Im folgenden sind einfache Anlagen für Wasserstrahlpumpenvakuum und sodann die Hochvakuumanlagen im allgemeinen zu besprechen. Verwendung dieser Anlagen sowohl für die Durchführung chemischer Reaktionen unter vermindertem Druck als auch für Reinigungsoperationen. Auf spezielle Anlagen wird noch später einzugehen sein (vgl. z. B. S. 134, 144).

a) Anlagen für Wasserstrahlpumpenvakuum.

Beim Arbeiten mit Wasserstrahlpumpen soll stets zwischen die Apparatur, in der die betreffende Vakuumoperation vorgenommen wird, und die Pumpe eine Flasche eingeschaltet werden; dieselbe dient einerseits als Vakuumbehälter und schützt andererseits gegen das eventuelle Zurückschlagen des Wassers, wenn sich der Wasserdruck plötzlich ändert oder wenn die Pumpe durch Hineingeraten von Verunreinigungen (s. S. 23, Fußnote²) plötzlich versagt. Zweckmäßigerweise verwendet man eine WOULFFsche Flasche, die auch das Manometer und einen Entlüftungshahn trägt; dieser wird am besten in Form eines Schwanzhahnes am Manometer angebracht (vgl. z. B. in Abb. 14 bei *H*). Das Verbindungsrohr mit der Pumpe soll bis zum Boden der Flasche reichen, da eventuell zurückgeströmtes Wasser auf diese Weise automatisch wieder herausgesaugt wird.

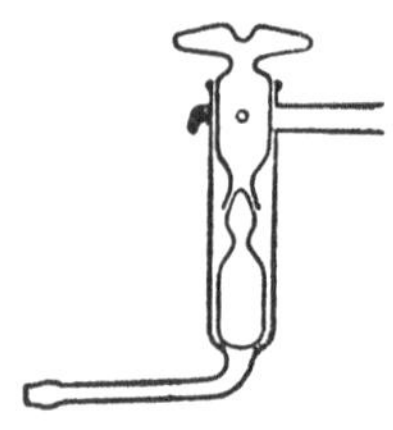

Abb. 12.
Rückschlagventil
nach KAPSENBERG.

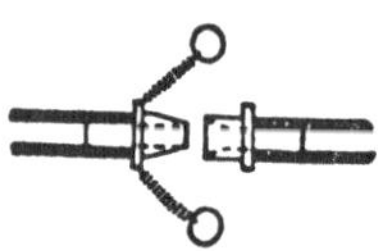

Abb. 13.
Vakuumkupplung
nach KAPSENBERG.

Gegen Zurückschlagen des Wassers kann man sich auch durch Anbringen eines *Rückschlagventils* zwischen Pumpe und Verbindungsrohr der Flasche schützen. Solche Ventile wurden in vielen Modifikationen beschrieben. Da jedoch Operationen im Vakuum in der Regel nie unbeaufsichtigt gelassen werden sollen, wird man mit einer vorgeschalteten Flasche, die gegen Schwankungen im Wasserdruck schützt, auskommen; falls aber die Pumpe durch Verunreinigungen plötzlich verstopft wird und infolge der Verminderung ihrer Wirkung das Wasser zurückzusteigen beginnt, muß sie an und für sich abgestellt und gereinigt werden. Eine praktische Form eines Rückschlagventils ist in Abb. 12 wiedergegeben[1].

Bei allen Vakuumarbeiten, besonders bei ständig aufgebauten Apparaturen, empfiehlt sich die Anbringung einer KAPSENBERG-Kupplung[1] aus Pantanmetall im Vakuumschlauch, da dieselbe auf einfachste Art beliebige Schaltungen und Unterbrechungen des Vakuums ermöglicht, ohne die Glas-Gummi-Verbindungen lösen zu müssen (vgl. Abb. 13).

---

[1] Vgl. KAPSENBERG: Chem. Weekbl. **34**, 403 (1937); Hersteller: Glaswerk Schott & Gen., Jena.

b) Hochvakuumanlagen[1].

Gemäß den Methoden der Hochvakuumerzeugung und gemäß den im Hochvakuum jeweils durchzuführenden Operationen wurde eine große Anzahl verschiedener Modifikationen von Hochvakuumanlagen beschrieben. Im folgenden soll eine Anlage wiedergegeben werden, die auf Grund eigener Erfahrungen ausgebaut wurde und die sich für die verschiedensten Zwecke bestens

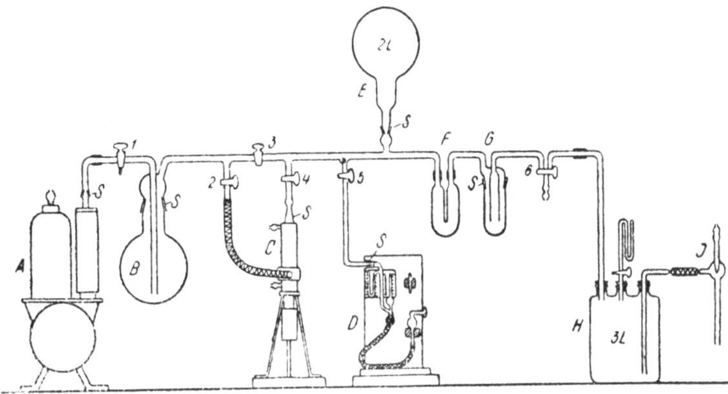

Abb. 14. Kombinierte Hochvakuumanlage.

A = Ölpumpe (Chemikerpumpe nach GAEDE) durch Schliff angeschlossen.
B = Vakuumbehälter und Schutzkolben.
C = Quecksilberdiffusionspumpe aus Metall nach GAEDE-VOLMER.
D = Abgekürztes Vakuummeter nach GAEDE (durch Schliff angeschlossen).
E = Vakuumbehälter.
F = Adsorptionsrohr mit aktiver Kohle, Silicagel, P_2O_5 u. a. (erforderlichenfalls können hier auch mehrere solche Gefäße angebracht werden).
G = Kondensationsgefäß (zum Eintauchen in ein DEWAR-Gefäß mit fester Kohlensäure oder flüssiger Luft).
H = WOULFFsche Flasche mit Manometer.
J = Wasserstrahlpumpe.
1 = Schwanzhahn zum Entlüften.
2 und 4 sind nur dann geöffnet, wenn die Quecksilberpumpe in Betrieb ist, Hahn 3 ist dann geschlossen (die Ölpumpe erzeugt das Vorvakuum). Man verwendet hier eigene Vakuumhähne.
5 = wird nur zwecks Messung des Hochvakuums geöffnet.
6 = Zweiweghahn und Anschluß an die Vakuumapparatur.
S = Schliffe.

bewährt hat. Dieselbe enthält eine Wasserstrahlpumpe, eine Öl- und Quecksilberpumpe und besitzt Einrichtungen für die Adsorption sowie Kondensation von Dämpfen. Dabei ist nur eine einzige Zapfstelle für den Anschluß des Gerätes vorhanden, in dem die betreffende Vakuumoperation vorgenommen werden soll, was den Vorteil hat, daß ohne Unterbrechung vom Wasser-

---

[1] Gesichtspunkte für den Aufbau von Hochvakuumanlagen vgl. z. B. KERRIS: Arch. techn. Mess. 65, 153 (1936).

strahlpumpenvakuum auf Hochvakuum (Ölpumpe sowie Quecksilberpumpe) umgeschaltet werden kann. Das Wesentliche der Anordnung ist in Abb. 14 wiedergegeben. Zu beachten ist beim Bau jeder Hochvakuumanlage, daß die Vakuumleitung und die dort befindlichen Hähne recht weit sein sollen, damit eine gute Wirkung gewährleistet ist und nicht allzu große Stauungen eintreten.

Anlagen für Hochvakuumarbeiten in engerem Sinne (Molekulardestillation und -sublimation) werden erst später besprochen (vgl. S. 133 u. 154).

4. Allgemeine Richtlinien für die Handhabung der Vakuumapparaturen.

Für die Erzielung eines guten Vakuums ist die Benützung guter Schläuche, Hähne und Schliffe von ausschlaggebender Bedeutung. Für Arbeiten im Hochvakuum benützt man Vakuumschläuche, die eine besonders starke Wandung haben. Vakuumschläuche mit sehr engem Lumen sind nicht zu empfehlen, da bei Benützung derselben der Druckausgleich nur langsam erfolgt, ebenso sind englumige Röhren (insbesondere Capillaren) in der Vakuumleitung unbedingt zu vermeiden, da sie außerordentliche Drosselungen bewirken, gegen die die stärkste Pumpe machtlos ist. Für Hochvakuumapparaturen bedient man sich eigener Hochvakuumhähne, zum Entlüften sind Capillarhähne zu benützen. Ferner sollen nur gute Normalschliffe verwendet werden. Zur Schmierung der Hähne (für Hochvakuum) nimmt man Ramseyfett oder ein anderes geeignetes Hochvakuumfett (vgl. S. 173).

Besonders wichtig ist die Dichtigkeitsprüfung der Vakuumanlagen und -apparaturen vor der Benützung. Die Apparatur wird in leerem Zustand evakuiert und dann abgesperrt; sie muß tagelang dicht halten. Um undichte Stellen aufzufinden, müssen die einzelnen Teile einer Vakuumapparatur in sinngemäßer Weise gesondert geprüft werden. Der Fehler wird dann entweder darin liegen, daß die benützten Schlauchverbindungen nicht mehr vakuumdicht sind (insbesondere nach längerer Benützung) oder daß die Hähne und Schliffe untauglich oder nicht richtig geschmiert sind (vgl. S. 174); weiterhin kann der Fehler manchmal darin liegen, daß feine Fäden usw. (z. B. beim Reinigen der Schliffe) zwischen die Schliffflächen gelangen. Zu starkes Einfetten von Schliffen ist unzweckmäßig.

Bei der Benützung von Vakuumpumpen ist vor dem Ausschalten derselben die Apparatur stets erst durch Öffnung der Entlüftungs hähne unter normalen Druck zu bringen. Bei Benützung von Quecksilberpumpen muß deren Kühler so lange in Betrieb bleiben, bis das Quecksilber wieder Zimmertemperatur angenommen hat; dann erst darf der Kühler abgestellt werden.

Bei allen Operationen im Vakuum können sich Implosionen (Zusammendrücken der Glasgefäße durch den Außendruck) ereignen, insbesondere bei Benützung noch nicht erprobter Apparaturen. Es ist daher vor allem für den Schutz der Augen Sorge zu tragen. (Auf die Handhabung der speziellen Vakuumapparaturen wird erst später einzugehen sein.)

D. Arbeiten unter erhöhtem Druck.

Von der Anwendung eines Überdruckes wird vielfach bei organisch-chemischen Reaktionen Gebrauch gemacht, seltener bei der Durchführung chemischer Hilfsoperationen.

1. Überdruck bei organisch-chemischen Reaktionen (Erhitzen unter Druck).

Soll eine Reaktion bei einer Temperatur durchgeführt werden, die über dem Siedepunkt der betreffenden Substanz oder eines bei der Reaktion anwesenden Lösungsmittels liegt, so muß man in geschlossenen druckfesten Gefäßen arbeiten; man verwendet dabei für Reaktionen mit geringeren Substanzmengen Bomben- oder Einschmelzröhren aus Glas, für größere Versuchsansätze Autoklaven aus Metall. Der beim Erhitzen der Substanzen von selbst auftretende Druck ist für den Reaktionsverlauf selbst nicht wichtig, wohl aber die Erhöhung der Temperatur über den Siedepunkt. Von Einfluß ist dagegen der Überdruck selbst für den Reaktionsverlauf vor allem dann, wenn gasförmige Stoffe zur Reaktion gelangen, also besonders bei Hydrierungen (vgl. dazu S. 60).

Für die Durchführung von Reaktionen bei geringem Überdruck (etwa 1—2 Zehntel Atmosphären), also bei einer den Siedepunkt der Substanz nur mäßig übersteigenden Temperatur, benützt man am einfachsten einen Quecksilberverschluß, indem an das Reaktionsgefäß (Rundkolben, eventuell mit Rückflußkühler) ein nach unten gebogenes Rohr eingedichtet wird, das in ein mit Quecksilber beschicktes Rohr so weit eintaucht, als dem gewünschten Druck entspricht.

a) Einschmelzröhren und Druckflaschen.

Bombenröhren sind einseitig geschlossene starkwandige Röhren aus widerstandsfähigem Spezialglas; je nach der Qualität und Wandstärke des Glases für einen Druck von 10 bis 20 Atmosphären verwendbar. *Füllung* derselben mittels eines weithalsigen Trichters, um die Innenwand in der Nähe der Zuschmelzstelle sauber zu halten. Falls bei der Reaktion keine Gase entstehen, kann ein Drittel bis die Hälfte des Rohres gefüllt werden; falls jedoch bei der Reaktion Gasentwicklung stattfindet, so darf nur wenig Substanz eingefüllt werden. Das gefüllte Rohr wird am Gebläse zugeschmolzen: Verdickung der Zuschmelzstelle und Ausziehen einer einige Zentimeter langen Capillare, die man schließlich zuschmilzt. Wasser oder wasserhaltige Lösungsmittel greifen das Glas bei höheren Temperaturen stark an. Dies gilt in noch weit erhöhtem Maß für ätzende Alkalien und Ammoniak.

Erhitzen der Einschmelzröhren. Für Temperaturen bis 100^0 benützt man ein *Bombenwasserbad*, in das das zugeschmolzene und mit einem Tuch umwickelte Bombenrohr mittels eines Drahtes oder einer Schnur eingehängt wird. Zum Erhitzen auf höhere Temperaturen verwendet man einen *Schießofen*. Ein zweckmäßiges Modell für Gasheizung hat GATTERMANN[1] beschrieben; dasselbe ist auch heute noch recht allgemein in Gebrauch. Das Erhitzen erfolgt dabei im Luftbad; das Thermometer befindet sich in einer eigenen Hülse. Natürlich sind auch elektrisch heizbare Bombenöfen verwendbar. Die Einschmelzröhren werden mit Papier umwickelt, da sie dann weniger leicht springen, und in die herausnehmbaren Metallhülsen des Bombenofens derart eingelegt, daß einige Zentimeter der Zuschmelzcapillare aus dem Eisenmantel herausragen. Die Temperatursteigerung hat in der Regel allmählich zu erfolgen. Der ganze Bombenofen wird schräg gestellt, falls er nicht so konstruiert ist, daß sich die Einschmelzröhren in schräger Lage befinden. Er soll in einem geschlossenen Raum (Schießkasten) aufgestellt werden, so daß beim Explodieren von Bomben die Glassplitter aufgefangen werden. *Öffnen der Bomben* erst nach deren völligem Erkalten: das Rohr befindet sich noch im Schießofen und die herausragende Capillare wird (nach dem eventuellen vorsichtigen Vertreiben von Flüssigkeit aus derselben) mittels eines darunter gestellten scharfen Brenners erhitzt, wobei die unter Druck befindlichen Gase die weich gewordene Capillare öffnen; der oberste (verengte) Teil des Rohres wird sodann abgesprengt.

Zur Verwendung von Bomben für höhere Drucke muß man dem Innendruck einen entsprechenden Außendruck entgegensetzen; man benützt dazu z. B. die von ULLMANN[2] angegebene Apparatur, bei

---

[1] GATTERMANN: Ber. dtsch. chem. Ges. **27**, 1944 (1894).
[2] ULLMANN: Ber. dtsch. chem. Ges. **27**, 379 (1894).

der der Außendruck in einem einseitig geschlossenen und verschraub-
baren, auf 600 Atmosphären geprüften Stahlrohr durch Hinzufügen
von Äther, Benzin usw. erzeugt wird.

Hinsichtlich Schüttelbombenöfen vgl. S. 36.

Druckflaschen. Für Reaktionen bei nur wenigen Atmosphären.
Im einfachsten Fall benützt man gewöhnliche Sodawasserflaschen,
die in ein Tuch eingewickelt und in ein geeignetes Wasserbad
gehängt werden. Wichtig ist eine allmähliche Temperatursteigerung des Bades. Analog ist die Handhabung der Druckflaschen,
welche die Form von kurzhalsigen KJELDAHL-Kolben besitzen,
und in gleicher Weise wie die Sodawasserflaschen verschlossen
werden. Dieselben sind starkwandig und sollen aus widerstandsfähigem Glas angefertigt sein. Vielfach werden auch die Druckflaschen nach LINTNER verwendet; verschließbar durch eine auf-
geschliffene Glasplatte, die durch eine Schraube angepreßt wird.

b) Autoklaven.

Anwendung vor allem bei der Durchführung größerer Versuche, für die die Bombenröhren nicht ausreichen, oder auch falls
die Erzielung noch höherer Drucke erforderlich ist.

Der PAPINsche *Topf* ist bei relativ geringem Überdruck verwendbar; derselbe ist innen emailliert und mit Sicherheitsventil und
Bügelverschluß versehen.

Zum Erhitzen wäßriger Lösungen auf nicht zu hohe Temperaturen
benützt man den SOXHLETschen *Dampfautoklav*; in demselben befindet sich Wasser und die zu erhitzenden Flüssigkeiten werden in
Glasgefäßen auf einem passenden Gestell eingesetzt. Der Apparat
findet vor allem zum Sterilisieren von Lösungen Verwendung, kann
aber vielfach auch für die Durchführung gewisser Reaktionen benützt
werden. Solche Autoklaven werden zumeist für einen Druck von
5—10 Atmosphären angefertigt.

Für nicht allzu hohe Drucke wurden auch *Glasautoklaven* vorgeschlagen, so aus Jenaer Felsenglas (750 ccm Inhalt) mit einem Arbeitsdruck von 2—8 atü[1]. Dieses Gerät wurde später noch verbessert
und zum Einbau eines Rührwerkes, für die Zu- und Ableitung von
Gasen usw. eingerichtet[2]. Neuerdings wurde ein Glasautoklav für
noch höhere Drucke konstruiert (160°, über 15 atü)[3]; derselbe ist
aus 2 Jenaer Kugelflanschrohren aufgebaut, die an ihren Enden
zugeschmolzen sind und unter Verwendung einer Klingeritdichtung
mittels einer Doppelschelle zusammengehalten werden. Auch kleine
Apparaturen (für 50—75 ccm Nutzinhalt) aus Jenaer Glas (mit
Armaturen versehenes Bombenrohr) für 12 atü und Temperaturen
bis zu 150° wurden beschrieben[4]. HILLER[5] empfiehlt die Verwendung

---

[1] KLEIN: Chem. Fabrik **5**, 205 (1932).
[2] GERNGROSS, HOFFMANN u. KLEIN: Chem. Fabrik **6**, 93 (1933).
[3] SCHORNING: Chem. Techn. **15**, 46 (1942).
[4] HILPERT u. HOFMEIER: Chem. Fabrik **6**, 5 (1933).
[5] HILLER, H.: Oest. Chem. Ztg. **45**, 111 (1942).

von Jenaer Verbrennungsrohren, die zur Durchmischung des Inhaltes in horizontaler Lage an dem Rührer eines Rührautoklaven befestigt werden. In diesem wird die Heizflüssigkeit auf die gewünschte Temperatur erhitzt. Der so erzeugte Gegendruck verhindert das Zertrümmern der Glasröhren (Prüfung dieser Anordnung für 100 atü). — Auch ein gegen Überdruck gesicherter Glashahn wurde konstruiert[1].

Die für organisch-chemische Zwecke zumeist verwendeten Autoklaven bestehen aus einem starkwandigen Metallgefäß, das mit einem Deckel verschlossen wird; Dichtung mittels eines Bleiringes; Verschluß durch einen Bügel (bei schmalen Gefäßen) oder eine Anzahl von Schrauben, deren Muttern stets kreuzweise und allmählich anzuziehen sind, damit der Dichtungsring gleichmäßig zusammengedrückt wird. Heizung der Autoklaven: entweder im Luftbad oder besser in einem Ölbad; direktes Anheizen wird fast niemals in Frage kommen. Zur Temperaturmessung Thermometerhülse im Deckel. Eine andere Öffnung im Deckel dient zum Ansetzen eines Manometers zur Druckmessung. Meist ist auch noch ein Sicherheitsventil angebracht.

Bei Reaktionen im Autoklaven werden die betreffenden Substanzen in der Regel direkt in denselben eingefüllt. Glas- oder Porzellaneinsätze erfüllen meist nicht den gewünschten Zweck, da die Flüssigkeit doch in den Zwischenraum zwischen dieselben und die Autoklavenwand gelangt. Für die Durchführung von Reaktionen mit starken Säuren müssen säurefeste Autoklaven verwendet werden (z. B. aus V 2 A-Stahl). Bei manchen Reaktionen kann man auch so vorgehen, daß die Substanz in Glasgefäße (starkwandige Rundkolben) eingefüllt wird, die dann zugeschmolzen werden; in den Autoklavenraum wird dann außerhalb der Glasgefäße noch eine Flüssigkeit gefüllt (Wasser, Alkohol usw.), die einen entsprechenden Gegendruck erzeugt. Das Öffnen der Autoklaven hat stets erst nach deren völligem Erkalten zu erfolgen.

Während die üblichen Autoklaven für Drucke von etwa 50 bis 200 atü konstruiert sind, müssen für höhere Drucke besonders ausgeführte *Hochdruckautoklaven* verwendet werden. Eine Laboratoriumsapparatur zur Durchführung von Hochdruckreaktionen hat VOLLBRECHT[2] beschrieben.

Zum Erhitzen inhomogener Systeme unter Druck dienen Schüttelbombenöfen bzw. Rührautoklaven (vgl. S. 37, 43).

2. Überdruck bei allgemeinen organisch-chemischen Operationen.

Während der Überdruck bei Reaktionen meist selbst entsteht (durch Temperaturerhöhung im geschlossenen Gefäß), muß bei manchen Operationen durch Anwendung komprimierter Gase für einen Überdruck gesorgt werden; dies gilt in erster Linie für ge-

---

[1] Ind. Engng. Chem. **24**, 856 (1932); Chem. Fabrik **6**, 21 (1933).
[2] VOLLBRECHT: Chem. Fabrik **11**, 159 (1938).

wisse Methoden der *Filtration* (vgl. S. 65). Man bedient sich dabei vor allem der mittels eines Kompressors erzeugten *Druckluft*, die mit Vorteil in einem Windkessel gesammelt wird. Derselbe ist mit einem Regler versehen, der die Einstellung eines bestimmten Druckintervalls ermöglicht. Auch die meisten Ölpumpen (s. S. 24) können zur Erzeugung von Druckluft verwendet werden.

Druckluft von geringem Überdruck, z. B. zum Betreiben von Gebläsebrennern oder zum Luftdurchleiten durch Flüssigkeiten usw. erzeugt man mittels der bekannten, mit einer Wasserstrahlpumpe kombinierten Druckpumpen (aus Glas oder Metall). Auch andere, aus Laboratoriumsgeräten leicht selbst herstellbare Modelle sind vielfach in Gebrauch[1].

Zur Erzeugung eines Überdruckes können natürlich auch die in Stahlflaschen aufbewahrten *komprimierten Gase* dienen. Zur Regelung des Druckes verwendet man die bekannten Reduzierventile (vgl. auch S. 51).

E. Arbeiten unter Schütteln und Rühren.

Zu den *Mischoperationen* im allgemeinen gehören folgende drei Hauptvorgänge:

Das *Mischen* im engeren Sinn, also das Vermengen *fester* Körper miteinander oder mit Flüssigkeiten, wobei aber die erzeugte Mischung im Ruhezustand keine Neigung zur Entmischung zeigt.

Das *Kneten*, also das Durcharbeiten einer *plastischen* Masse, wobei eine flüssige Komponente vorhanden sein muß. Das Mischprodukt ist zähflüssig, so daß in der Ruhe meist keine Entmischung mehr erfolgt.

Das *Schütteln* und *Rühren* besteht im Durchmischen einer *flüssigen* Masse (zweier nichtmischbarer Flüssigkeiten, einer Flüssigkeit mit einem Gas oder einem festen Körper usw.). Es handelt sich dabei um einen labilen Zustand, da nach dem Aufhören der Operation Entmischung stattfindet.

Von diesen Operationen sind laboratoriumstechnisch die beiden erstgenannten ohne größere Bedeutung, wohl aber sind das Schütteln und Rühren sehr häufig anzuwendende Vorgänge. Sie werden sowohl bei Operationen zur Isolierung und Reinigung organischer Substanzen angewendet, vor allem aber zur *Durchführung organisch-chemischer Reaktionen in inhomogenen Systemen.*

Es handelt sich dabei um Reaktionen zwischen zwei nicht miteinander mischbaren Flüssigkeiten oder zwischen einem flüssigen und einem schwer löslichen festen Körper. Auf Reaktionen von Flüssigkeiten bzw. Lösungen mit Gasen wird erst später eingegangen (vgl. S. 56 ff.).

Analoge Maßnahmen sind erforderlich, wenn in eine Flüssigkeit während der Reaktion eine andere Flüssigkeit, die an und für sich mit der ersten mischbar ist, oder ein fester Körper, der in der Flüssigkeit löslich ist, eingetragen werden soll.

---

[1] Vgl. z. B. L. OSTERMEIER: Chem. Ztg. **67**, 36 (1943).

Ein Rühren oder Schütteln durch Handbetrieb kommt nur bei kurzdauernden Operationen in Frage; zumeist bedient man sich hierfür eigens konstruierter Schüttelmaschinen oder Rührwerke. Dieselben sind verschieden gebaut, je nachdem, ob eine Reaktion unter Atmosphärendruck oder in geschlossenen Gefäßen, also unter erhöhtem Druck vorzunehmen ist.

1. Schüttelmethoden.

Schüttelmaschinen. Für Reaktionen oder Operationen unter Atmosphärendruck oder nur wenig erhöhtem Druck benützt man entweder kleine Wägelchen, auf denen das zu schüttelnde Gefäß (meist eine oder mehrere Flaschen) befestigt wird (hin- und hergehende Bewegung), oder Geräte, bei denen der das Schüttelgefäß tragende Teil an einer passenden Konstruktion aufgehängt ist (schaukelnde Bewegung). Der Antrieb erfolgt mittels eines Schwungrades (Exzenters), der durch seine Zugstange mit einem Motor verbunden ist, bei kleineren Modellen mit einer RABEschen Wasserturbine. Einfachste Art einer Schüttelmaschine: Auf einem festen Eisenstab ist eine Scheibe gut gelagert, die sich in langsamer rotierender Bewegung befindet; auf der Scheibe wird das Schüttelgefäß befestigt (z. B. eine Flasche mit eingeschliffenem Stöpsel).

Bei Gasentwicklung während der Reaktion benützt man eine unten tubulierte Flasche, deren unterer Tubus (in der Schüttelmaschine nach oben gerichtet) mit einem Gasentbindungsrohr in sinngemäßer Weise verbunden wird. Derartige Flaschen sind auch zu verwenden, wenn während des Schüttelns Zusätze zu machen sind (Tropftrichter).

Eine *Kleinschüttelmaschine* wurde von RIEDEL[1] beschrieben. Sie läßt sich auf jedem Labortisch leicht befestigen und zeichnet sich durch sehr intensive Schüttelwirkung aus. Ferner ermöglicht sie auch ein Schütteln unter Kühlen, bei erhöhter Temperatur, sowie unter Gaseinleiten. — Hinsichtlich einer *Vibrationsschüttelmaschine* für Laboratoriumszwecke vgl. auch GILSON[2].

Schüttelöfen: Für Reaktionen bei höherer Temperatur bzw. unter Druck. Die Bombenröhren werden dabei in verschließbare Metallhülsen eingesetzt und hier mittels Spiralfedern festgehalten. Bei dem von E. FISCHER[3] beschriebenen Modell befinden sich die Hülsen in einer passenden Aufhängevorrichtung, die sich in einem Bad (Luft- oder Ölbad usw.) befindet, das durch Gasflammen

---

[1] RIEDEL: Chem. Fabrik **5**, 477 (1932). — Im Handel unter dem Namen „Tremolo", Hersteller: F. & M. Lautenschläger, G. m. b. H., München.

[2] A. R. GILSON: Chem. and Ind. **62**, 214 (1943).

[3] E. FISCHER: Ber. dtsch. chem. Ges. **30**, 1485 (1897).

geheizt wird. Bei dem Modell von THOMS[1] wird der ganze Schießofen, der im Prinzip in üblicher Weise konstruiert ist, in schütteln-
der Bewegung gehalten. Die Bombenhülsen befinden sich dabei
in einem Luft- oder Sandbad, das erhitzt wird. Dieses Modell
ist handlicher und ermöglicht ein bequemes Arbeiten auch bei
höheren Temperaturen bis 300°.

Zum Schütteln von Bombenröhren kann man sich auch einer
gewöhnlichen Schüttelmaschine bedienen, wobei die Röhren in
verschließbaren Metallhülsen liegen (festgehalten mittels Draht-
spiralen), die mit einer Wicklung aus Widerstandsdraht versehen
werden; die Heizung erfolgt also elektrisch. Auch ein Thermometer
kann unschwer angebracht werden. Beim Öffnen der Bombenröhren
wird die Metallhülse gut eingespannt und sodann aufgeschraubt, die
Capillare des Einschmelzrohres vorsichtig herausgezogen und dann
in der bereits beschriebenen Weise geöffnet (vgl. S. 32). Vor dem
Öffnen sollen die Bombenröhren niemals aus der Schutzhülse heraus-
genommen werden.

Zur Durchführung von Reaktionen mit größeren Mengen
dienen *Schüttelautoklaven*, wie sie von F. FISCHER[2] beschrieben
wurden. Modelle für 0,5—5 Liter Inhalt für einen Arbeitsdruck
von 100—300 atü[3].

2. Rührvorrichtungen.

Allgemeines über die Durchführung von Reaktionen unter Rühren.
Die betreffenden Substanzen werden entweder zugleich in das
Reaktionsgefäß gebracht, oder es wird die eine Flüssigkeit unter
Benützung eines *Tropftrichters* zur anderen zufließen gelassen; Ein-
stellung eines bestimmten Tropftempos.

Rührgefäße. Im einfachsten Fall verwendet man Bechergläser,
weithalsige Rundkolben, ferner sogenannte Sulfierkolben[4] (vgl.
Abb. 20), Reaktionsbehälter (vgl. Abb. 21) u. a. Derartige Gefäße
kommen meist in offenem Zustand zur Verwendung. Eine wesentlich gründlichere Durchmischung ermöglichen allerdings Gefäße,
die im Durchschnitt nicht kreisrund, sondern z. B. oval sind (nach
K. Heinz, Stützerbach) oder quadratischen Querschnitt besitzen
bzw. mit Rippen versehen sind[5]. Den Einfluß der Änderung der
Kolbenform auf die Wirksamkeit des Rührens studierten eingehend MORTON u. KNOTT[6] (gemessen durch den Temperatur-

---

[1] THOMS: Ber. dtsch. chem. Ges. **36**, 3957 (1904).
[2] F. FISCHER: Brennstoff-Chem. **5**, 299 (1924).
[3] Hersteller: Andreas Hofer, Mülheim-Ruhr.
[4] E. KELLER: Chem. Fabrik **5**, 429 (1932). — Hersteller: Glaswerk Schott & Gen., Jena.
[5] MORTON: Ind. Engng. Chem., analyt. Edit. **11**, 170 (1939).
[6] MORTON, A. A., u. D. M. KNOTT: Ind. Engng. Chem., analyt.
Edit. **13**, 649 (1941).

anstieg bei der Permanganat-Oxydation von Toluol); als besonders geeignet erwies sich der sogenannte „Faltenkolben". Auch mit 4 Rippen versehene Sulfierkolben bewährten sich nach WEYGAND[1] bestens. Dadurch wird eine ähnliche Wirkung erzielt wie bei den Prallflächen der technischen Apparate, und eine Kreiselbewegung des gesamten Gefäßinhaltes wird vermieden. Auch ein exzentrischer Einbau des Rührers dient diesem Zweck. Falls unter Rückflußkühlung gearbeitet werden soll, benützt man eigene Geräte, z. B. sogenannte Rühraufsätze (vgl. unten). Vor allem für Arbeiten im Vakuum oder unter Druck müssen naturgemäß besonders konstruierte Apparate verwendet werden.

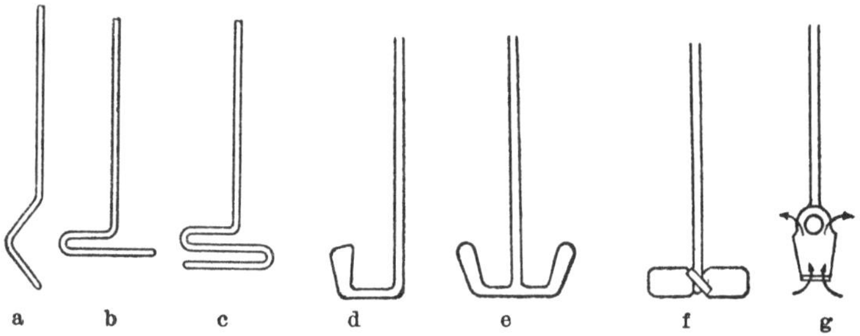

Abb. 15. Rührerformen.

Rührer. Von den verschiedenen Rührerformen sind in Abb. 15 einige einfache und gebräuchliche Modelle wiedergegeben. Es handelt sich dabei entweder um einfache gebogene Rührstäbe (Abb. 15 a—e) oder um Propellerrührer (Abb. 15f) oder um Zentrifugalrührer (nach WITT, Abb. 15g). Rührer nach Modell d oder e kommen besonders zum Aufwirbeln schwerer Bodenkörper in Frage. Hierfür wurde auch ein Drahtrührer (z. B. aus Chromnickeldraht) zum Abstreifen der Kolbenwände vorgeschlagen[2]. Eine sehr gründliche Durchmischung gewährleisten die empfehlenswerten Turbinenführer[3]. Propellerrührer (z. B. gemäß Abb. 15f) werden in solcher Richtung in Gang gesetzt, daß die hochgestellte Flügelkante vorangeht, wodurch das Rührgut nach unten gedrückt und an den Wänden wieder hochgetrieben wird. Für manche Zwecke kommt aber auch ein umgekehrter Gang in Frage. 4- und 6blättrige Propellerrührer erwiesen sich für die

[1] WEYGAND, C.: Chem. Techn. **16**, 64 (1943).
[2] HERSHBERG: Ind. Engng. Chem., analyt. Edit. **8**, 813 (1936); vgl. auch Org. Syntheses **17**, 31 (1937).
[3] Z. B. „Rotadex-Mischer" der Sommer-Schmidling-Werke (Düsseldorf); auch mit biegsamer Welle verwendbar.

Durchmischung von Flüssigkeiten als besonders geeignet[1]. Die Wirkung eines größeren Schraubenrührers wird in Abb. 16 verdeutlicht[2]. Das Rührgefäß ist dabei mit Prallflächen ausgestattet, wie dies meist bei größeren (halbtechnischen) Apparaturen erforderlich ist. Charakteristisch ist die durch den Schraubenrührer erzeugte Vertikalströmung.

Bei hohen Gefäßen können 2—3 Schrauben auf der Welle angebracht werden, um einen kräftigen Vertikalstrom vom Boden bis zur Oberfläche zu gewährleisten. Verwiesen sei auch auf den Schraubenquirl (System Dorst)[3], der eine kräftige Dispergierung und energische vertikale Zirkulation des Rührgutes bewirkt; außer für technische Zwecke ist er auch für Laboratoriumsarbeiten in größerem Maßstab geeignet.

Bei Benützung enghalsiger Gefäße bedient man sich zweckmäßigerweise der Rührer mit beweglichen Flügeln (Abb. 17). Bei Modell a ist die eine Seite des Flügels etwas schwerer, so daß derselbe in Ruhelage vertikal steht (wie bei b). Auf einen einfachen Metallrührer für enghalsige Gefäße mit zwei beweglichen Schaufeln, die mittels einer Feder hochgeklappt werden, sei noch verwiesen[4].

Zum *Durchmischen einer Flüssigkeit mit Luft* dienen entweder Rührer, die eine Vertikalzirkulation der Flüssigkeit bewirken (vgl. z. B. Abb. 16; s. auch oben) oder Zentrifugalrührer (z. B. entsprechend dem WITTschen Rührer; Abb. 15g) oder aber eigene Konstruktionen, bei denen die Luft durch das hohle Rührerrohr angesaugt und in der Flüssigkeit verteilt wird[5].

Sehr wichtig ist die *Führung der Rührwellen*. Meist benützt man passende Glasrohrabschnitte oder Metallhülsen. Sehr gut bewähren

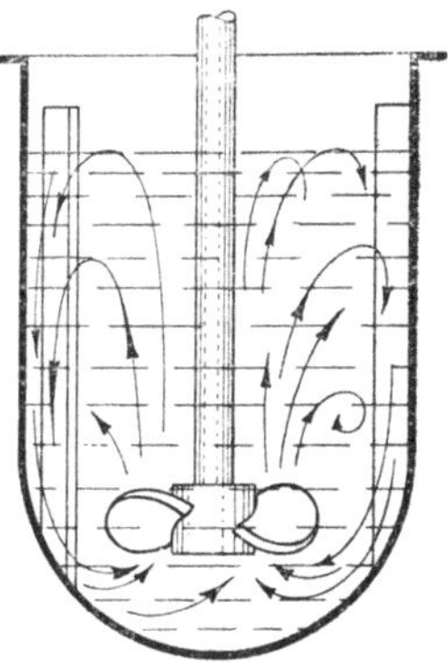

Abb. 16. Schematische Darstellung der Wirkung eines Schraubenrührers in einem mit Prallflächen versehenen Gefäß.

---

[1] MORTON, A. A, u. D. M. KNOTT: Ind. Engng. Chem., analyt. Edit. **13**, 649 (1941).

[2] Vgl. W. BADER: Die Technik der chemischen Operationen. Basel 1934.

[3] Hersteller Maschinenfabrik Dorst AG. (Oberlind-Sonneberg, Thüringen).

[4] Vgl. Chemiker-Ztg. **67**, 81 (1943).

[5] MARTINEZ, R.: Ion (Madrid) **2**, 49 (1942).

sich auch einseitig aufgeschlitzte Abschnitte von starkwandigem, nicht allzu englumigem Druckschlauch; die Schmierung erfolgt mit Glyzerin[1].

Der *Antrieb der Rührer* erfolgt am besten mittels eines Elektromotors, aber auch die RABEsche Wasserturbine oder Heißluftmotoren leisten gute Dienste. Zur Verbindung der Schüttelmaschinen oder Rührwerke mit dem Elektromotor oder der Wasserturbine dienen gewöhnliche Hanfschnüre, bei schweren Schüttelmaschinen Lederschnüre, eventuell auch Darmsaiten. Für Maschinen oder Rührwerke mit geringer oder mittlerer Belastung eignen sich besonders gut etwa 2 mm starke Spiralfedern aus Stahldraht oder kräftige Gummischnüre, die eine gleichmäßige Spannung bewirken. Bei zu geringer Spannung von Hanfschnüren kann man durch Befeuchtung derselben die Spannung erhöhen. — Bei allen Anordnungen ist auf eine gute Verbindung der Schnurenden zu achten, was bei länger währenden Versuchen (z. B. bei tagelanger ununterbrochener Benützung) recht schwierig ist und viel Ärger bereiten kann, da keine der vorhandenen Möglichkeiten restlos befriedigt. Falls man viel mit Arbeiten, die unter Rühren durchgeführt werden, zu tun hat, so empfiehlt sich die Einrichtung einer Transmission,

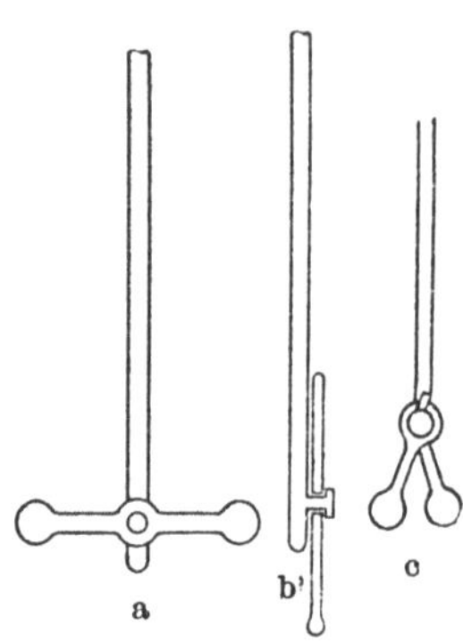

Abb. 17. Flügelrührer.

die am besten in einen Abzug eingebaut wird, wobei mit Hilfe von Schnurscheiben oder Übersetzungen das gerade gewünschte Rührtempo eingestellt werden kann. Zur Aufrechterhaltung eines konstanten Rührtempos und zur Vermeidung des lästigen Reißens der verschiedenartigen Verbindungen empfiehlt sich bei größeren Rührgeräten die Anwendung von Zahnrädern mit Fahrradketten. — Gut bewährten sich auch auf einer mittels Motor betriebenen Welle verschiebbar angeordnete einfache Holzscheiben, die auf horizontal gelagerten (an den Rührköpfen befindlichen) Holzscheiben laufen, die oben mit Eisenblech ausgelegt sind. Durch Verschieben der an der Welle befestigten Scheiben lassen sich beliebige Geschwindigkeiten einstellen.

Rührwerke (*Rühraufsätze*) werden vor allem bei gleichzeitigem Erhitzen der zu rührenden Flüssigkeit benützt. In Abb. 18 ist ein Modell wiedergegeben, bei dem der Rührer durch den Rückflußkühler hindurchgeführt wird, und das gleichzeitig zum Einleiten von Gasen oder zum Zutropfenlassen von Flüssigkeiten eingerichtet ist. Die Rührwelle läuft dabei in einem selbstzentrierenden Kugellager[2]. — Man kann auch Rührwerke verwenden, bei denen das Entweichen von Dämpfen der siedenden Flüssigkeit mittels eines *Quecksilberverschlusses* verhindert wird. Eine gut

[1] WEYGAND, C.: Chem. Techn. 16, 64 (1943).
[2] Hersteller: Greiner & Friedrichs, Stützerbach, Thüringen.

erprobte — im Prinzip in Anlehnung an die von E. Fischer[1] vorgeschlagene — Konstruktion ist in Abb. 19 wiedergegeben.

Von Wichtigkeit für einen leichten und reibungslosen Betrieb eines Rührwerkes ist die Zentrierung des Rührens; dies erreicht man am einfachsten durch ein Führungsrohr, das mittels Paraffinöl usw. geschmiert wird (vgl. Abb. 19). Die Schnurscheibe ist in diesem Falle direkt am Rührer befestigt und mit einem Metallteil verbunden, der auf einer Metallhülse gleitet, die gleichfalls immer gut geölt werden muß. Die in Abb. 19 wiedergegebene Apparatur, die dauernd aufgestellt bleiben kann, wird zweckmäßigerweise mit einer Einrichtung zur leichten Auswechslung der Rührer versehen, indem das Rührrohr mit einem kleinen Normalschliff ausgestattet wird; man hält einige Rührer von verschiedener Größe bereit und jeweils auch die dafür passenden Normalschliffkolben.

KPG-Rührwerke[2] sind Präzisionsapparate zum Rühren, nur aus Glas hergestellt mit geschliffener und polierter Glaswelle, die im Lager mit einem Spielraum von etwa 0,01 mm läuft (unter Benützung eines geeigneten Schmiermittels[3]); dadurch wird auch

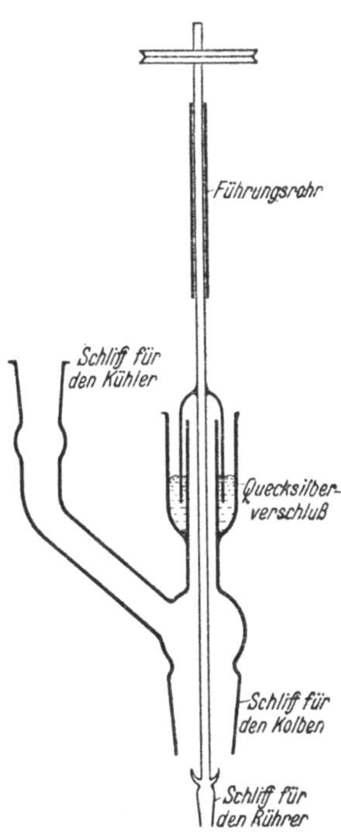

Abb. 19. Rührwerk mit Quecksilberverschluß.

Abb. 18. Rührwerk mit Kühler, Rührgefäß usw.

ein Abschluß des Kolbeninhalts von der Außenluft erzielt. Die Rührgeschwindigkeit beträgt etwa bis 600 Umdrehungen je Minute. In Abb. 20 ist ein einfaches Modell wiedergegeben, bei dem außer der Rührvorrichtung ein Kühler und ein Thermometer in einen Sulfierkolben eingebaut sind. Zur Vermeidung des Weg-

---

[1] Fischer, E.: Anleitung zur Darstellung organischer Präparate. Braunschweig: Vieweg 1905.

[2] Hersteller: Glaswerk Schott & Gen., Jena. — Vgl. Prausnitz: Österr. Chemiker-Ztg. **39**, 114 (1936); Chem. Fabrik **11**, 221 (1938).

[3] In Betracht kommt steife Vaseline oder Ramsay-Fett, bei Verwendung von Fettlösungsmitteln eine ätherfeste Schmiere (vgl. S. 173), bei den großen KPG-Modellen ein beliebiges Öl.

lösens des Schmiermittels (auch des „ätherfesten" nach KAPSEN-
BERG, vgl. dazu S. 173) durch Lösungsmittel (wie Aceton oder Alkohol) empfiehlt WEYGAND[1] die Dazwischenschaltung eines kurzen Kühlers.

Für Arbeiten *in größerem Maße* verwendet man zweckmäßigerweise die Schottschen Reaktions-behälter (vgl. Abb. 21). Derartige Gefäße haben sich bis zu einem Volumen von 80 l bestens bewährt. Zum Verschluß dient ein mit einer Armatur versehener Glasdeckel, der Öffnungen zum Einsetzen von Küh-lern, Gaseinleitungsgeräten usw. sowie des KPG-Rührwerkes besitzt.

Behandlung von KPG-Rührwerken. Zur Schonung des aus sprödem Glas bestehenden KPG-Lagers ist eine gute Schmierung erforderlich. Das abflie-ßende Schmiermittel sammelt sich in der an der Welle angeschmolzenen Glocke. Es muß streng darauf ge-achtet werden, daß nicht körnige Staubteilchen in das KPG-Lager ge-langen, da sonst die Gefahr besteht, daß dasselbe rasch zerstört wird. Die gleiche Wirkung hat auch ein zu star-ker einseitiger Zug beim Betrieb mit einer Schnurscheibe oder unrichtige Zentrierung beim Betrieb durch An-schluß an eine Vertikalwelle.

Rapid-Rührwerke für 2000—3000 Umdrehungen in der Minute müssen bereits aus Metall hergestellt werden (z. B. aus rostfreiem Stahl). Der Ver-schluß gegen die Außenluft erfolgt ebenso wie bei den KPG-Rührwerken (geschliffene Wellen mit Schmier-mittel). Ein Rührwerk, das bis zu 11 000 Umdrehungen in der Minute er-reicht, beschreiben MORTON u. KNOTT[2].

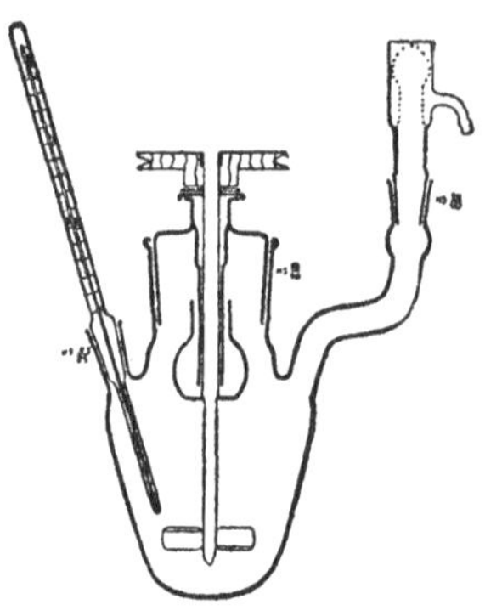

Abb. 20. Einfaches KPG-Rühr-werk in einem Sulfierkolben.

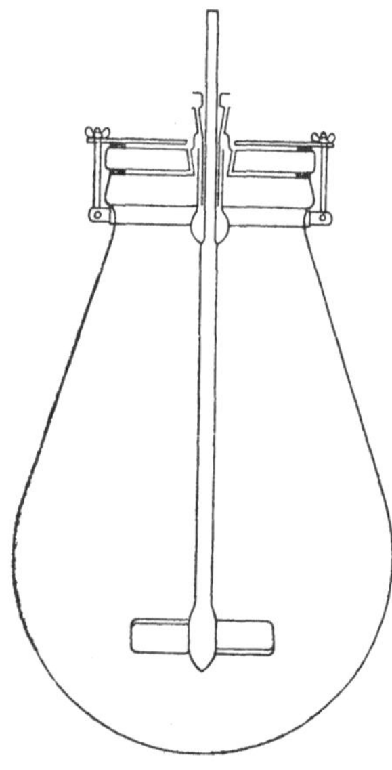

Abb. 21. Jenaer Reaktionsgefäß mit KPG-Rührwerk.

---

[1] WEYGAND, C.: Chem. Techn. **16**, 64 (1943).
[2] MORTON, A. A., und D. M. KNOTT: Ind. Engng. Chem., analyt. Edit. **13**, 649 (1941).

Rührautoklaven dienen zum Arbeiten unter Druck, also bei Temperaturen, die über dem Siedepunkt des Lösungsmittels liegen. Ein normaler Autoklav ist dabei mit einem Rührwerk versehen.

Zum Eindichten des Rührers in den Deckel dient eine Stopfbüchse, in die eine Asbestschnur eingelegt wird, die mit Wachs oder Harz geschmeidig gemacht ist; die Dichtung wird in der Stopfbüchse durch Anziehen der Schrauben festgedrückt. Statt Asbest kann zur Dichtung auch eine Bleipackung verwendet werden. Zum Antreiben des Rührwerkes dient ein entsprechend starker Motor, der den Rührer trotz des Druckes der Stopfbüchse zu bewegen vermag.

Zum Rühren bei geringem Überdruck können auch KPG-Rührwerke dienen; auch Schliffe mit umgekehrter Kegelanordnung kommen in Frage[1].

Zum *Rühren im Vakuum* kann die Anordnung von RUDBACH[2] dienen (vgl. Abb. 22). Bei *1* befindet sich das mit Vaselin-Harz-Gemisch geschmierte Führungsrohr samt Auflager (Gummistopfen), bei *2* kann erforderlichenfalls eine Abfangvorrichtung für das Schmiermittel eingebaut werden. Vgl. auch die Anordnung von BERTRAM[3]. Am bequemsten ist die Verwendung eines KPG-Rührwerkes mit oben erweiterter Lagerhülse (wie in Abb. 20 angedeutet), die dauernd mit Schmiermittel gut gefüllt bleiben muß. Außerdem muß die zu verwendende Wasserstrahlpumpe dauernd angeschlossen bleiben[4].

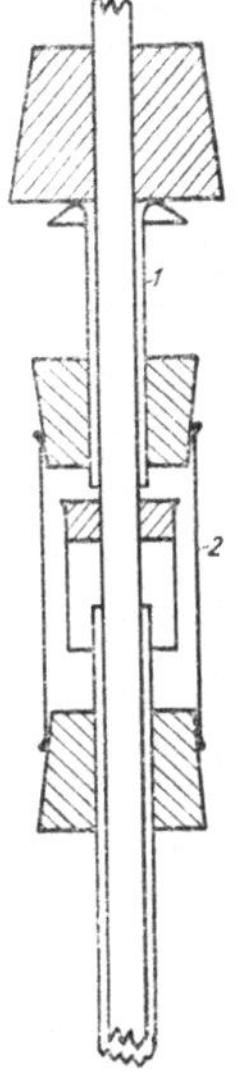

Abb. 22.
Aufsatz von RUDBACH zum Rühren im Vakuum.

Mikrorührwerk. Zum Mischen zweier miteinander reagierender Flüssigkeiten bzw. Lösungen wurde von KUHN und BROCKMANN[5] ein kleines Gerät beschrieben.

Ein Mikrorückflußkühler mit Rührwerk wurde von G. GORBACH[6] entwickelt.

F. Arbeiten mit Lösungsmitteln.

Anwendung der Lösungsmittel. Dieselben sind im organischchemischen Laboratorium von größter Bedeutung. Man benützt sie sowohl bei der Durchführung von Reaktionen wie auch bei Isolierungs- und Reinigungsoperationen. — Im ersten Fall verwendet man sie zur Erzielung eines homogenen Reaktionssystems, ferner als Verdünnungsmittel, also zur Abtönung einer Reaktion;

[1] Vgl. dazu Glas und Apparat **25**, 10 (1944).
[2] RUDBACH, W.: Chemiker-Ztg. **58**, 552 (1934).
[3] Chem. Weekbl. **34**, 287 (1937).
[4] Vgl. dazu PRAUSNITZ: Chem. Fabrik **11**, 221 (1938).
[5] KUHN u. BROCKMANN: Ber. dtsch. chem. Ges. **66**, 1321 (1933).
[6] G. GORBACH: Fette und Seifen **51**, 6 (1944).

auch die Reaktionsgeschwindigkeit ist vielfach von der Art des Lösungsmittels abhängig. — Im zweiten Fall werden Lösungsmittel verwendet zum Extrahieren, zum Waschen und Umkrystallisieren organischer Substanzen, bei der chromatographischen Adsorptionsmethode usw.

Giftigkeit von Lösungsmitteln. Viele der gebräuchlichen Lösungsmittel sind giftig, vor allem, wenn deren Dämpfe in größeren Mengen eingeatmet werden. Bei dauerndem Umgehen mit denselben können aber oft auch kleine Mengen (z. B. durch häufiges Einatmen) gesundheitliche Schädigungen verursachen. Es ist daher beim Arbeiten mit Lösungsmitteln stets größte Vorsicht geboten und auf jeden Fall für gute Raumlüftung zu sorgen.

Nachweis der Lösungsmittel. Auch der organisch-präparativ arbeitende Chemiker wird sich manchmal mit dem Nachweis von Lösungsmitteln, besonders in technischen Produkten bzw. in Mischungen zu beschäftigen haben[1]. Im übrigen handelt es sich aber vor allem um den Nachweis von Verunreinigungen in den gebräuchlichen Lösungsmitteln, um so ein Urteil über deren Brauchbarkeit zu erlangen.

Bei allen Arbeiten mit Lösungsmitteln ist deren chemische Indifferenz wichtig, d. h. dieselben dürfen mcht die Reaktionspartner beeinflussen bzw. mit einem derselben reagieren.

Im folgenden eine kleine Übersicht über das **Verhalten einiger Lösungsmittel gegenüber verschiedenen Substanzen.**

Wasser kann verseifend wirken, ist daher besonders bei Säureanhydriden, Säurechloriden und Metallalkylen auszuschließen; ebenso *Alkohol* wegen veresternder Wirkung.

Mineralsäuren (insbesondere Schwefel- und Salpetersäure) können auf Alkohole veresternd wirken, bei höheren Konzentrationen auch Substitutionen verursachen (Einführung von Sulfo- bzw. Nitrogruppen); beständig sind Paraffinkohlenwasserstoffe, Eisessig.

Alkalien wirken auf Aceton kondensierend, auf Chloroform und Schwefelkohlenstoff verändernd; beständig sind die aliphatischen und aromatischen Kohlenwasserstoffe.

Oxydationsmittel. Einwirkung auf Alkohol, Aceton, Chloroform usw.; beständig sind (auch gegen *Reduktionsmittel*) Eisessig, Äther, Benzol, aliph. Kohlenwasserstoffe.

Halogene. Substituierende Wirkung (manchmal auch oxydierende Wirkung); beständig sind insbesondere Chloroform und Tetrachlorkohlenstoff.

Vorbehandlung der Lösungsmittel. Alle Lösungsmittel enthalten außer Wasser die verschiedensten Verunreinigungen, die auf die durchzuführende Reaktion oder Operation gemäß dem Gesagten störend wirken können. Die *Reinigung* und *Trocknung* von Lösungsmitteln ist daher eine wichtige Operation des organisch-chemischen Laboratoriums. Im folgenden werden nur die orga-

---

[1] Diesbezüglich sei verwiesen auf die sehr brauchbare Anleitung von H. H. WEBER: Praktische Lösungsmittelanalyse. Leipzig: J. A. Barth 1936.

nischen Lösungsmittel näher besprochen, wenn auch abgesehen von Wasser z. B. anorganische Säuren (konzentrierte Schwefelsäure oder Phosphorsäure) für mancherlei Zwecke als Lösungsmittel für organische Substanzen in Betracht kommen. Als Gerät zur Herstellung kleiner Mengen trockener Lösungsmittel sei vor allem auf den Extraktor von THIELEPAPE verwiesen (vgl. S. 77).

Benzin. Reinigung erforderlichenfalls mit konzentrierter oder rauchender Schwefelsäure (mit 5% Anhydridgehalt) durch Schütteln auf der Maschine (etwa 1 Tag) zwecks Entfernung eventuell störender ungesättigter Beimengungen (zugleich treten dabei erhebliche Verluste ein). Waschen mit Wasser, Destillieren. Trocknen mit $CaCl_2$ und mit Natrium[1]. Abdestillieren unter Feuchtigkeitsschutz (Vorlage mittels Stopfen eingedichtet und mit Chlorcalciumrohr versehen; ebenso bei allen anderen getrockneten Lösungsmitteln). — Verwendung von Fraktionen mit bestimmtem Siedeintervall. Petroläther: 40—60° (spez. Gew. 0,666—0,686), Ligroin 60—80°.

Prüfung: 10 ccm Benzin mit 10 ccm Wasser geschüttelt sollen keine sauren Bestandteile abgeben. — 20 ccm Benzin dürfen beim Verdampfen auf dem Wasserbad keinen Rückstand hinterlassen. — Auf Papier darf kein Fettfleck zurückbleiben. Prüfung auf schwefelhaltige Beimengungen: 5 ccm mit 10 ccm alkoholisch-ammoniakalischer Silbernitratlösung (1 : 100) vor Licht geschützt 5 Minuten schütteln; im Wasserbad von 50° darf keine Bräunung eintreten.

Gesundheitsschädigende Wirkungen: Benzindämpfe wirken in hohen Konzentrationen berauschend. Bei Vergiftungen: Frische Luft, künstliche Atmung.

Benzol (Kp. 80°), *Toluol* (Kp. 111°), *Xylol.* Befreiung des Benzols von Thiophen nach verschiedenen Methoden, z. B. durch Einwirkung wäßriger Hg-Salzlösungen[2]. Entfernung von Schwefelkohlenstoff mit feuchtem Ammoniakgas oder durch Kochen mit alkoholischem Kali (Bildung von Xanthogenat, das mit Wasser auswaschbar ist). Trocknen wie zuvor.

Prüfung auf Thiophen mittels der Indopheninreaktion: 25 ccm einer 0,05proz. Lösung von Isatin in reiner Schwefelsäure mit 1 ccm Benzol und 25 ccm Schwefelsäure (die 1 Tropfen konz. Salpetersäure oder Eisenchloridlösung enthält) geschüttelt. Bei Vorhandensein von Thiophen sofortige Blaufärbung.

Gesundheitsschädigende Wirkungen: Akut als Nervengift (Kopfschmerzen, Schwindelgefühl, narkotisch wirkend); bei chronischer Einwirkung (häufiges Einatmen geringer Mengen) als Blut- und Gefäßgift wirkend (Neigung zu Blutungen der Schleimhäute, Nasenbluten). Waschen der Hände mit Benzol usw. ist gefährlich (Hautkrankheiten). Bei Vergiftungen: Künstliche Atmung, ärztliche Hilfe.

---

[1] In Drahtform (Natriumpresse); auch Kalium-Natrium-Legierung kommt in Frage (vgl. dazu WEYGAND: a. a. O. S. 118).

[2] DIMROTH: Ber. dtsch. chem. Ges. **32**, 759 (1899).

Methanol[1] (Kp. 65°). Die Wahl einer geeigneten Sorte ist von Bedeutung, da manche technischen Sorten viele Verunreinigungen enthalten. Trocknen durch Kochen über Kalk (auf 1 Liter Methanol etwa 200 g Stückkalk) unter Rückflußkühlung und Feuchtigkeitsausschluß. Abdestillieren (möglichst ohne das Sieden zu unterbrechen, zwecks Vermeidung starken Stoßens) unter Feuchtigkeitsausschluß (vgl. oben), zum Schluß eventuell unter schwachem Evakuieren (zwecks Erhöhung der Ausbeute). — An Stelle von Kalk kann man auch Bariumoxyd verwenden; es ist zwar teurer, aber man kommt mit kleineren Mengen aus. Die Entwässerung ist dabei beendet, sobald sich das Methanol gelb färbt. Die nach dem Abdestillieren zurückbleibende Ba-Methylat-Lösung kann wieder zur Methanolentwässerung benützt werden (Abkürzung des Prozesses und Einsparung von Bariumoxyd). Stoßen während der Destillation ist stets zu vermeiden, damit nicht Calcium- oder Barium-Methylat-Spuren in das Destillat gelangen. — Der Feuchtigkeitsgehalt des Methanols beträgt nach dieser Art der Trocknung etwa 0,1%, wenn $^1/_{10}$ als Vorlauf und ebensoviel als Nachlauf abgetrennt wird. Calciumchlorid kommt bekanntlich zur Entwässerung von Alkoholen infolge Bildung von Additionsverbindungen (Krystallalkohol) nicht in Betracht. — Eine bequeme (für viele Zwecke ausreichende) Entwässerung erzielt man durch Lösen von 1—2% metallischem Natrium in Methanol und Destillation.

Völlige Entwässerung des Alkohols: Einwirkung von Natriumdraht auf den „absoluten" Alkohol unter Zusatz des entsprechenden Ameisensäureesters[2]. — Eine einfache und bequeme Methode zur Entwässerung der niedrigen Alkohole (Methanol, Äthanol, Propanol) mittels der zugehörigen Magnesiumalkoholate haben LUND und BJERRUM[3] beschrieben.

Prüfung des Methanols auf Aceton mittels der LEGALschen Ketonreaktion: Verdünnung mit Wasser, Zusatz von etwas Alkali und einiger Tropfen frisch bereiteter Nitroprussidnatriumlösung (Rötung, Verstärkung auf Zusatz von Essigsäure). — Prüfung auf Feuchtigkeit durch entwässertes Kupfersulfat (Blaufärbung) oder Kaliumbleijodid.

Gesundheitsschädigende Wirkungen: Einatmen der Dämpfe wirkt betäubend und giftig (Sehstörungen, bis zur Erblindung führend, Krämpfe, Bewußtlosigkeit, Herzschädigungen); besonders gefähr-

---

[1] Der spezifische Geruch der Alkohole ist auf Beimengungen zurückzuführen. In absolut reinem Zustand sind sie nach KLASON u. NORLIN (Tidsskr. Kjemi Bergves. **2**, H. 3 [1906]) völlig geruchlos.
[2] ADICKES: Ber. dtsch. chem. Ges. **63**, 2753 (1930).
[3] Ebenda **64**, 210 (1931).

lich ist der Genuß von Methanol (5—10 g verursachen häufig schon ausgesprochene Vergiftungserscheinungen). Sehr schädigend ist aber auch wiederholte Zufuhr.

Äthanol (Kp. 78°). Der gebräuchliche 96proz. Alkohol ist bereits sehr rein. Entwässerung in analoger Weise wie bei Methanol angeführt. Der „absolute“ Alkohol des Handels enthält meist noch Spuren von Benzol. — Um Äthanol aldehydfrei zu machen, verfährt man nach DUBOVITZ[1] (Verwendung z. B. für haltbare äthyl-alkoholische Alkalihydroxydlösungen).

Prüfung auf Feuchtigkeit wie beim Methanol, ferner durch Zusatz von Kaliumpermanganat (feuchter Alkohol wird rosa gefärbt, trockener soll nur ganz schwach gelblich werden). Zur Prüfung auf Fuselöl, Acetaldehyd usw. vgl. WEYGAND (a. a. O., S. 122).

Diäthyläther (Kp. 35°). Befreiung von Alkohol durch mehrmaliges Schütteln mit Wasser und mit Chlorcalcium. Entwässerung[2] durch Stehenlassen über Chlorcalcium unter öfterem Schütteln (mehrere Tage). Trocknen über eingepreßtem Natriumdraht. Destillieren unter Feuchtigkeitsausschluß. Auch über geglühtem Natriumsulfat oder Phosphorpentoxyd kann Äther getrocknet werden. — Entfernung von Dioxyäthylperoxyd (besonders bei lange gelagertem Äther unbedingt erforderlich): Der Äther wird vor dem Destillieren mit konz. Kali- oder Natronlauge kräftig durchgeschüttelt. Vollkommene Reinigung erzielt man[3] durch Ausschütteln mit pulverisiertem Kaliumhydroxyd (50 g/800 ccm). Der gereinigte Äther wird dann über gekörntem $CaCl_2$ destilliert und über gepulvertem Kaliumhydroxyd aufbewahrt. Vor der Verwendung soll der Äther stets auf Peroxydgehalt geprüft werden. Beim Regenerieren alter Äthermengen ist stets größte Vorsicht geboten, da die Destillationsrückstände vor allem bei Überhitzung in der verheerendsten Weise explodieren können. — Entfernen von Aldehyd durch Schütteln mit alkalischer Permanganatlösung oder mit festem Permanganat und Ätzkali.

Zum Ätherdestillieren verwende man stets ein elektrisch geheiztes Wasserbad (Tauchsieder), niemals direkte (elektrische) Heizung. — Das Umfüllen von Äther hat stets direkt mittels eines kurzen weithalsigen Trichters zu erfolgen (Anwendung enghalsiger Trichter gab des öfteren zu Selbstentzündungen Anlaß). Trotz seiner so häufigen Anwendung im Laboratorium muß nachdrücklich auf die Gefährlichkeit des Äthers verwiesen werden,

---

[1] DUBOVITZ: Chemiker-Ztg. **46**, 654 (1922).
[2] Gewöhnlicher Äther enthält bis 3% Wasser.
[3] LEPPER, W.: Chemiker-Ztg. **66**, 314 (1942).

da er schon zahlreiche Unglücksfälle verursacht hat[1]. Hinsichtlich der Prüfung des Äthers und Vermeidung von Explosionen vgl. LEPPER[2].

Prüfung des Äthers auf Feuchtigkeit mit entwässertem Kupfersulfat; auf Alkohol mit Anilinviolett (das sich in alkoholfreiem Äther nicht löst); auf Aldehyd mit NESSLERS Reagens (es darf keine Verfärbung eintreten). Mit Äther getränktes Filtrierpapier soll nach dem Trocknen an der Luft nicht unangenehm riechen. Durch stark diäthylperoxydhaltigen Äther werden viele Farbstofflösungen beim Schütteln gebleicht, aus wäßriger Jodkaliumlösung wird Jod frei gemacht. Prüfung auf Peroxyd mittels des Titan-Reagens, wobei keine Gelbfärbung eintreten darf[2] (vgl. Original).

Stark betäubende Wirkung beim Einatmen der Dämpfe. Als Gegenmittel frische Luft.

Dioxan (Diglykol-diäther, Kp. 101°). Reinigung durch Erhitzen mit Kaliumhydroxyd (in rotulis) während längerer Zeit und Fraktionieren.

Gesundheitsschädigende Wirkung auch beim häufigen Einatmen kleiner Mengen des Dampfes.

Anisol (Methylphenyläther, Kp. 154°). Reinigung durch Fraktionieren, Trocknen über Natrium oder Phosphorpentoxyd.

Eisessig (Kp. 118°). Entwässerung durch mehrfaches Ausfrieren; ist aber in reinstem Zustand im Handel.

Prüfung auf reduzierende Beimengungen: 5 ccm Eisessig, 15 ccm Wasser und 0,3 ccm Kaliumpermanganatlösung (1 : 1000) dürfen nach 15 Minuten kein Verblassen der Rotfärbung zeigen. Schwermetalle: 20 ccm Eisessig und 100 ccm Wasser dürfen sich beim Einleiten von H_2S nicht verändern. Prüfung auf Salzsäure mit Silbernitratlösung, auf Schwefelsäure mit Bariumchloridlösung.

Ätzende Wirkung auf Schleimhäute sowie auf die Haut. Bei Schädigungen gute Spülung mit viel Wasser.

Essigsäureäthylester (Kp. 77°). Befreiung von Essigsäure, Äthanol und Wasser: Ausschütteln (nacheinander) mit Natriumcarbonatlösung, Wasser und Calciumchloridlösung, Trocknen mit viel Natriumsulfat (längere Zeit[3], Abdestillieren unter Feuchtigkeitsausschluß. — Völlig alkoholfrei wird Essigester durch Destillation über Natriumdraht.

Prüfung: wie bei Alkohol und Eisessig angeführt.

Betäubende Wirkung beim Einatmen der Dämpfe. Als Gegenmittel: Frische Luft.

Aceton (Kp. 56°) und *Methyläthylketon* (Kp. 88°). Entfernung reduzierender Beimengungen: Zu 1 Liter Aceton fügt man

---

[1] Vgl. dazu H. H. WEBER: Angew. Chem. **54**, 35 (1941).

[2] LEPPER, W.: Chemiker-Ztg. **66**, 314 (1942).

[3] Mit Chlorcalcium entsteht beim tagelangen Stehen eine Molekülverbindung.

100 ccm einer Lösung, die 4 g Kaliumpermanganat und 6 g Krystallsoda enthält, läßt absitzen und destilliert[1]. In vielen Fällen genügt auch Erhitzen mit kleinen Mengen Permanganat und Destillation (eventuell Wiederholung der Operation). Trocknen über Calciumchlorid oder entwässertem Kupfersulfat; besonders entwässerte Pottasche wurde empfohlen; schärfere Trockenmittel (wie Phosphorpentoxyd, Ätzkali oder Natrium) sind unbrauchbar (kondensierende und verharzende Wirkung). Aceton ist lichtempfindlich, daher in braunen Flaschen aufzubewahren.

Prüfung des Acetons auf reduzierende Stoffe: 10 ccm Aceton mit 1 Tropfen Kaliumpermanganatlösung (1 : 1000) versetzt; bei 15⁰ soll während 15 Minuten kein Verblassen der Rotfärbung erkennbar sein. — Beim Mischen mit gleichen Teilen Petroläther (Kp. 40—70⁰) darf keine Schichtenbildung auftreten.

Methylenchlorid (Dichlormethan Kp. 40⁰) wurde als Ersatz des Äthers im Laboratorium empfohlen[2]. Es darf allerdings ebensowenig wie Chloroform oder Tetrachlorkohlenstoff mit Natrium getrocknet werden.

Chloroform (Kp. 61⁰). Befreiung von Alkohol (auch im „reinsten" Chloroform ist zur Konservierung etwa 1% oder mehr vorhanden[3]): Schütteln mit konz. Schwefelsäure, bis keine Verfärbung derselben mehr eintritt (eventuell mehrere Tage), Waschen mit Wasser, konz. Ammoniak, wieder mit Wasser, mit verdünnter Schwefelsäure, mit Natriumcarbonatlösung. Trocknen über Pottasche. Vielfach ist auch ausreichend: Waschen mit Wasser, Schütteln mit konz. Schwefelsäure und Destillieren über etwas P_2O_5. Alle Operationen unter Ausschluß von hellem Tageslicht, da Chloroform lichtempfindlich ist. Aufbewahren in braunen Flaschen. — **Trocknen über Natrium oder Kalium ist streng zu vermeiden, da durch zufällige Erschütterungen verheerende Explosionen stattfinden können.** — Trocknen von Chloroform mit Chlorcalcium ist gleichfalls unstatthaft, da dabei Phosgen entwickelt wird.

Prüfung: mit feuchtem Lackmuspapier auf Neutralität (Zersetzungsprodukte durch Licht und Luftsauerstoff: Phosgen und HCl.) Phosgen: 10 ccm Chloroform mit Barytwasser überschichtet; an der Grenzfläche darf keine farblose Trübung entstehen. Acetaldehyd:

---

[1] ARNOULD: F. P. 386 181.

[2] WEBER, H. H.: Angew. Chem. **54**, 35 (1941).

[3] Durch den Alkohol wird das aus dem Chloroform durch Licht und Luftsauerstoff entstehende Phosgen zersetzt und so unschädlich gemacht.

10 ccm Chloroform und 10 ccm 2 n-KOH unter Umschütteln 1 Minute lang erwärmt dürfen keine Gelb- oder Braunfärbung ergeben. Chlor: 20 ccm Chloroform dürfen beim Schütteln mit 5 ccm Jodzinkstärkelösung keine Blaufärbung zeigen.

Tetrachlorkohlenstoff (Kp. 77°). Zur Entfernung von Schwefelkohlenstoff wiederholte Behandlung mit wäßrig-alkoholischer Kalilauge bei 50—60° (schütteln, abtrennen und auswaschen)[1]. Trocknen mit Ätzkali, Pottasche, Chlorcalcium oder P_2O_5 und Abdestillieren unter Feuchtigkeitsausschluß. Trocknen über Alkalimetallen ist auch hier strikt zu vermeiden[2].

Gesundheitsschädigende Wirkungen aller halogenierten Kohlenwasserstoffe auch bei häufigem Einatmen geringer Mengen. Höhere Konzentrationen wirken berauschend und betäubend (narkotisch).

Schwefelkohlenstoff (Kp. 46°). Reinigen durch Mischen mit dem gleichen Volumen Olivenöl und Destillation; oder Schütteln mit Quecksilber und Calciumchlorid im Dunkeln und Destillation (eventuelle Wiederholung der Operation). Trocknen über $CaCl_2$ sowie P_2O_5.

Gesundheitsschädigende Wirkung beim häufigen Einatmen der Dämpfe auch in kleinen Mengen (Nervengift, Sehnervenstörungen, Lähmungen); in größeren Mengen narkotisch.

Pyridin. Trocknen über Ätzkali oder Bariumoxyd.

Nitrobenzol. Reinigung durch mehrstündiges Erhitzen über Ätzkali unter zeitweisem Umschütteln auf dem siedenden Wasserbad, Filtrieren und sehr langsame Destillation im Vakuum. Die Hauptfraktion ist völlig trocken.

Nitrobenzol ist recht giftig. Auch das häufige Einatmen kleiner Mengen wirkt schädigend, ebenso die Aufnahme durch die Haut. Mit Nitrobenzol verunreinigte Kleider sind möglichst bald abzulegen und zu reinigen.

Durchführung des Lösevorganges. Laboratoriumsmäßig ist hierüber nicht viel zu sagen. Zur Beschleunigung des Vorganges dient Vergrößerung der Oberfläche durch Zerkleinern (wobei aber Pulverisieren der zu lösenden Substanz nur dann zweckmäßig ist, wenn das Lösen unter Schütteln oder Rühren stattfindet), ferner Steigerung der molekularen Beweglichkeit durch Temperaturerhöhung (Erhöhung der Diffusionsgeschwindigkeit und in der Regel auch der Löslichkeit selbst) und schließlich Vergrößerung der Konzentrationsunterschiede durch Bewegen der Flüssigkeit durch Schütteln oder Rühren. Vgl. auch Lösevorgänge beim Extrahieren und Umkrystallisieren oder Umlösen.

---

[1] SCHMITZ-DUMONT: Chemiker-Ztg. **21**, 510 (1897).
[2] Vgl. STAUDINGER: Z. Elektrochem. angew. physik. Chem. **1925**, 540; Z. angew. Chem. **35**, 657 (1922).

G. Arbeiten mit Gasen.

Es handelt sich dabei im allgemeinen entweder um das Waschen, Trocknen, Einleiten und Absorbieren von Gasen oder um die Benützung derselben für spezielle Reaktionen, so z. B. bei der Verwendung von Wasserstoff für Hydrierungen, von Sauerstoff für Oxydationen, von Chlor für Chlorierungen usw. Andere Methoden, bei denen man in bestimmter Gasatmosphäre zu arbeiten hat (wie z. B. Umkrystallisieren in indifferenter Gasatmosphäre), sind noch später zu besprechen.

Zunächst sei hier die Handhabung von komprimierten Gasen vorausgeschickt. Dieselben sind in nahtlosen Stahlflaschen, sogenannten Bomben, in Gebrauch. Flaschen für brennbare Gase (wie Wasserstoff oder Kohlenmonoxyd) sind mit einem Linksgewinde versehen, solche mit nicht brennbaren mit einem Rechtsgewinde. Dadurch sollen unrichtige Füllungen, die zu Explosionen führen können, vermieden werden.

Die Gasflaschen werden mit einer vorgeschriebenen Farbe gekennzeichnet, und zwar: Sauerstoff blau, Stickstoff grün, Wasserstoff rot, Acetylen weiß, sonstige Gase grau.

Zur *Gasentnahme aus Bomben* wird deren Verschlußschraube durch ein geeignetes Ventil ersetzt. Man benützt dazu entweder Feinventile, die trotz des hohen Gasdruckes in den Bomben (bis zu 200 Atmosphären) einen gleichmäßigen Gasstrom einzustellen gestatten, oder Reduzierventile bzw. Druckregler, die mit zwei Manometern versehen sind, welche die Ablesung des Druckes in der Bombe (Inhaltsmanometer) sowie nach der Druckreduktion (Arbeitsmanometer) ermöglichen. — Die Gasentnahme bzw. das Umfüllen verflüssigter Gase muß natürlich stets sinngemäß erfolgen[1].

1. Darstellung und Reinigung von Gasen[2].

Darstellung von Gasen im Laboratorium. *Gasentwicklungsapparate.* Modell I (DEBRAY): Zwei unten tubulierte Flaschen, die durch einen Schlauch miteinander verbunden sind. Die eine Flasche enthält die feste Substanz (Marmor, Schwefeleisen usw.) und die andere Flasche die zur Entwicklung gelangende Säure. Durch Heben dieser Flasche gelangt die Säure in das erste Gefäß und das Gas entweicht durch einen Hahn am Hals der ersten Flasche. Vorteile: Nach Benützung kann die Säure leicht wieder in die zweite Flasche durch Senken derselben zurückgeführt werden, die verbrauchte Säure ist leicht durch frische ersetzbar. Modell II:

---

[1] Über die Entstehung von Bränden beim Umfüllen von Sauerstoff vgl. E. KARWAT: Chem. Techn. **16**, 230 (1943).

[2] Vgl. dazu die ausführliche Anleitung von A. KLEMENC: Die Behandlung und Reindarstellung von Gasen. Leipzig: Akad. Verlagsges. m. b. H. 1938. — Behandelt werden dort eingehend die Methoden zur Herstellung, Aufbewahrung und Bewegung von Gasen, die Feststellung des Reinheitsgrades sowie die Reinigungsmethoden mit und ohne Kondensation, also Trockengeräte, Absorptionsmittel, Fraktionier- und Adsorptionsmethoden, Gase in Stahlflaschen u. v. a. Ein eigener Teil behandelt auch ausführlich die einzelnen Gase.

Der KIPPsche Apparat, in Laboratorien sehr gebräuchlich; auf dessen nähere Beschreibung kann verzichtet werden. Verbesserungen vgl. Originalliteratur[1]. Modell III: Gasentwicklungskolben. Die Säure läßt man aus einem Tropftrichter auf die in einem Kolben befindliche Substanz tropfen. Der den Tropftrichter und das Gasableitungsrohr tragende Aufsatz ist durch einen Schliff mit dem Kolben verbunden (grundsätzlich wie in Abb. 4); für die Gasentwicklung aus Flüssigkeiten sehr gut geeignet. Der Gasstrom wird durch die Geschwindigkeit der zutropfenden Flüssigkeit geregelt. Die beschriebenen Gasentwicklungsapparate wurden in mannigfacher Weise modifiziert.

Besonders verwiesen sei auf den einfachen *kontinuierlichen Gasentwickler* von SEIDEL[2] (Abb. 27), der von außen oder innen beheizt werden kann und auch für mannigfache andere Zwecke verwendbar ist[3].

Derselbe dient in kontinuierlicher Arbeitsweise für die Gasentwicklung durch Mischen zweier Flüssigkeiten, zur Darstellung flüssiger Reaktionsprodukte durch Umsetzung von Flüssigkeiten mit Gasen im Gegenstrom, zur Reinigung und Trocknung von Gasen mittels Flüssigkeiten, zur Sättigung von Flüssigkeiten oder Flüssigkeitsgemischen mit Gasen, zur Ausführung luftempfindlicher Reaktionen in einer beliebigen Gasatmosphäre; in diskontinuierlicher Arbeitsweise (bei Füllung der Säule mit an der Reaktion zu beteiligenden körnigen festen Stoffen) zur Gasentwicklung durch Einwirken einer Flüssigkeit auf einen festen Stoff, zur Reinigung oder Trocknung von Gasen mittels fester Stoffe u. a.

Hinsichtlich eines Gasentwicklungsapparates für reines CO_2 (aus $KHCO_3$) vgl. RAUSCHER[4], hinsichtlich eines H_2S-Entwicklers DROTSCHMANN[5] sowie BATTISTA[6].

Ein einfaches Druckausgleichsventil für das Arbeiten mit Gasentwicklungsapparaten wurde gleichfalls beschrieben[7].

Reinigung der Gase. Man benützt dazu verschiedene Waschflüssigkeiten (vgl. Tab. 3), die in *Gaswaschflaschen* gefüllt werden, durch die das Gas durchgeleitet wird. Die bekannte einfache Gaswaschflasche von DRECHSEL hat nur mäßige Waschwirkung. Bei geringen Strömungsgeschwindigkeiten wird sie manchmal aus-

---

[1] Vgl. M. DOLCH: Chemiker-Ztg. 44, 378 (1920). — HEIN, F.: Z. angew. Chem. 40, 864 (1927).

[2] SEIDEL, W.: Chem. Fabrik 11, 408 (1938).

[3] Hersteller: Greiner & Friedrichs, Stützerbach.

[4] RAUSCHER, W. H.: Ind. Engng. Chem., analyt. Edit. 12, 694 (1940).

[5] DROTSCHMANN, C.: Chemiker-Ztg. 66, 462 (1942).

[6] Vgl. dazu K. KADLUS: Chem. Zbl. 1942 II, 647.

[7] W. KUHNMANN u. G. SCHMIELE: Wiener Chemiker-Ztg. 46, 84 (1943).

reichen. Eine Verbesserung bedeuten für solche Fälle die in Abb 23 a und b wiedergegebenen Anordnungen, also das Füllen einer gewöhnlichen Waschflasche mit Glasperlen oder Glasrohrstückchen oder die Anbringung von kleinen Löchern oder von

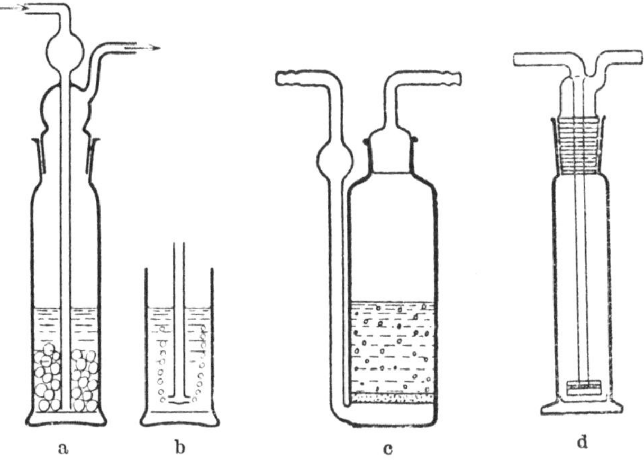

Abb. 23. Gaswaschflaschen.

Capillaren. Hinzu kommt sodann die Verlängerung des Weges der Gasblasen durch Anwendung des Schlangen- oder Schraubenprinzips u. v. a.[1]. — Bei hohen Strömungsgeschwindigkeiten verwendet man mit Vorteil die Fritten-Waschflaschen mit einem Einsatz aus gesintertem Glas (vgl. Abb. 23 c und d), wodurch eine äußerst feine Verteilung des Gases und damit eine vorzügliche Waschwirkung erzielt wird. — Ein neuer Aufsatz für Gaswaschflaschen, der es ermöglicht, die Strömungsrichtung beliebig zu ändern, wurde von KWASNIK[2] beschrieben. — Für große Gasmengen benützt man Rieseltürme (vgl. Abb. 26 und 27), bei denen dem Gas ständig erneuerte Waschflüssigkeit über eine Füllmasse entgegensickert.

Zum Entfernen von Kohlendioxyd aus einem Gas benützt man vor allem feste Substanzen, insbesondere Ätzkali oder Natronkalk. Hinsichtlich der Entfernung auch kleinster Sauerstoffmengen aus Gasen sei auf die Anwendung von aktivem, auf Infusorienerde niedergeschlagenem Kupfer (das be-

---

[1] Eine kritische Übersicht der verschiedenen Gaswaschflaschen hat FRIEDRICHS gegeben. Z. angew. Chem. 1, 252 (1919); vgl. auch Chemiker-Ztg. 47, 506 (1923).

[2] KWASNIK: Chem. Technik 15, 122 (1942).

reits bei 200° wirksam ist[1]) sowie von hochaktivem Kobalt-(2)-Oxyd (das sogar bei Raumtemperatur anwendbar ist[2]) verwiesen.

Desorptionstrennung von Gasen. Methoden zur Zerlegung zusammengesetzter Gasgemische mit Hilfe von Adsorptionsmitteln sind erst in den letzten Jahren ausgearbeitet worden. Die Gase werden bei tiefen Temperaturen adsorbiert (z. B. mittels Aktivkohle oder Silicagel) und sodann im Hochvakuum oberhalb der Desorptionstemperatur abgegeben. Die Desorption wird stufenweise in verschiedenen Kältebädern vorgenommen (etwa in folgender Reihenfolge: flüssige Luft, Aceton-Kohlensäureschnee, Eis-Kochsalz sowie Wasserbäder von verschiedener Temperatur)[3]. Die Desorptionsmethode hat sich z. B. zur Trennung von Kohlenwasserstoffen als sehr nützlich erwiesen[4].

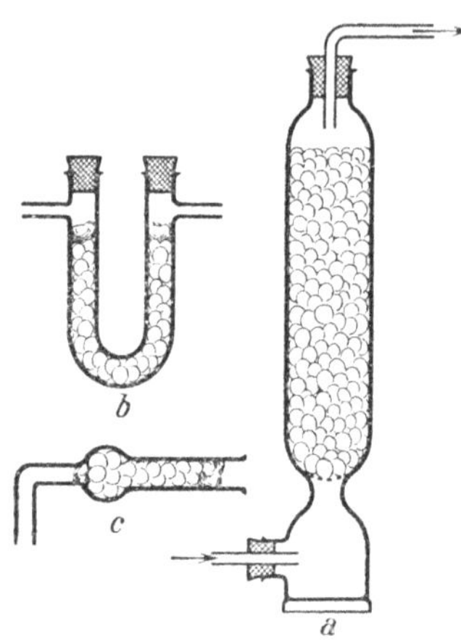

Abb. 24. Gastrockengeräte.

Trocknen von Gasen. Entweder konzentrierte Schwefelsäure in einer Waschflasche, oder aber feste Trockenmittel. Als solche kommen (geordnet nach der Stärke ihrer Wirkung) vornehmlich in Frage: calciniertes Calciumchlorid < Ätzkali < Ätzkalk < Phosphorpentoxyd.

Zur Aufnahme der festen Trockenmittel usw. verwendet man *Trockentürme* (z. B. für Ammoniak, Abb. 24 a) bzw. *U-Röhren* (Abb. 24 b). Flaschen oder andere Geräte (wie z. B. Büretten, Kolben mit Rückflußkühler usw.), die ein trockenes Lösungsmittel oder eine CO_2-freie Lösung enthalten, werden am besten mit *Trockenröhren* verschlossen (Abb. 24 c), die mit calciniertem Chlorcalcium oder Natronkalk beschickt sind. Zur Füllung derselben wird zunächst ein kleiner Bausch Glaswolle oder Watte eingesetzt, sodann das Trockenmittel und schließlich wieder ein Wattebausch.

---

[1] MEYER, F. R.: Angew. Chem. **52**, 637 (1939).
[2] PAGEL u. FRANK: J. Amer. chem. Soc. **63**, 1468 (1941).
[3] Vgl. dazu PETERS u. LOHMAR: Angew. Chem. **50**, 40 (1937). EDSE u. HARTECK: Ebenda **52**, 32 (1939); **53**, 210 (1940).
[4] Vgl. P. HARTECK u. KL. H. SUHR: Die Chemie **56**, 120 (1943).

Tabelle 3.

Darzustellendes Gas	In Bomben vorhanden	Darstellung im Laboratorium	Waschflüssigkeit	Trockenmittel
Sauerstoff, O_2	+	Einw. von Kaliumbichromat oder Kaliumpermanganat auf Wasserstoffsuperoxydlösung[1]		Schwefelsäure oder Phosphorpentoxyd
Wasserstoff, H_2	+	Zink und 20 proz. Schwefelsäure oder verd. HCl (1 : 1)	gesättigte $KMnO_4$-Lösung und Kalilauge	H_2SO_4
Stickstoff, N_2	+		alkalische Pyrogallollösung	H_2SO_4
Kohlendioxyd, CO_2	+	Marmor und HCl $(1:1)^2$	Wasser	H_2SO_4 oder P_2O_4
Kohlenmonoxyd, CO	+	1 Tl. Oxalsäure mit 1 Tl. H_2SO_4 erwärmen	33 proz. Lauge in 2 Waschflaschen	H_2SO_4 oder $CaCl_2$
Ozon, O_3	—	Ozonisator	5 proz. Lauge	H_2SO_4
Chlor, Cl_2	+	$KMnO_4$ und konz. HCl[3]	gesättigte $KMnO_4$-Lösung	H_2SO_4 oder $CaCl_2$
Chlorwasserstoff, HCl	—	Salmiak (od. konz. HCl oder NaCl) und konz. H_2SO_4		H_2SO_4
Schwefelwasserstoff, H_2S	—	Schwefeleisen und HCl (1 : 1)	Wasser	
Ammoniak, NH_3	+	konz. Ammoniak und Lauge		Ätzkalk[4]
Schwefeldioxyd, SO_2	+	Na-Bisulfit und H_2SO_4	Wasser	H_2SO_4

[1] Auf je 100 ccm 3 proz. H_2O_2-Lösung setzt man 15 ccm konz. Schwefelsäure zu.

[2] Um luftfreies Gas zu erhalten: Auskochen des zu verwendenden Marmors und Wassers.

[3] 10 g $KMnO_4$ und 60—65 ccm HCl geben etwa 11 g Cl_2.

[4] Auch Ätzkali oder Natronkalk ist verwendbar, nicht aber $CaCl_2$, wegen Bildung einer Additionsverbindung.

Die prinzipielle Art der Darstellung, Reinigung und Trocknung der wichtigsten Gase ist in Tabelle 3 zusammengestellt[1]. Das gereinigte Gas wird dann zumeist gesammelt und in einem *Gasometer* für den Gebrauch bereit gehalten.

Besonders geeignete Trockenmittel sind die *Kieselsäuregele*, die vor allem für industrielle Zwecke bevorzugt werden, aber auch im Laboratorium immer mehr Beachtung und Anwendung finden. Sie nehmen die Feuchtigkeit durch Adsorption auf. Abgesehen davon, daß sie nicht zerfließlich sind, bieten sie den Vorteil einer leichten Regenerierbarkeit und daher der wiederholten Verwendbarkeit. Zur Aufnahme von Wasserdampf ist vor allem aktive Kieselsäure (*Silicagel*) geeignet. Sie ist in einer Anzahl von Sorten, unterschieden nach Porenweite, Körnung und Form im Handel. Für Trocknungszwecke bestimmte Handelssorten sind meist mit einem Farbstoff versehen, der bei einer bestimmten Feuchtigkeitsbeladung umschlägt (trocken: tiefblau, feucht: rosa). Dies ist ein Indikator dafür, wann das Adsorptionsmittel erschöpft ist. Hinsichtlich der Prüfung der Adsorptionsfähigkeit verschiedener Kieseltypen vgl. WACHTER[2]. Vgl. dazu auch S. 26.

Verflüssigung von Gasen. Eine einfache Apparatur zur Verflüssigung von Gasen (Herstellung niedrig siedender Flüssigkeiten), wie Cl, NH_3, H_2S, SO_2, wurde von WILSON[3] beschrieben.

Gesundheitsschädigende Wirkung von Gasen. Zahlreiche Gase wirken, besonders beim Überschreiten gewisser Konzentrationsgrenzen, sehr giftig, so daß beim Arbeiten mit denselben Vorsicht geboten ist. *Kohlendioxyd* bewirkt in höheren Konzentrationen Atemnot, die sich unter Krämpfen bis zur Erstickung steigern kann. — *Kohlenmonoxyd* wirkt als Blutgift und führt zu Verwirrung, Erbrechen, Krämpfen und Bewußtlosigkeit. — *Ozon* ist ein Reizgas; chronisch bewirkt es Kopfschmerz und Erschöpfungszustände. — *Chlor*: Reizgas, bewirkt Husten, Bronchitis, Lungenödem, Erstickungsanfälle. — *Chlorwasserstoff*: Reizgas. — *Schwefelwasserstoff* wirkt als starkes Nervengift. Störung der Zellatmung. Verursacht Krämpfe, Betäubung, Atemlähmung. — *Ammoniak*: Unruhe, Schwindel, Erbrechen, Krämpfe, Lungenödem. — *Schwefeldioxyd*: Reizgas.

2. Durchführung von Reaktionen mit gasförmigen Stoffen.

Um ein Gas zur Reaktion zu bringen, wird man dasselbe entweder in die betreffende Flüssigkeit einleiten, wobei ein Teil des Gases verloren geht, oder man arbeitet in einer geschlossenen Apparatur, in der die Flüssigkeit mit dem Gas in möglichst innige Berührung gebracht wird; in diesem Falle wird man in der Regel unter gleichzeitigem Schütteln oder Rühren und vor allem unter Druck zu arbeiten haben. Hiervon macht man besonders bei der Durchführung von Hydrierungen Gebrauch.

---

[1] Auf seltener benutzte Gase, wie Phosgen, Acetylen, Keten, Stickoxyd usw., kann hier nicht eingegangen werden.
[2] WACHTER, H.: Chem. Fabrik **14**, 376 (1941).
[3] WILSON, E. B.: J. chem. Educat. **18**, 394 (1941).

Das Gas wird einem geeigneten Behälter (Gasometer oder Bombe usw.) entnommen. Wichtig ist dabei die *Messung der verwendeten Gasmenge*. Dies erfolgt im einfachsten Fall mit Hilfe des Gasometers. Bei Anwendung größerer Gasmengen ist dies jedoch wegen der Gasometerfüllung umständlich. Man benützt daher im einfachsten Fall *Blasenzähler*, die allerdings nicht eine Messung des Gases ermöglichen, wohl aber die Einstellung eines recht konstanten Gasstromes. Es wurden auch Geräte von hoher Genauigkeit beschrieben (mit Registrierung der Gasblasen)[1]. Zur gleichzeitigen Einstellung eines konstanten Gasstromes wie zur Messung dienen *Strömungsmesser* zur Feststellung der Strömungsgeschwindigkeit eines Gases. Aus dieser Größe läßt sich dann leicht die betreffende Gasmenge berechnen. Voraussetzung ist dabei die Konstanz des Gasstromes in der betreffenden Zeit.

Strömungsmesser für kleine und kleinste Gasmengen beruhen auf dem Prinzip, daß das Gas eine Capillare durchströmt, wodurch eine Stauung stattfindet; der Druckunterschied vor und hinter der Capillare wird gemessen. Die Höhe des Differenzdruckes ist von der durch die Capillare gehenden Gasmenge abhängig und wird durch Eichung festgelegt. Ein älteres Modell wurde von NORMANN[2] beschrieben; hinsichtlich eines neuen Modelles für etwa 50—2000 ccm Gas pro Stunde vgl. G. NASHAN[3] (Abb. 25); *g* ist die Meßcapillare, an den Stutzen *d* und *c* ist die Zu- und Abfuhr des zu messenden Gases angebracht (*m* und *n*). In dem mittleren Zylinder befindet sich eine Wendel, die aus einem mit Teilung versehenen Capillarrohr besteht. — Zur Bestimmung geringer Gasströmungsgeschwindigkeiten wurde auch ein Mikrometer beschrieben[4]. — Hinsichtlich der Kalibrierung von Strömungsmessern, vor allem für kleine Gasmengen, vgl. MEURON[5].

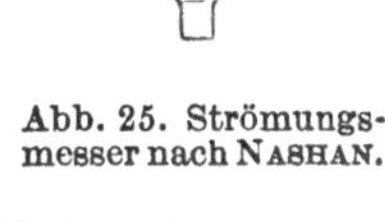

Abb. 25. Strömungsmesser nach NASHAN.

Für größere Gasmengen verwendet man *Rotamesser* oder Skalenmesser, die aus einem Glasrohr bestehen, in dem ein Schwimmer (Schwebekörper) durch das strömende Gas je nach der Menge des

[1] Vgl. HEYDEN: Skand. Arch. Physiol. 74, 160 (1936).
[2] NORMANN: Chemiker-Ztg. 45, 175 (1921).
[3] NASHAN, P.: Chem. Fabrik 13, 471 (1940). — Hersteller: W. Feddeler, Essen. — Vgl. auch Chem. Fabrik 5, 358 (1932).
[4] MUELLER: Gas 15, 33 (1939).
[5] H. J. MEURON: Ind. Engng. Chem., analyt. Edit. 13, 114 (1941).

Durchflusses mehr oder weniger gehoben wird. An einer Skala wird die Gasmenge in Litern oder Kubikmetern je Minute oder Stunde abgelesen (verschiedene Größen von etwa 100 l/h bis 200 cbm/h)[1]. Für viele Zwecke leisten auch *Gasuhren* gute Dienste.

Für noch größere Gasmengen (etwa über 1000 l/h) sind die Venturi-Gasmesser[2] empfehlenswert, die neben dem Durchflußanzeiger mit Schreib- und Zähleinrichtungen versehen sind (auch Fernübertragung). Derartige Geräte kommen allerdings kaum mehr für Laboratoriumszwecke in Betracht.

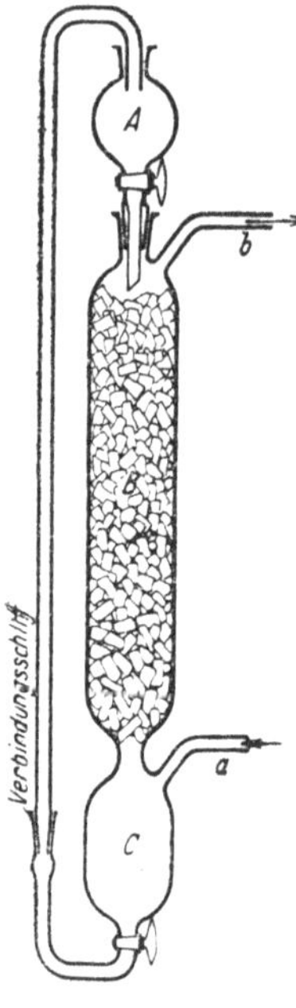

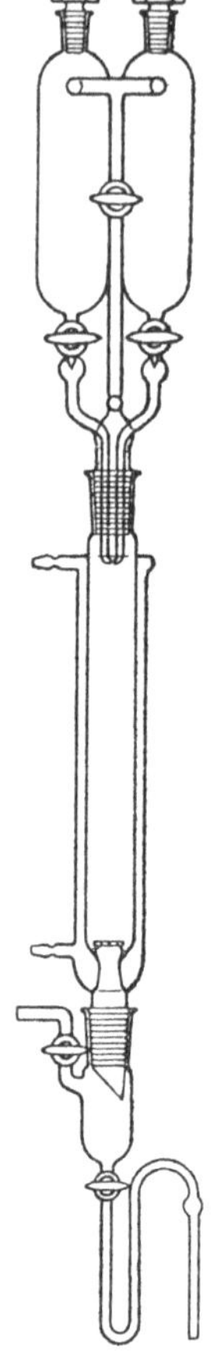

Abb. 27. Reaktionssäule von SEIDEL.

Gasabsorption in offenen Gefäßen. Ein Einleitungsrohr wird in die in einem Becherglas, Kolben usw. befindliche Flüssigkeit bis fast zum Gefäßboden eingesenkt und ein langsamer Gasstrom durchgeleitet. Von großer Bedeutung ist dabei die *Zerteilung des Gases in der Flüssigkeit;* zweckmäßigerweise verwendet man daher ein Gasverteilungsrohr aus Sinterglas (vgl. S. 53). Zur Gaszerteilung in größeren Flüssigkeitsmengen kommen auch Geräte aus porösem keramischem Material in Betracht (Porolithfilter u. a.)[3]. Zur Technologie des Zerteilens von Gasen in Flüssigkeiten vgl. AUERBACH[4] (Injektoren, Rotorzerteiler, Etagenrührer).

Eine vorzügliche Gasabsorption erreicht man in den sogenannten *Rieseltürmen,* bei denen die absorbierende Flüssigkeit dem Gasstrom entgegen, in einem zylindrischen Gefäß über Glasperlen, Glasstückchen, Tonstücke, Bimsstein usw. herunterrieselt; die so geschaffene große Oberfläche und innige Berührung der Flüssigkeit mit dem Gas ermöglicht eine sehr gute Absorption.

Abb. 26. Rieselturm.

---

[1] Hersteller: L. Krohne & Sohn, Duisburg a. Rh.

[2] Hersteller: Bopp & Reuter, Mannheim-Waldhof.

[3] Hersteller z. B. Filterwerk Meißen oder Schuhmacher, Bietigheim (Wttbg.).

[4] AUERBACH: Chem. Fabrik 10, 271 (1937).

In Abb. 26 ist ein Rieselturm wiedergegeben, der eine Kombination der von HENSGEN[1] sowie BACH[2] beschriebenen Modelle vorstellt, und der sich für mannigfache Zwecke ausgezeichnet bewährt hat.

Die Absorptionsflüssigkeit rieselt aus dem Tropftrichter A allmählich durch den mit Glasrohrstückchen gefüllten Absorptionszylinder B herab (während das Gas bei a eintritt und bei b ausströmt) und sammelt sich im Gefäß C, das durch ein Glasrohr mit dem Tropftrichter verbunden ist. Sobald das Gefäß C gefüllt ist, wird der Hahn des Tropftrichters A und des Austrittsrohrs (bei b) geschlossen; durch das weiter einströmende Gas wird der Druck so stark erhöht, daß die Flüssigkeit in den Tropftrichter hinaufgedrückt wird, worauf die beiden Hähne wieder geöffnet werden. Derartige Rieseltürme sind auch zur Reinigung oder Trocknung größerer Mengen eines rasch durchströmenden Gases sehr gut geeignet, wobei Waschflaschen in der Regel nicht mehr ausreichen.

Besonders verwiesen sei auf die *Reaktionssäule* von SEIDEL (vgl. S. 27), die auch bei tieferer wie höherer Temperatur verwendbar ist, da sie mit Kühl- bzw. Heizmantel, Kühl- bzw. Heizschlange oder elektrischer Heizung ausgestattet ist. Auf ihre vielseitige sonstige Verwendbarkeit wurde bereits verwiesen. In Abb. 27 ist das Modell mit Kühl- bzw. Heizmantel wiedergegeben. Das Innere der Säule enthält eine Füllung von Glasperlen oder RASCHIG-Ringen.

Gasabsorption in geschlossenen Gefäßen. Falls man nicht für eine besonders innige Berührung von Gas und Absorptionsflüssigkeit Vorsorge trifft (wie in den Rieseltürmen), wird im allgemeinen in geschlossenen Gefäßen eine bessere Gasabsorption erreicht werden. Der Kolben (oder die Flasche usw.), in dem die Gasabsorption vor sich gehen soll, wird mit einem doppelt durchbohrten Stopfen versehen; durch die eine Bohrung führt das Gaseinleitungsrohr fast bis zum Boden, durch die zweite Bohrung ein Glasrohr, das einen Glashahn trägt (oder mit einem Gummistück und Quetschhahn versehen ist). Die Absorption wird dabei während des Gaseinleitens durch kräftiges Schütteln beschleunigt und der Entlüftungshahn von Zeit zu Zeit geöffnet. Natürlich überzeugt man sich zunächst von der Dichtigkeit der Apparatur. Diese Methode leitet zu der bei den Hydrierungsapparaten üblichen Art der Gasabsorption über.

Die katalytische Hydrierung organischer Substanzen sei hier als Beispiel für die Durchführung von Reaktionen mit Gasen wenigstens andeutungsweise beschrieben, da die diesbezügliche Methodik gut durchgearbeitet ist und wenigstens zum Teil auch für

---

[1] HENSGEN: Chem. Zbl. **1891** I, 1026.
[2] BACH: Chemiker-Ztg. **34**, 267 (1910).

das Arbeiten mit anderen Gasen anwendbar erscheint. Eine ausführliche Beschreibung bzw. Anleitung für den Anfänger ist im gegebenen Rahmen nicht möglich, doch werden die Literaturhinweise leicht weiterführen. — Zur katalytischen Hydrierung organischer Substanzen reicht meist gewöhnliche oder wenig erhöhte Temperatur aus. Falls man relativ hohe Temperaturen anwenden muß, so arbeitet man entweder unter Rückflußkühlung und leitet zugleich Wasserstoff durch, oder es wird die Substanz in der früher beschriebenen Weise (vgl. S. 11 u. 14) in Dampfform zugleich mit dem Wasserstoff durch ein Rohr geleitet, das den betreffenden Katalysator enthält und auf die gewünschte Temperatur erhitzt wird. — Ist die Hydrierung bei nur geringem Überdruck vorzunehmen, so arbeitet man in den bekannten Schüttelgefäßen (Schüttelenten und Schüttelbirnen)[1]. — Für Hydrierungen unter höherem Druck (etwa 1 atü) benutzt man die Versuchsanordnung von FRANK[2], die sich an die SKITAsche Hydrierapparatur[3] anschließt. Als Gasbehälter benützt man dabei einen Messingzylinder, der mit einem Wasserstandsglas zur Messung des Gasverbrauches versehen ist. Als Reaktionsgefäße dienen starkwandige Flaschen, die auf einer Schüttelmaschine befestigt werden. Zur Wasserstoffzufuhr benützt man ein spiralenförmiges Metallrohr. Auf eine nähere Beschreibung des Apparates muß hier verzichtet werden.

Will man bei noch höherem Druck arbeiten, so kann man einen mit Rührwerk versehenen Autoklaven benützen, in den aus einer Bombe direkt Wasserstoff eingepreßt wird.

Für *Hochdruckhydrierungen* benutzt man rotierende Autoklaven nach BERGIUS[4] oder Hochdruckrührautoklaven[5].

Hinsichtlich der Durchführung von *Mikrohydrierungen* vgl. die Zusammenfassungen von DADIEU u. KOPPER[6] sowie von PFEIL[7] über präparative Mikrotechnik.

Zur *Theorie der katalytischen Hydrierung* sei darauf hingewiesen, daß man heute nicht mehr auf ein Probieren angewiesen ist, sondern auf Grund thermodynamischer und kinetischer Berechnungen bzw. Untersuchungen in der Lage ist, geeignete Bedingungen und Katalysatoren aufzufinden[8]. — Sehr wichtig ist auch die Abstimmung der katalytischen Hydrierung[9].

---

[1] Hinsichtlich der näheren Beschreibung sei auf GATTERMANN-WIELAND: „Die Praxis des organischen Chemikers" verwiesen.

[2] FRANK: Chemiker-Ztg. **37**, 958 (1913).

[3] SKITA: Ber. dtsch. chem. Ges. **45**, 3594 (1912).

[4] BERGIUS: Z. angew. Chem. **34**, 341 (1921). — Z. Ver. dtsch. Ing. **69**, 1313 (1925).

[5] LANPIEHLER, F.: Chem. Fabrik **5**, 305 (1932).

[6] DADIEU u. KOPPER: Angew. Chem. **50**, 367 (1937).

[7] PFEIL: Ebenda **54**, 161 (1941).

[8] Vgl. dazu auch G. R. SCHULTZE: Öl und Kohle **38**, 1448 (1942).

[9] Vgl. C. WEYGAND u. A. WERNER: Ber. dtsch. chem. Ges. **71**, 2469 (1938). — C. WEYGAND u. W. MEUSEL: Ebenda **76**, 498, 503 (1943).

II. Methoden und Operationen zur Isolierung und Reinigung organischer Substanzen.

Allgemeine Bedeutung der Reinigung organischer Substanzen beim organisch-präparativen Arbeiten vgl. S. 3ff. Im folgenden ist die Isolierung und Reinigung von festen und flüssigen Substanzen zu besprechen (Methoden zur Reinigung gasförmiger Stoffe vgl. S. 51ff.)[1]. Die verschiedenen Methoden zur Isolierung und Reinigung organischer Substanzen unterscheiden sich prinzipiell dadurch, daß bei denselben entweder ohne Lösungsmittel gearbeitet wird (Destillation und Sublimation) oder mit einem solchen (Extraktion, Krystallisation, Adsorption, Dialyse). Daraus ist auch die große Bedeutung der Lösungsmittel beim organisch-chemischen Arbeiten ersichtlich.

A. Vorbereitende Operationen.
1. Zerkleinern und Sieben.

Am einfachsten ist das Zerkleinern eines Materials durch Verreiben unter Benutzung der bekannten *Reibschalen* aus Porzellan. Bei harten Drogen usw. verwendet man *Metallmörser*. Bei unbekannten Substanzen ist stets Vorsicht geboten, da beim Verreiben mancher Stoffe Explosionen stattfinden können.

Mühlen mit Handbetrieb oder mechanischem Antrieb dienen zur Zerkleinerung von Drogen, Samen usw. *Kollergänge* verwendet man für sehr harte Materialien.

Kugelmühlen benützt man zum Pulverisieren harter und trockener, bereits zerkleinerter Stoffe. Zweckmäßigerweise werden bei größeren Substanzmengen durch Siebe feinere von gröberen Anteilen getrennt und die gröberen Partikel sodann weiter behandelt (Zeitersparnis). Für kleine Substanzmengen empfiehlt sich die Kleinlaborkugelmühle von BLOCH-ROSETTI[2], die in Makro- und Mikroausfertigung hergestellt wird.

Kolloidmühlen ermöglichen eine Zerkleinerung bis in das kolloidale Gebiet hinein; besonders verwiesen sei auf die Vibrations-Kolloidmühle, die zahlreiche Anwendungsmöglichkeiten besitzt[3].

Mittels des *Fleischwolf* zerkleinert man weiche Pflanzenteile sowie tierische Organteile. Es sind hier verschiedene Modelle im Handel, die auch eine kontinuierliche Arbeit gestatten, wobei gleich eine Trennung von flüssigen und festen Anteilen durchgeführt wird.

---

[1] Hinsichtlich der experimentellen Behandlung leichtflüchtiger Stoffe vgl. besonders die Methoden von STOCK: Ber. dtsch. chem. Ges. **47**, 154 (1914); **50**, 989 (1917); **51**, 983 (1918); **53**, 751 (1920) u. a.

[2] Hersteller: L. Hormuth, Heidelberg; vgl. dazu W. VETTER: Fette u. Seifen **47**, 424 (1940); Chem. Zbl. **1940** II, 2925.

[3] Hersteller: Probst & Class, Berlin-Dahlem.

Schmieriges Material verreibt man mit Sand, Bimssteinpulver, Kieselgur, geglühtem Na_2SO_4 usw., bis eine bröcklige Masse entsteht. Derartige Maßnahmen sind vielfach zur Vorbereitung eines Materials zur Extraktion und zu anderen Operationen erforderlich.

Zum *Sieben* dienen die verschiedenen Siebmaschinen, die meist nach dem Schüttel- oder Vibrationsprinzip arbeiten und in mannigfachen Ausführungsformen hergestellt werden.

Meist wird sich die Anwendung von *Siebmaschinen* empfehlen, bei denen Siebe von verschiedener Maschenweite in rechteckigen Kästen übereinander angeordnet sind, wobei also das Siebgut gleich in die verschiedenen Anteile je nach der Korngröße zerlegt wird. Die Siebe selbst werden aus durchlochtem Blech, feinmaschigem Drahtnetz, Seidenflor oder aus Kunststoffgeflechten hergestellt; maßgebend ist dabei die Beständigkeit gegen chemische Einwirkungen. Die Zusammenhänge zwischen Maschenzahl je Quadratzentimeter, Maschenweite, Drahtdurchmesser und Siebnummer sind genormt und aus den entsprechenden Normblättern ersichtlich.

2. Filtrieren und Zentrifugieren.

Beide Operationen dienen zur Trennung fester Stoffe von Flüssigkeiten und Lösungen. Durch Zentrifugieren lassen sich allerdings auch andere Operationen bewerkstelligen. Beim Filtrieren arbeitet man mit besonderen Filtermassen (Papier, Gewebe, Asbest, Glaswolle u. a.); auch die Filtergeräte selbst können die Filtermasse unmittelbar enthalten (Glasfritten, Porzellanfritten u. a.). Manche Filtermassen sind auch bei bestimmten Zentrifugentypen erforderlich. Vorausgeschickt sei noch die primitivste Art der Trennung eines festen Stoffes von einer Flüssigkeit, nämlich das

Dekantieren und Abhebern. Voraussetzung ist dabei ein rasches und möglichst vollständiges Absetzen des festen Anteils am Boden des Gefäßes. Die darüber stehende Flüssigkeit wird abgegossen (dekantiert) oder abgehebert. Hievon macht man auch beim Entfernen des in Zentrifugengläsern überstehenden Anteils Gebrauch. Die dabei anwendbaren Heber sind so gestaltet, daß der in die Flüssigkeit tauchende Rohrteil vor dem Ende nach oben abgewinkelt ist, damit nicht der Bodensatz angesaugt und mitgerissen wird.

Als **Filtermaterialien** zum Filtrieren und Absaugen kommen vor allem folgende in Betracht:

Filtrierpapier, das wichtigste Filtermaterial des Laboratoriums. Für präparative Arbeiten kommt vor allem ein weiches, gut durchlässiges Papier in Frage[1]. Hauptverwendungsform: Faltenfilter zum einfachen Filtrieren und Rundfilter zum Absaugen.

---

[1] Vgl. dazu die Druckschrift der Firma C. Schleicher & Schüll (Düren, Rheinland): Filtrationen im chemischen Laboratorium (1928).

Watte, Asbest und *Glaswolle* werden meist in Faserform verwendet. Es wird ein Bausch passender Größe leicht in die Spitze eines gewöhnlichen Trichters gedrückt (vgl. auch S. 100). Glaswolle dient z. B. zur Filtration starker Säuren; Asbest ist durch seine hohe Säure- und Alkalibeständigkeit ausgezeichnet. Er wird vielfach auch in Filterpressen angewendet.

Tücher (Gewebe) als Filtermaterial für Nutschen, Siebzentrifugen und Filterpressen. Baumwolle und Jute für neutrale und alkalische Flüssigkeiten, Pe-Ce-Filtertuch (Kunstfaser aus Polyvinylchlorid)[1] für saure wie alkalische Flüssigkeiten sehr widerstandsfähig, sehr haltbar, auch für höhere Temperaturen, aber unbeständig gegen heiße organische Flüssigkeiten. Hinsichtlich der chemischen Widerstands-fähigkeit von Textilien (für Filterpressen usw.) vgl. RABALD[2].

a) Einfaches Filtrieren unter dem hydrostatischen Druck des Filtergutes.

Man benützt hier die bekannten Trichter. Verwiesen sei auf den mit Rippen versehenen Jenaer Analysentrichter, bei dem glatte Filter benützt werden. Ein völlig glattes Anliegen von Papierfiltern am Trichterrand wird durch die von SCHÄFER[3] angegebene Arbeitsweise erreicht. — Im übrigen verwendet man beim organisch-chemischen Arbeiten fast stets *Faltenfilter*, wobei die gerade passende Filtrierpapiersorte zu wählen ist.

Zum *Kolieren*, wohl der ursprünglichsten Art des Filtrierens, dienen Koliertücher, die in Kolierrahmen befestigt werden. Das Filtrat läuft in untergestellte Gefäße ab. Auch *Sackfilter* und *Spitzfilter* aus Tuch sind vielfach in Gebrauch. Sie werden gegebenenfalls in eigene Geräte (z. B. aus Porzellan) eingesetzt. Besonders sei hier auf die *Beutelfilter* verwiesen[4], die auch im Laboratorium eine vielseitige Anwendung finden können, wenn es

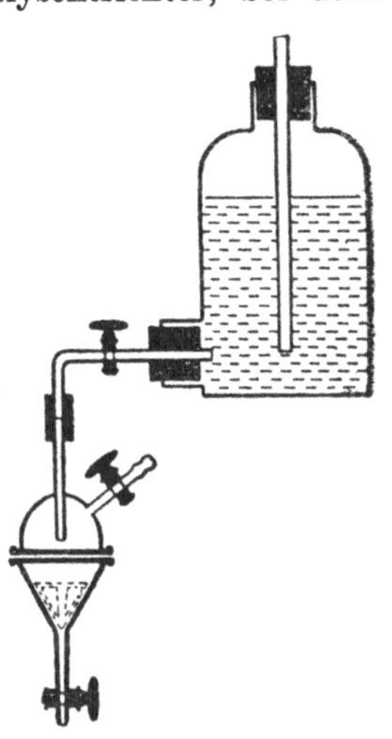

Abb. 28. Gerät zum selbsttätigen Filtrieren nach KAPSENBERG.

sich um die Bewältigung größerer Flüssigkeitsmengen handelt.

---

[1] Vgl. dazu E. HUBERT: Der Vierjahresplan **4**, 222 (1940).

[2] E. RABALD: Chem. Technik **16**, 141 (1943).

[3] Analyt. Chem. **96**, 305 (1934). — Weitere Vorschläge vgl. HAMMERSCHMIDT: Chem. Fabrik **7**, 50 (1934). — BRUHNS: Ebenda **8**, 272 (1935).

[4] Vgl. dazu E. EBBRECHT: Chemiker-Ztg. **61**, 375 (1937).

Zum *selbsttätigen Filtrieren* sei auf das von KAPSENBERG[1] angegebene Gerät verwiesen (vgl. Abb. 28). Die Wirkungsweise ist ohne weiteres verständlich. Man kann aber auch mit der in Abb. 29 wiedergegebenen höchst einfachen Vorrichtung auskommen. Es kann dabei stets nur so viel Flüssigkeit aus dem Kolben ablaufen, als Luft durch das Rohr eindringt[2].

Filtrieren luft- oder feuchtigkeitsempfindlicher Stoffe. Die einfachste Art des Filtrierens unter Feuchtigkeitsausschluß ist in Abb. 30 wiedergegeben[3]. (Sinngemäße Kombination mit der Anordnung in Abb. 29). Das Absorptionsrohr wird mit Chlorcalcium gefüllt. Für den gleichen Zweck sowie zum Filtrieren in Fremdgasatmosphäre (CO_2, N_2 usw.) kann auch das in Abb. 28 dargestellte Gerät verwendet werden. Der Deckel wird dann noch mit einem zweiten Hahn versehen.

Die zur *Filtration in der Wärme* anzuwendenden Geräte werden erst später besprochen, da sie vor allem beim Umkrystallisieren benützt werden (vgl. S. 92, 93).

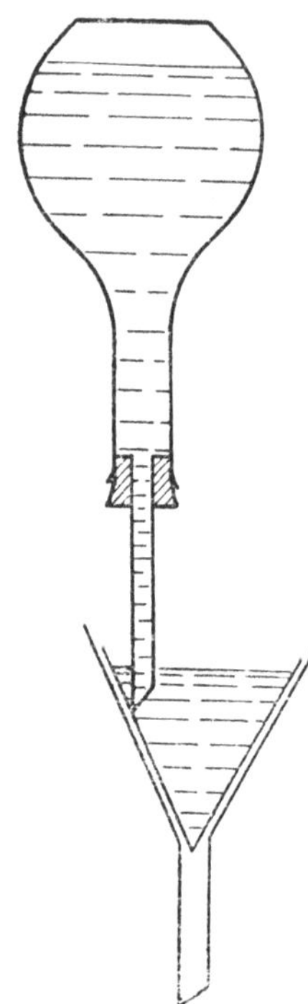

Abb. 29. Anordnung zum selbsttätigen Filtrieren.

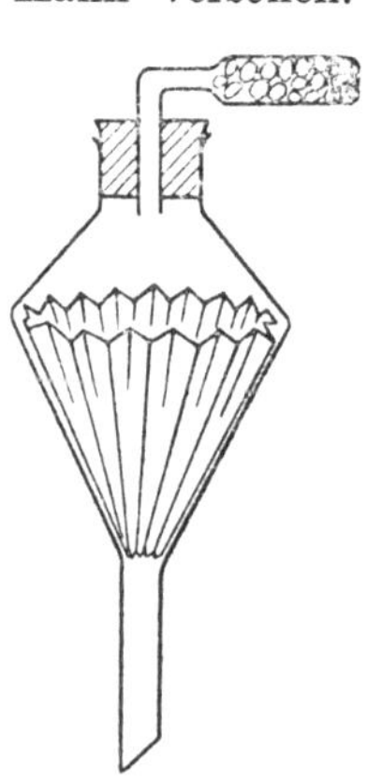

Abb. 30. Anordnung zum Filtrieren unter Feuchtigkeitsausschluß.

b) Absaugen (Filtrieren unter vermindertem Druck).

Prinzip: Die Flüssigkeit wird hierbei durch Ansaugen mit der Wasserstrahlpumpe in das Auffanggefäß übergeführt. Die Methode wird in erster Linie zur Gewinnung krystallisierter Substanzen verwendet und daher im Kapitel „Krystallisation" besprochen (vgl. S. 98 ff.). Nicht krystallisierte Stoffe verlegen nämlich

---

[1] KAPSENBERG: Chem. Weekbl. **34**, 403 (1937).

[2] Weitere Einrichtungen zum ununterbrochenen automatischen Filtrieren vgl. WEBER: Chem. Weekbl. **34**, 515 (1937). — WEST: J. chem. Educat. **14**, 395 (1937). — STONE: Chemist-Analyst **26**, 17 (1937). — FROST: Chemiker-Ztg. **64**, 60 (1940).

[3] PIP, W.: Chemiker-Ztg. **28**, 818 (1904).

leicht die Filterporen, wenn unter vermindertem Druck gearbeitet wird, und sind daher besser durch einfache Filtration vom flüssigen Anteil zu trennen.

Auf die *Sterilfiltration biologischer Flüssigkeiten* kann hier nur kurz verwiesen werden[1]. Zur Feinfiltration und Entkeimung schwer filtrierbarer Flüssigkeiten verwendet man eine Berkefild-Filterkerze mit Kieselgur als Filterhilfsmittel (0,5—2%). Dieselbe ist auch zur Filtration schleimiger Lösungen geeignet; ohne Kieselgur findet rasche Verlegung des Filters statt[2].

c) Filtrieren unter erhöhtem Druck.

Im einfachsten Fall handelt es sich hier um Filtergeräte, die analog den Nutschen (Saugfiltern) gestaltet, aber oben geschlossen sind und so die Anwendung von Druck gestatten. Die üblichen Werkstoffe für Laboratoriumsgeräte wie Glas und Porzellan sind jedoch nur beschränkt druckbeständig, so daß meist mit Metallgeräten gearbeitet werden muß. Zur Druckerzeugung verwendet man Druckluft oder eine CO_2-Bombe u. a.

Membranfilter. Sie dienen vor allem zur Filtration von Kolloiden, können aber auch für gröbere Bestandteile verwendet werden (je nach der Porenweite). Zum Arbeiten mit organischen Lösungsmitteln eignen sich dabei die Cellafilter der Membranfilter-Gesellschaft, Göttingen. Als Beispiel für kleine Flüssigkeitsmengen sei auf den Ultrafiltrationsapparat nach THIESSEN[3] verwiesen (vgl. Abb. 31), der aus Glas hergestellt und für einen Überdruck bis zu 5 atü geeignet ist. In der Abbildung ist die Anordnung für Druckfiltration wiedergegeben. Unter Verwendung geeigneter Aufsätze ist das Gerät auch für Saugfiltrationen benützbar.

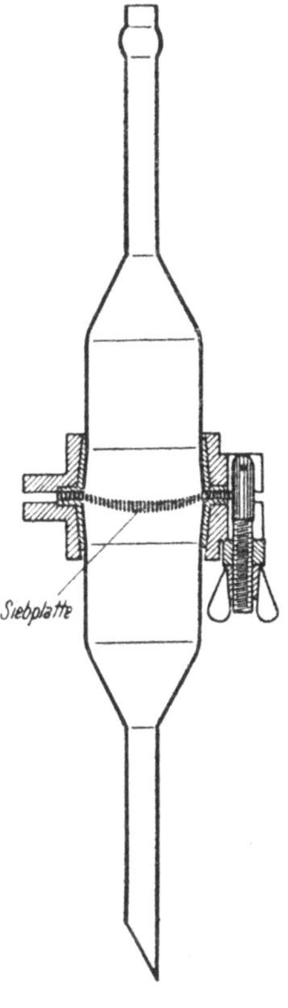

Abb. 31. Ultrafiltrationsapparat nach THIESSEN.

---

[1] Vgl. dazu die vom Jenaer Glaswerk Schott & Gen. entwickelten Geräte. KNÖLL: Erg. d. Hyg., Bact., Immunitätsforschg. u. exper. Therapie **24**, 266 (1941).

[2] HOCK: Chem. Fabrik **15**, 109 (1942).

[3] THIESSEN: Biochem. Z. **140**, 457 (1923).

Größere Leistungen der Membranfilter erzielt man, wenn als Unterlage für dieselben nicht groblöcherige Siebe verwendet werden, sondern poröse Platten aus Glas oder keramischen Stoffen[1].

Die *Seitz-Filter*[2] sind vor allem zur Sterilfiltration im Laboratorium wie für industrielle Zwecke geeignet. Man benützt dabei Entkeimungsschichten (EK.-Filter) aus Asbest. Bei der Aufarbeitung biologischer Flüssigkeiten leisten diese Filter sehr gute Dienste.

Filterpressen dienen zur Filtration größerer Flüssigkeitsmengen unter Druck. Der Name ist insofern irreführend, als es sich dabei nicht um Pressen im üblichen Sinne handelt, sondern um meist rechteckige Rahmen bzw. Platten, die mit dem Filtermaterial (meist Tuch, bei Seitz-Filtern Asbest) belegt sind; durch diese wird die zu filtrierende Flüssigkeit meist unter Verwendung von Druckluft hindurchgepreßt. Sie stellt die vollkommenste Lösung des Problems dar, eine große Filterfläche auf einem kleinen Raum unterzubringen. Zu unterscheiden sind Kammerpressen und Rahmenpressen. Man verwendet sie mit Vorteil für feine Suspensionen, die gründlich gewaschen werden sollen. Der zu filtrierende Anteil kommt in einen Behälter und läuft meist unter Anwendung von Druck durch die Filterpresse.

d) Abpressen.

Diese Art der Trennung fester Anteile von Flüssigkeiten benützt man vor allem dann, wenn bereits ein z. B. durch Absaugen oder Vorbehandlung in einer Filterpresse eingedicktes Produkt vorliegt, das fein verteilte feste Teilchen mit großer Totaloberfläche enthält (wodurch also eine größere Flüssigkeitsmenge adsorbiert ist). Das Filtriergut wird dabei in Preßtücher eingeschlagen und starkem mechanischem Druck ausgesetzt. Man benützt dazu Schraubenpressen (Spindelpressen) verschiedenster Bauart, wobei vor allem die hydraulischen Pressen gute Dienste leisten. Man steigert den Druck nur allmählich, solange der Preßkuchen noch plastisch ist, da sonst die Tücher häufig platzen. Als Maß dient dabei die Menge an ablaufender Mutterlauge. Zum Auswaschen wird die Masse nochmals mit Lösungsmitteln angeteigt und der Vorgang wiederholt. Dies gilt auch für die Ränder des Preßkuchens, die weniger scharf gepreßt sind als die Mitte.

e) Zentrifugieren.

Es sind hier grundsätzlich zwei Modelle zu unterscheiden, nämlich die Siebzentrifugen und die Sedimentierzentrifugen.

---

[1] Sartorius: Chemiker-Ztg. **62**, 177 (1938).
[2] Seitz-Werke. Kreuznach (Rheinland).

Siebschleudern enthalten eine gelochte Trommel, die mit Filtrierpapier oder Filtertuch belegt wird. Der flüssige Anteil wird in das Gehäuse geschleudert und läuft von dort ab. Das Schleudergut läßt man gleichmäßig in die zunächst langsam rotierende Zentrifuge einlaufen. Erst allmählich wird die volle Geschwindigkeit eingeschaltet. Die festen Anteile dürfen nicht zu fein sein (möglichst nicht unter 0,5 mm); feine Teilchen bilden nämlich bald eine dichte Schicht, die keine Flüssigkeit mehr durchläßt (vgl. auch S. 103).

Sedimentierzentrifugen (*Becherzentrifugen*). Der suspendierte Anteil wird hier lediglich zum Boden des Zentrifugenglases geschleudert; durch Dekantieren oder Abhebern wird die Flüssigkeit abgetrennt. Das Auswaschen erfolgt durch Aufschlämmen des Bodensatzes mit dem Waschmittel und nochmaliges Abschleudern.

Die kleinen Handzentrifugen sind meist ungeschützt und arbeiten bei nur etwa 1000 Touren je Minute, sind aber für viele Zwecke gut verwendbar (Fassungsvermögen höchstens 30 ccm). Die gebräuchlichen Laboratoriumszentrifugen sind durch ein Gehäuse geschützt. Umdrehungszahl meist 2000—4000 je Minute. Neuerdings werden aber auch Becherzentrifugen bis zu 15000 Umdrehungen je Minute hergestellt[1]. Fassungsvermögen meist etwa 100—400 ccm. Sie sind je nach Größe und Konstruktion entweder auf dem Labortisch aufstellbar oder standfest auf Betonsockeln montiert oder in schwebendem Zustand aufgehängt. Sie besitzen meist austauschbare Einsätze zur Aufnahme von 4 bis 6 Kapseln, in die die dickwandigen Zentrifugengläser eingesetzt werden. Beim Arbeiten mit derartigen Zentrifugen ist darauf zu achten, daß die einzelnen Einsätze samt Schleudergut sorgfältig auf gleiches Gewicht austariert werden müssen, um einen ruhigen Gang der Zentrifuge zu gewährleisten. Auch hier muß das Anlassen der Zentrifuge allmählich erfolgen. Große Zentrifugen sind in Kellerräumen auf Betonsockeln zu montieren, die im gewachsenen Boden eingelassen sind. — Daß große Zentrifugen auch bei geringerer Tourenzahl eine stärkere Wirkung haben als kleinere Geräte, ist selbstverständlich, da die Zentrifugalkraft mit der Masse und der Entfernung von der Drehungsachse ansteigt.

Absetzschleudern mit Trommeln werden vor allem für kontinuierlichen Betrieb benützt. Die festen Bestandteile setzen sich an der Innenwand der Trommel ab, die klare Flüssigkeit läuft oben

---

[1] Hersteller H. L. Kobe, Berlin.

aus der Trommel in das Gehäuse und von dort nach außen (auch Überlaufzentrifugen genannt). Die trübe Flüssigkeit läuft in die Mitte der Trommel kontinuierlich ein. Zur Trennung von Emulsionen dient die Schälschleuder, die mittels zweier Schälrohre die kontinuierliche Trennung der beiden Flüssigkeiten gestattet.

Die „*Superzentrifugen*" oder Schnellzentrifugen besitzen enge, hohe Trommeln aus starkem, nahtlosem Stahlrohr; sie arbeiten meist kontinuierlich und ermöglichen Tourenzahlen bis 45000 je Minute. Sie sind besonders zur Klärung trüber Flüssigkeiten und zur Trennung von Emulsionen geeignet[1].

Die „*Ultrazentrifuge*" und ihre Verwendung in der Protein- und Virusforschung kann hier nur erwähnt werden[2].

3. Trocknen.

a) Das Trocknen fester Stoffe.

Diese Operation ist sowohl zur Vorbereitung von Substanzen für die weitere Verarbeitung (besonders bei Naturstoffen) wie auch als abschließender Vorgang nach der Isolierung und Reinigung organischer Stoffe von Wichtigkeit (besonders nach dem Umkrystallisieren oder Sublimieren usw.). Im folgenden werden die allgemeinen Trocknungsmethoden behandelt; hinsichtlich des Trocknens fester Stoffe nach dem Umkrystallisieren vgl. S. 104.

α) **Trocknen ohne Trockenmittel.** *Das Vortrocknen an der Luft und im Luftstrom* wird im Laboratorium häufig angewendet. Man breitet dabei das Trockengut in dünner Schicht auf Filtrierpapier auf und läßt es unter dem Abzug liegen. Der Prozeß kann mit Hilfe eines *Föhns* natürlich sehr beschleunigt werden (sowohl durch Kaltluft, um so mehr durch Warmluft).

Trocknen bei erhöhter Temperatur. Hierzu dienen die bekannten *Trockenschränke*, von denen die wichtigsten Typen genannt seien: Trockenschränke mit Gasheizung, versehen mit Thermometer und eventuell Thermoregulator, innen ausgestattet mit siebartig gelochtem Zwischenboden zur Aufnahme des Trockengutes. — Dampftrockenschränke mit Doppelmantel für Gasheizung, im übrigen wie zuvor. — Elektrisch heizbare Trockenschränke mit

---

[1] Vgl. die Cepa-Zentrifuge von C. Padberg, Düsseldorf.

[2] Zusammenfassende Literatur vgl. WYKOFF: Science [New York] **86**, 92 (1937); SIGNER: Schweiz. Arch. angew. Wiss. Techn. **3**, 1 (1937); THE SVEDBERG: Ind. Engng. Chem., analyt. Edit. **10**, 113 (1938); KEIL: Z. Ver. dtsch. Ing. **82**, 115 (1938).

Temperaturregler (verschiedenste Typen; vorzüglich bewährt sich das zylindrische Modell von Heräus, Hanau). — Durch Anbringung von Ventilationslöchern wird bei den meisten Typen automatisch ein langsamer, heißer Luftstrom erzielt. Zur Erhöhung der Luftzirkulation wurden eigene Typen konstruiert. Behelfsmäßig kann man stets Wasserstrahlpumpe oder Gebläse verwenden. Auch *Verdunstungskästen* (Blasekästen) sind natürlich zum Trocknen benutzbar (vgl. S. 139), doch muß das Trockengut gegen Verstäuben geschützt werden. — Sehr brauchbar sind die *Vakuumtrockenschränke*, die meist elektrisch beheizt werden; sie ermöglichen eine schonende Trocknung (besonders bei luftempfindlichen Substanzen anzuwenden).

Für technische Zwecke wurde eine große Zahl der verschiedensten Trockenapparaturen entwickelt (Trommeltrockner, Bandtrockner, Walzentrockner, Schaufeltrockner usw.), die aber meist nur in großen Modellen existieren.

Kleine *Dampfwalzentrockner* zur Abscheidung eines festen Stoffes aus einer Suspension oder Lösung werden auch für Laboratoriumszwecke erzeugt[1]. Sie besitzen eine sich langsam drehende, innen mit Dampf beheizte Stahlwalze, die sich durch Eintauchen in die Suspension oder Lösung mit einer dünnen Schicht derselben überzieht, die bei einer halben Drehung auf der Walze eintrocknet. Das trockene Material wird durch ein Messer von der Walze abgekratzt und sammelt sich in einem Behälter. — Auch *Schaufeltrockner* werden im Laboratoriumsmaßstab hergestellt. Verwiesen sei besonders auf die im Vakuum arbeitenden Apparate[2].

β) **Trocknen mit Trockenmitteln.** Man arbeitet dabei in geschlossenen Gefäßen (*Exsiccatoren*) unter Verwendung von Stoffen zur Absorption der anhaftenden Feuchtigkeit oder von Lösungsmitteln usw. Je nach dem Verwendungszweck sind sie verschieden gebaut. Neben den kleinen Dosenexsiccatoren, die für viele Zwecke recht brauchbar sind, empfiehlt sich vor allem das bekannte SCHEIBLERsche Modell, wobei jene Formen, die den Tubus seitwärts (am Unterteil) haben, weitaus den Vorzug verdienen (gegenüber den Formen mit dem Tubus im Deckel). Eine weitere sehr brauchbare Form besteht lediglich aus einer auf einer Glasplatte oder einem Tischchen aufgeschliffenen Glasglocke; Einsätze dienen zur Aufnahme des Trockenmittels und Trockengutes. Alle Exsiccatoren sollten zweckmäßigerweise stets zum

---

[1] Verwiesen sei auf den Labor-Vakuum-Zweiwalzentrockner der Fa. Mako, Erfurt, oder auf den Labor-Walzentrockner der Fa. Oschatz, Dresden.

[2] Vgl. z. B. den Vakuum-Labor-Schaufeltrockner der Fa. Moak, Erfurt.

Evakuieren eingerichtet sein; solche mit flachem Deckel sind daher meist nicht brauchbar. Ein mit gutem Schliff versehener Exsiccator soll das Vakuum mindestens 24 Stunden lang halten; sorgfältig angefertigte Stücke bleiben monatelang dicht. Exsiccatoren, die nur so lange das Vakuum halten, als sie an die Pumpe angeschaltet sind, sollten nicht verwendet werden.

Jeder neue Exsiccator ist vor Benützung auf seine Evakuierbarkeit zu prüfen (bedeckt mit Tüchern). Es können aber auch geprüfte und jahrelang benützte Exsiccatoren gelegentlich implodieren. Allzu große Typen sind nicht zu empfehlen, man benützt dann lieber die stabileren Glocken. Für lichtempfindliche Substanzen verwendet man Geräte aus braunem oder schwarzem Glas (behelfsmäßig genügt auch ein dunkler Anstrich oder schwarzes Papier). Beim Einlassen von Luft verschließt man die Mündung des Hahnes mit einem Stückchen Filtrierpapier; sobald dieses abfällt, ist der Druck ausgeglichen.

Auch Einkochgläser aus feuerfestem Glas sind als Exsiccatoren bestens geeignet. Man versieht dieselben mit einer Glasglocke und passenden Einsätzen. Das Trockenmittel (P_2O_5, Silicagel usw.) kann bequem in einem Aufsatz außerhalb des Exsiccators untergebracht werden[1].

Trockenmittel: Schwefelsäure und Chlorcalcium sind am gebräuchlichsten, für manche Zwecke kommen auch in Frage Ätzkali, Phosphorpentoxyd u. a. (vgl. dazu ausführliche Angaben auf S. 140).

Zum Trocknen mit Trockenmitteln bei höherer Temperatur dienen entweder beheizbare Exsiccatoren oder Röhrenexsiccatoren (vgl. dazu S. 105).

γ) Besondere Trocknungsmethoden. Hierher gehören Entwässerungsverfahren, bei denen anhaftendes Wasser durch ein siedendes Lösungsmittel (Benzol, Toluol, Xylol, Chloroform, Tetrachlorkohlenstoff usw.) fortgeführt wird. Mit Hilfe eines Wasserabscheiders kann dabei der Fortgang der Entwässerung verfolgt werden (auch zur Wasserbestimmung in Drogen). Man kann dazu z. B. den Apparat von THIELEPAPE verwenden (vgl. S. 77)[2]. Zur Entwässerung mancher hitzeempfindlichen Substanzen ist diese Methode allen anderen weit überlegen, so z. B. zur Herstellung wasserfreier Oxalsäure (im Wasserfänger, vgl. dazu S. 13).

Zum Trocknen mancher Substanzen (z. B. schmieriger oder klebriger oder von Organteilen), die sodann weiterverarbeitet

---

[1] H. FÜRST: Chem. Fabrik **14**, 297 (1941).
[2] Hinsichtlich verschiedener Vorschläge vgl. E. THIELEPAPE und A. FULDA: Z. Wirtschaftsgr. Zuckerind. **87**, 333 (1937). — LUNDIN: Chemiker-Ztg. **55**, 762 (1931).

werden sollen (z. B. zur Extraktion gelangen), bedient man sich zweckmäßigerweise auch einer besonderen Methode: Verreiben mit geglühtem Natriumsulfat oder Gips, wodurch das Wasser chemisch gebunden wird.

b) Das Trocknen von Flüssigkeiten und Lösungen.

Grundsätzlich kommen hier die gleichen Methoden in Frage wie zum Trocknen von Lösungsmitteln (vgl. dazu S. 44). Es handelt sich dabei meist um das Trocknen von Reaktionsprodukten, die in Form von Lösungen vorliegen (als vorbereitende Operation z. B. zum Destillieren); solche Lösungen liegen häufig nach dem Ausschütteln oder Extrahieren vor. Hinsichtlich der Wahl eines geeigneten Trockenmittels ist entscheidend, daß es mit dem gelösten Stoff nicht reagieren darf. In Frage kommen vor allem folgende Trockenmittel:

Chlorcalcium (gekörnt oder geschmolzen). Das gekörnte, schaumige Produkt ist infolge der größeren Oberfläche wirksamer als das geschmolzene. Unrichtig ist dabei die Anwendung eines großen Überschusses, da dadurch viel Flüssigkeit festgehalten wird, was zu Verlusten führen kann. Man nimmt daher die Trocknung fraktioniert vor (Vortrocknung unter Abscheidung der Chlorcalciumlösung). Es genügt jedenfalls, wenn neben der gesättigten Chlorcalciumlösung etwas feste Anteile vorhanden sind. Durch Schütteln und Erwärmen wird der Trocknungsprozeß beschleunigt. — Für alle Alkohole, Amine und Phenole ist Chlorcalcium ungeeignet, da es mit ihnen Doppelverbindungen bildet. Auch Essigester gibt beim tagelangen Stehen über Chlorcalcium eine Molekülverbindung; bei anderen Estern bestehen meist keine Bedenken. Additionsverbindungen mit $CaCl_2$ lassen sich übrigens durch Wasser stets leicht wieder zerlegen. Trocknungsgrad mit $CaCl_2$: gut, fast stets ausreichend.

Calciumcarbid. Ungemein wirksames Trockenmittel. Störend können jedoch in vielen Fällen die von der Darstellung her anhaftenden Verunreinigungen wirken.

Natriumsulfat (entwässertes, geglühtes, aber nicht geschmolzenes Produkt). Es ist wegen seiner Indifferenz so gut wie universell anwendbar. Es bindet etwa $1/3$ seines Gewichtes an Wasser (also weniger als theoretisch möglich). Trocknungsgrad etwas geringer wie bei Chlorcalcium, aber meist ausreichend.

Kupfersulfat (bei 200—250⁰ entwässert, farblos). Sehr gut geeignet, aber nicht ganz so indifferent wie Natriumsulfat. Grad der Wasseraufnahme an der Blaufärbung erkennbar.

Kaliumhydroxyd und *Kaliumcarbonat*. Besonders für alle Basen bestens geeignet. Ungeeignet für Säuren, Aldehyde und Ketone, für Ester nur beschränkt verwendbar. Beide gestatten das Vor- und Nachtrocknen wie Chlorcalcium. Trocknungsgrad besonders bei Kaliumhydroxyd ausgezeichnet.

Phosphorpentoxyd. Für viele Lösungen von Säuren verwendbar.

B. Extraktion.

Unter Extraktion versteht man das Herauslösen einer Substanz aus einem festen Substanzgemisch oder aus einer Lösung mittels eines Lösungsmittels; dieselbe ermöglicht im allgemeinen eine sehr schonende Behandlung des Materials, da bei gewöhnlicher Temperatur gearbeitet werden kann; auch bei erhöhter Temperatur (zur Beschleunigung des Prozesses vielfach von Vorteil) steigt dieselbe in der Regel nicht über den Siedepunkt des betreffenden Lösungsmittels, bleibt daher auch in diesem Falle relativ niedrig. — Wahl eines geeigneten Lösungsmittels von Wichtigkeit.

1. Allgemeines über Extraktionsmittel und Extraktionstechnik.

Charakteristisch und wichtig für den eigentlichen Lösungsvorgang ist, daß derselbe ohne gleichzeitigen chemischen Prozeß vor sich geht, daß also keine Umsetzung zwischen dem Lösungsmittel und dem gelösten Stoff stattfindet; das Lösungsmittel soll daher indifferent sein (vgl. auch S. 44). Bei der Extraktion dienen die Lösungsmittel vor allem zur Isolierung und Trennung organischer Substanzen. Es wird daher zunächst zu besprechen sein, welche Lösungsmittel zur Abtrennung organischer Substanzen von anorganischen in Frage kommen und sodann, welche Lösungsmittel für die einzelnen organischen Stoffklassen geeignet sind.

a) Trennung organischer von anorganischen Substanzen durch Extraktion.

Wahl eines geeigneten Lösungsmittels von Wichtigkeit; eine große Anzahl anorganischer Verbindungen ist nicht unbeträchtlich in organischen Lösungsmitteln löslich. — Ein äußerst geringes Lösungsvermögen gegenüber anorganischen Substanzen besitzen die aliphatischen und aromatischen Kohlenwasserstoffe (also Ligroin und Petroläther bzw. Benzol und seine Homologen), ferner Chloroform, Tetrachlorkohlenstoff, Schwefelkohlenstoff; auch das Lösungsvermögen von Essigester und Äther ist zumeist recht gering. Dagegen besitzen die Alkohole sowie Aceton ein manchmal sehr erhebliches Lösungsvermögen. Dabei gelten etwa folgende Gesetzmäßigkeiten:

Chloride der Alkalien in Äthylalkohol sehr wenig löslich, in Methylalkohol mehr (NH_4Cl bis über 3%); die der Erdalkalien meist leicht löslich ($CaCl_2$ in Äthylalkohol bis 60%).

Bromide der Alkalien in Äthylalkohol weniger löslich (meist 2 bis 3%) als in Methylalkohol (12 bis 18%); die der Erdalkalien meist in Methylalkohol leichter löslich.

Jodide der Alkalien ebenfalls in Methylalkohol leichter löslich (NaJ bis über 70%).

Nitrate im allgemeinen schwer löslich, nur NH_4NO_3 relativ leicht (in Methylalkohol sogar bis über 17%).

Sulfate meist sehr schwer löslich, die krystallwasserhaltigen Salze meist leichter ($MgSO_4 \cdot 7H_2O$ in Methylalkohol sogar bis 40%).

Hydroxyde der Alkalien recht gut alkohollöslich; die der Erdalkalien schwerer löslich (je nach dem Wassergehalt).

Carbonate der Alkalien und erst recht der Erdalkalien fast unlöslich.

Die Löslichkeit der genannten Stoffe in *Aceton* ist meist gering; leicht löslich sind nur manche Halogenide (insbesondere $FeCl_3$ bis über 60%, $HgCl_2$ sogar bis über 125%) sowie insbesondere $KMnO_4$ (bis über 200%)[1].

Anorganische Säuren sind in Alkoholen leicht löslich; bemerkenswert ist die Löslichkeit von Salpetersäure in Äther (aus wäßriger Lösung ausschüttelbar).

b) Auswahl der Extraktionsmittel.

Abhängig von der Löslichkeit sowie von der Art der Substanz. *Wasser* ist vielfach bei der Isolierung mancher organischer Stoffe aus Rohstoffen pflanzlichen oder tierischen Ursprungs verwendbar, und zwar je nach dem beabsichtigten Zweck auch nach Zusatz von anorganischen oder organischen Säuren oder Basen. — *Methyl- und Äthylalkohol* sowie *Aceton* kommen für die Extraktion wäßriger Lösungen naturgemäß nicht in Frage, sondern nur für feste Substanzen (z. B. Naturprodukte oder Eindampfrückstände usw.); beim Extrahieren von Säuren mit Alkohol ist auf die Möglichkeit der Veresterung Rücksicht zu nehmen. Zur Extraktion wäßriger Flüssigkeiten bewährt sich vielfach *Amylalkohol* sehr gut, ebenfalls *Essigester* oder *Amylacetat*; bei diesen ist zu beachten, daß der herauszulösende Stoff wegen eventueller Verseifungsgefahr nicht zu alkalisch sein darf. Das am meisten angewendete und fast stets brauchbare Extraktionsmittel ist der *Äther*; falls dieser für gewisse Substanzen zu geringes Lösungsvermögen hat, verwendet man meist *Petroläther*, in anderen Fällen auch *Chloroform*, *Tetrachlorkohlenstoff* oder auch *Benzol* und seine Homologen je nach der Art der zu extrahierenden Substanz.

c) Allgemeine Extraktionstechnik.

Zunächst überzeugt man sich durch Vorversuche von der Extrahierbarkeit einer Substanz und stellt das geeignetste Lösungsmittel fest. Erst dann wird die Extraktion nach einer passenden Methode vorgenommen. Ist die Löslichkeit des betreffenden Stoffes genügend groß, so wird man Digerieren oder Auskochen

---

[1] Ausführliche Angaben vgl. HOUBEN-WEYL, a. a. O., Bd. 1, S. 1295.

bzw. bei Flüssigkeiten Ausschütteln anwenden, bei schwer löslichen Stoffen wird man sich eines kontinuierlichen Extraktionsapparates bedienen.

Bei der Extraktion wäßriger Lösungen trifft man Maßnahmen zur Verringerung der Löslichkeit des betreffenden Stoffes in Wasser, und zwar setzt man verschiedene anorganische Salze zu (*Aussalzen*[1]), so insbesondere $NaCl$, $MgSO_4$ oder NH_4Cl; zur Abscheidung von Alkoholen aus wäßrigen Lösungen dient vor allem Pottasche. Bei der Extraktion mit Äther wird man diesen aus der wäßrigen Lösung (bis etwa 10% löslich) zu verdrängen suchen; am besten durch $NaCl$ oder Na_2SO_4.

Bei der Extraktion von Flüssigkeiten treten vielfach *Emulsionen* auf, deren *Entmischung* auf große Schwierigkeiten stoßen kann. Sehr häufig bleibt zwischen den beiden Schichten eine schleimige, blasige Masse zurück. Falls dabei der Zusatz von anorganischen Salzen oder die Anwendung größerer Mengen Lösungsmittel nicht zum Ziele führt, hilft bei Äther- oder Chloroformemulsionen vielfach der Zusatz von 5 bis 10 Tropfen Alkohol und schwaches Schütteln; in anderen Fällen Zusatz von etwas Benzol. Manchmal gelingt es, eine Emulsion dadurch zu zerstören, daß man den Schütteltrichter rasch um seine Achse dreht, oder durch Klopfen usw. Erschütterungen verursacht. Vielfach hilft auch, wenn man die Flüssigkeit vorsichtig durch eine mit Kochsalz beschickte Nutsche hindurchsaugt. Falls alle diese Mittel nicht helfen, so gelingt meist eine Trennung durch Zentrifugieren oder längeres Stehenlassen.

2. Extraktion fester Körper.

a) Extraktion bei gewöhnlicher Temperatur
(Auslaugen, Macerieren und Perkolieren).

Im einfachsten Fall Auslaugen der Substanz mit einem geeigneten Lösungsmittel bei gewöhnlicher Temperatur in verschlossenen Flaschen oder Kolben (Maceration); Beschleunigung des Prozesses durch Schütteln (vgl. S. 36). Diese Art der Extraktion ist besonders bei temperaturempfindlichen Substanzen anzuwenden. Nach Sättigung des Lösungsmittels mit dem zu extrahierenden Stoff muß es durch frisches ersetzt werden. Dies geschieht z. B. bei Verwendung eines *Perkolators* in bequemer Weise.

Derselbe besteht aus einem weiten konischen Rohr, das unten stark verengt und mit einem Stückchen Schlauch mit Quetschhahn oder mit einem Glashahn verschlossen ist. Oberhalb wird etwas Glaswolle, ein Porzellansieb oder eine Glassinterplatte zum Schutz

---

[1] Vom Aussalzen macht man im übrigen vor allem bei der Abscheidung fester Körper aus wäßrigen Lösungen Gebrauch (vgl. S. 95, 96).

des Ablaufes gegen Verstopfen eingesetzt. Der Perkolator wird mit dem Extraktionsgut gefüllt, dieses festgedrückt und mit dem Lösungsmittel überschichtet. Nach längerem Stehen wird die Flüssigkeit aus dem Hahn langsam abtropfen gelassen, wobei zugleich in demselben Ausmaße von oben frisches Lösungsmittel zutropft, bis der Prozeß beendet ist. Ein praktisches Modell, das eine kontinuierliche Arbeit gestattet, ist in Abb. 32 wiedergegeben[1]. Die Perkolation wird vielfach zum Extrahieren von Vegetabilien (Drogen usw.) angewendet.

b) Extraktion bei erhöhter Temperatur (Digerieren).

Dieser Prozeß führt naturgemäß wesentlich rascher zum Ziel. Das Extraktionsgut wird dabei am besten ausgekocht (vor allem unter Rückflußkühlung). Nach der Sättigung des Lösungsmittels muß dasselbe entfernt und durch frisches ersetzt werden, bis das Extraktionsgut erschöpft ist. Zur Herstellung von Infusen, Dekokten und Macerationen sei auf den Jenaer Sintrax-Apparat verwiesen[2].

c) Extraktion in kontinuierlichen Extraktionsapparaten

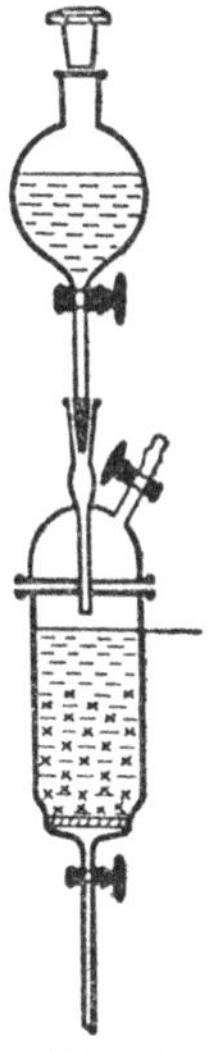

Abb. 32.
Perkolator.

Es kommt dabei stets frisches Lösungsmittel zur Wirkung. Dasselbe gelangt aus dem Siedegefäß in einen Rückflußkühler, und aus diesem auf die zu extrahierende Substanz.

α) **Apparate nach dem Soxhletprinzip.** Der Extraktor (vgl. Abb. 33) ist unten mit dem Kochkolben und oben mit dem Rückflußkühler verbunden, am besten durch Glasschliffe (Gummistöpsel kommen bei Anwendung organischer Lösungsmittel nicht in Frage, und Korke müssen erst sorgfältig abgedichtet werden; vgl. S. 176). Prinzip der Extraktoren: Das aus dem Rückflußkühler abtropfende Lösungsmittel durchtränkt das Extraktionsgut und wird mittels eines Heberrohres automatisch abgesaugt, sobald es eine bestimmte Höhe erreicht hat.

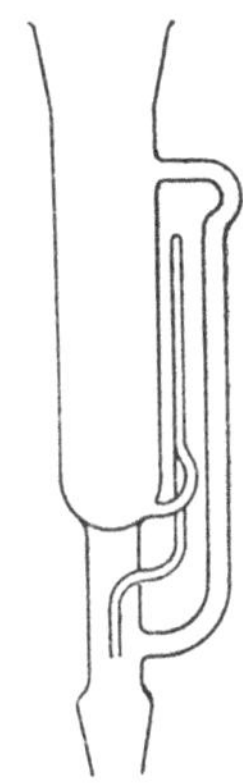

Abb. 33.
SOXHLET-
Extraktor.

---

[1] Vgl. dazu G. KAPSENBERG: Chem. Weekbl. **34**, 403 (1937). — Hersteller Glaswerk Schott & Gen., Jena.

[2] SCHÖBEL: Pharmaz. Ztg. **74**, 949 (1929). — AUMÜLLER: Dtsch. Apotheker-Ztg. **1935**, Nr. 72.

Zweckmäßigerweise wird das Heberrohr (wie in Abb. 33) an der gleichen Seite angeordnet wie das Dampfrohr, wodurch es gegen Zerbrechen besser geschützt ist[1]. Neuerdings wird im absteigenden Teil des Heberrohres vom Scheitelpunkt in einer Länge von etwa 10 cm eine Capillare eingesetzt, die das ununterbrochene Funktionieren des Heberrohres gewährleistet[2]. — Während beim ursprünglichen SOXHLETschen Apparat das Heberrohr außen angebracht ist, ist es bei der Modifikation von CLAUSNITZER nach innen versetzt, wobei auch das eigentliche Extraktionsgefäß in einem Dampfmantel steht, und dabei mit erwärmt wird. Nach dem gleichen Prinzip, aber noch praktischer eingerichtet, ist der Extraktionsapparat von RADEMACHER[3] (Abb. 34). Zur Aufnahme des Extraktionsgutes dienen die in verschiedenen Größen im Handel befindlichen Hülsen aus Filtrierpapier (z. B. von Schleicher & Schüll) oder Einsatztiegel mit Glasfilterplatte (vgl. Abb. 36)[4] oder Soxhletkerzen aus Glasfiltermasse[5].

Eine praktische, nach dem Heberprinzip arbeitende Apparatur zur Extraktion größerer Substanzmengen (5—20 l Füllvolumen und mehr) wurde durch SANDERMANN[6] beschrieben. Dieselbe kann nach einfacher Auswechslung eines Zwischenstückes auch für Destillationszwecke verwendet werden.

β) **Apparate nach dem Durchflußprinzip.** Bei einer anderen Gruppe von Extraktionsapparaten wird ohne Heberrohr gearbeitet. So beim Extraktionsapparat nach KNÖFFLER oder PRAUSNITZ[7] oder bei dem sehr praktischen Gerät

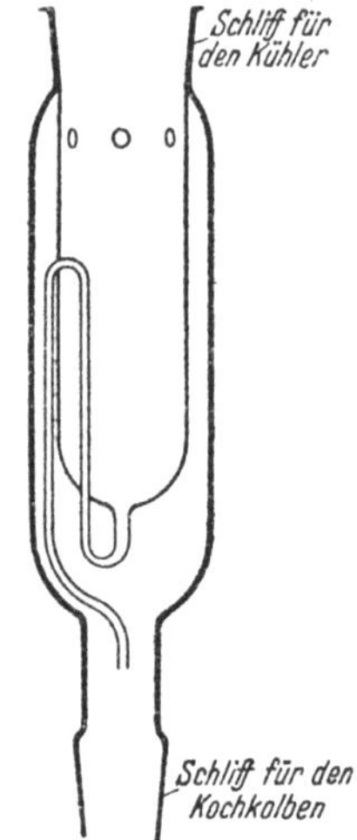

Abb. 34. Extraktionsapparat nach RADEMACHER. M = 1 : 4.

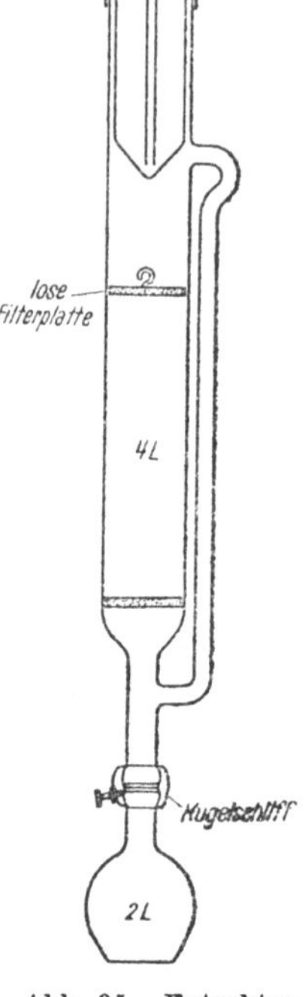

Abb. 35. Extraktor nach SCHÖBEL-PRAUSNITZ.

[1] Vgl. PRAUSNITZ: Österr. Chemiker-Ztg. 39, 114 (1936).
[2] SCHÖBEL: Pharmaz. Ztg. 75, 56 (1930).
[3] RADEMACHER: Chemiker-Ztg. 26, 1177 (1902).
[4] Besonders für Zurückwägen des Extraktionsgutes wichtig (indirekte Extraktbestimmung); vgl. KUHLMANN: Z. analyt. Chem. 72, 20 (1927).
[5] Erzeugt vom Jenaer Glaswerk Schott & Gen.
[6] W. SANDERMANN: Chem. Technik 16, 86 (1943).
[7] PRAUSNITZ: Chem. Fabrik 1, 324 (1928).

nach SCHÖBEL[1], bei dem das Extraktionsgut auf einer Glasfilterplatte ruht und zugleich oben lose mit einer solchen bedeckt ist,
wodurch eine gleichmäßige Verteilung der Flüssigkeit erfolgt. In
Abb. 35 ist eine modernisierte, mit Kugelschliff versehene Form
wiedergegeben[2]. Auch für größere Mengen geeignet.

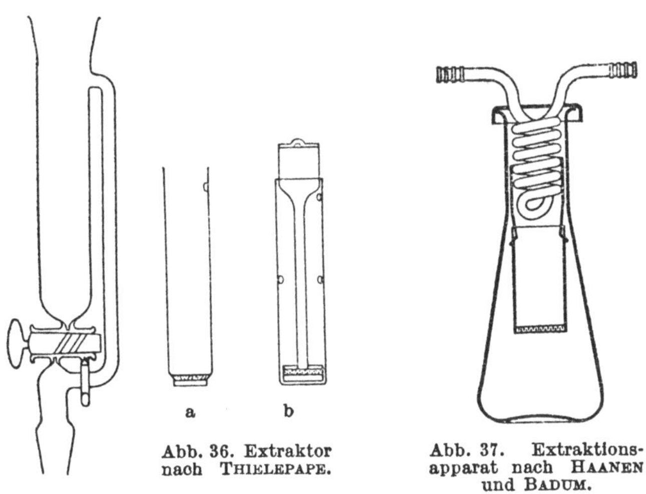

Abb. 36. Extraktor
nach THIELEPAPE.

Abb. 37.   Extraktions-
apparat nach HAANEN
und BADUM.

Sehr empfehlenswert ist der Durchflußextraktor mit
Zweiweghahn von THIELEPAPE[3] (vgl. Abb. 36). Derselbe ist
eine Verbesserung des Apparates von HAGEN[4]. Der Zweiweghahn
ermöglicht entweder einen Durchfluß zwischen Extraktions-
kolben und Extraktionsrohr oder zwischen dem Extraktionsrohr
und außen. Dieser Extraktor ermöglicht daher zugleich eine
einfache Probeentnahme, die bequeme Wiedergewinnung des
Lösungsmittels; ferner ist derselbe unter Benützung gewisser
Einsätze auch zur Extraktion von Flüssigkeiten (vgl. Abb. 36 b)
und mannigfache andere Zwecke geeignet; so zur Redestillation
von Lösungsmitteln, zum Umkrystallisieren und zur Herstellung
kleinerer Mengen trockener Lösungsmittel, wobei man ohne Einsatz
arbeitet. Bei Verwendung besonderer Einsätze kann der Apparat
auch als Dialysator sowie zur Bestimmung des Wassergehaltes verschiedener Substanzen verwendet werden (vgl. Original). Ein Nachteil des Apparates ist lediglich seine leichte Zerbrechlichkeit.

[1] SCHÖBEL; Pharmaz. Ztg. 75, 56 (1930).
[2] Erzeugt vom Jenaer Glaswerk Schott & Gen.
[3] THIELEPAPE: Chem. Fabrik 4, 293, 302 (1931).
[4] HAGEN: Chemiker-Ztg. 47, 598 (1923).

Weiterhin sei auch auf den *Universal-Extraktor von* Nottes[1] verwiesen; derselbe ermöglicht die Extraktion von festem Material nach dem Überlaufprinzip wie nach dem Durchflußprinzip, von Flüssigkeiten mit leichteren wie mit schwereren Lösungsmitteln, und schließlich das Abdestillieren des Extraktionsmittels, wobei

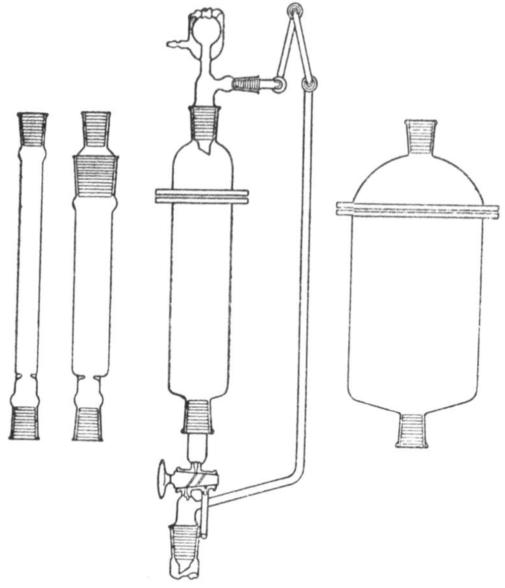

Abb. 38. Extraktor nach Friedrichs.

man dasselbe entweder zum Extraktionsgut destillieren oder aber rein gewinnen kann.

Zur Extraktion kleiner Substanzmengen dient der Apparat von Haanen u. Badum[2], der nur aus einem kupfernen Einhänge-kühler besteht, an dem eine Glasfritte mit dem Extraktionsgut befestigt wird. Das Ganze wird in einen Weithals-Erlenmeyerkolben eingesetzt (vgl. Abb. 37)[3]. Man muß dabei aber höher siedende Lösungsmittel benützen, da Äther zu große Verluste bedingt. Der Apparat ist bei Verwendung entsprechend kleiner Glasfritten auch als *Mikroextraktor* vorzüglich geeignet. — Für die gleichen Zwecke, aber auch für Äther, kann der Extraktor von Schmalfuss[4] empfohlen werden[5], bei dem ein Glassintertiegel in den Kolbenhals eingesetzt

[1] Nottes, G.: Chemiker-Ztg. **62**, 891 (1938).
[2] Vgl. dazu Hering: Arch. Pharmaz. Ber. dtsch. pharmaz. Ges. **38**, 266, 582 (1928). — Schöbel: a. a. O.
[3] Erzeugt vom Jenaer Glaswerk Schott & Gen.
[4] Schmalfuss: Chem. Fabrik **9**, 161 (1936).
[5] Beziehbar durch H. Kobe, Berlin.

wird. An Stelle des Glassintertiegels kann nach unseren Erfahrungen erforderlichenfalls auch ein perforierter Porzellantiegel mit einem Filtrierpapiereinsatz von Schleicher & Schüll (oder auch nur dieser) verwendet werden.

Hinsichtlich *Mikroextraktoren* sei auch auf die Geräte von GOR-BACH[1] sowie MATTHEWS[2] verwiesen, ferner auf den Extraktor von BROWNING[3], von ERDÖS u. POLLAK[4] sowie den durch besondere Schnelligkeit im Extrahieren ausgezeichneten Apparat von KUHL-MANN[5]. Vgl. dazu auch die Zu-sammenfassung der mikropräpara-tiven Methoden in der organischen Chemie von DADIEU und KOPPER[6] sowie von PFEIL[7].

Extraktion größerer Sub-stanzmengen. *Heißextraktion:* Man arbeitet im Prinzip in analoger Weise wie bei dem Apparat von HAANEN und BADUM (Abb. 37) unter Benutzung eines mit Rück-flußkühler versehenen Metallkessels (mit aufschraubbarem Deckel), in den ein Drahtkorb eingehängt wird, der mit Filtertuch ausgeklei-det ist und das Extraktionsgut enthält. Für eine gute Verteilung des aus dem Kühler zurückfließen-den Lösungsmittels muß gesorgt werden.

Kaltextraktion: Man benützt entweder einen größeren Apparat nach SCHÖBEL (Abb. 35) oder z. B. die Extraktoren von FRIEDRICHS[8]. Ein kleineres Modell (Abb. 38)[9] ist eine Umformung des Durchfluß-extraktors von THIELEPAPE (vgl. oben). Es ist durch Verwendung auswechselbarer Mittelstücke für ein Fassungsvermögen zwischen

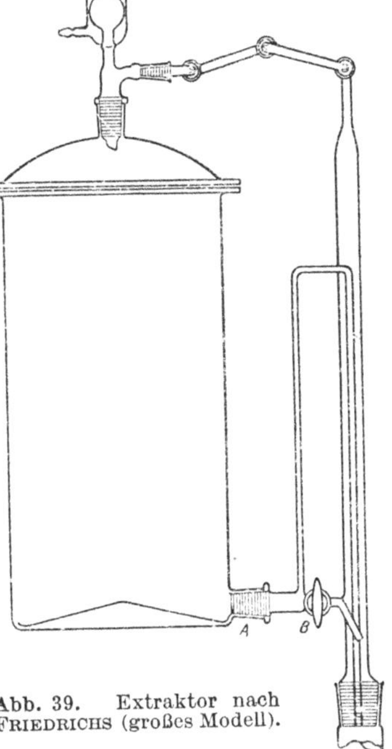

Abb. 39. Extraktor nach FRIEDRICHS (großes Modell).

30 ccm und 5 Liter benützbar (in der Abbildung sind nur einige Zwischen-größen wiedergegeben). Der Anschluß des Dampfrohres ist durch eine Normalschliffkette beweglich gestaltet. — Ein größeres Modell (Abb. 39)[9] dient für ein Fassungsvermögen bis zu 20 Liter Inhalt. Es kann sowohl nach dem Soxhlet-Prinzip, also mittels Heber arbeiten,

[1] GORBACH: Vorratspflege u. Lebensmittelforsch. **3**, 272 (1940).
[2] MATTHEWS: Ind. Chemist chem. Manufacturer **14**, 515 (1938).
[3] BROWNING: Mikrochem. **26**, 54 (1939).
[4] ERDÖS u. POLLAK: Ebenda **19**, 245 (1936).
[5] KUHLMANN: Z. Unters. Lebensmittel **69**, 221 (1935).
[6] DADIEU u. KOPPER: Angew. Chem. **50**, 367 (1937).
[7] PFEIL: Angew. Chem. **54**, 161 (1941).
[8] FRIEDRICHS: Chemiker-Ztg. **55**, 963 (1931).
[9] Hersteller: Greiner & Friedrichs, Stützerbach, Thüringen.

als auch nach dem Durchflußprinzip. Der Zweiweghahn (*B*) ermöglicht zugleich Probeentnahmen. Bei *A* setzt man zweckmäßigerweise ein Filtermaterial ein (Watte, Glaswolle, Asbest, Glasfilter u. a.). Die Oberfläche des Extraktionsgutes wird (wie auch bei anderen Apparaten) mit einer Glasfilterplatte bedeckt zwecks gleichmäßiger Verteilung des Lösungsmittels (wie in Abb. 35). Auch auf den Extraktor von NEUMANN sei hier verwiesen (vgl. S. 83); derselbe kann mit einigen Ergänzungsstücken auch zur Extraktion von Flüssigkeiten dienen. — Außerdem wurden noch mancherlei andere Großraumextraktoren beschrieben[1].

Vakuumextraktion. Ein geeignetes Gerät, das nach dem Umlaufprinzip, also sehr rasch arbeitet, wurde vom Jenaer Glaswerk Schott & Gen. entwickelt. Dasselbe hat sich zur Herstellung von Extrakten, Essenzen usw. aus festem Drogenmaterial durchaus bewährt. Es werden dazu Bestandteile des Vakuum-Umlauf-Verdampfers (vgl. S. 142) mit verschiedenen Zusatzgeräten verwendet; unter anderem ist ein Probenehmer und ein Durchlaufgefäß mit Aräometer vorhanden.

3. Extraktion von Flüssigkeiten.

a) Ausschütteln.

Verwendung eines Scheidetrichters (Schütteltrichters) von konischer oder zylindrischer Form. Die letztere[2] ermöglicht (insbesondere, wenn der Zylinder eine Graduierung besitzt) eine Messung der Flüssigkeitsmengen. Wird eine wäßrige Lösung mit einem spezifisch leichteren Extraktionsmittel ausgeschüttelt, so läßt man die untere Schichte durch den Hahn ab, während die obere durch den Tubus ausgegossen wird. Bei wiederholten Ausschüttelungen entfernt man die obere Schichte am besten mittels eines Heberrohres, das man an einen Saugkolben anschließt. Die auszuschüttelnde Lösung kann dann bis zur Erschöpfung im Scheidetrichter verbleiben. Spezifisch schwerere Extraktionsmittel (wie Chloroform usw.) werden einfach unten abgelassen.

Zum *Ausschütteln kleiner Flüssigkeitsmengen* (einige Kubikzentimeter) verwendet man am besten ein einfaches Proberöhrchen und entfernt die obere Schicht mittels eines Capillarhebers. Derselbe besteht aus einer zweimal gebogenen Capillare von etwa 0,85 mm lichter Weite[3]. — Ein kontinuierlicher Scheide- und Absetztrichter für Flüssigkeitsmengen bis zu 5 ccm wurde von ALBER[4] beschrieben.

---

[1] Vgl. z. B. DRAKE u. SPIESS: Chem. Fabrik **6**, 407 (1933); LISTON u. DEHN: Ebenda **6**, 473 (1933) u. v. a.

[2] Nach SCHIFF: Liebigs Ann. Chem. **261**, 255 (1891).

[3] Vgl. EMICH: Lehrbuch der Mikrochemie S. 43 (1926).

[4] ALBER, H. K.: Ind. Engng. Chem., analyt. Edit. **13**, 656 (1941).

Zum *Ausschütteln kleinster Mengen* bedient man sich der Zentrifugalkraft[1]. Den Flüssigkeitstropfen saugt man in einer Capillare von passender Weite auf und über- oder unterschichtet ihn mit einem Tropfen des Lösungsmittels. Die Capillare wird beiderseits zugeschmolzen. Beim Zentrifugieren muß der spezifisch schwerere Anteil von innen nach außen den spezifisch leichteren durchdringen, wobei die Extraktion stattfindet. Dieser Vorgang wird gegebenenfalls des öfteren wiederholt. Zur Trennung der beiden Anteile wird die Capillare an der Trennungsfläche aufgeschnitten.

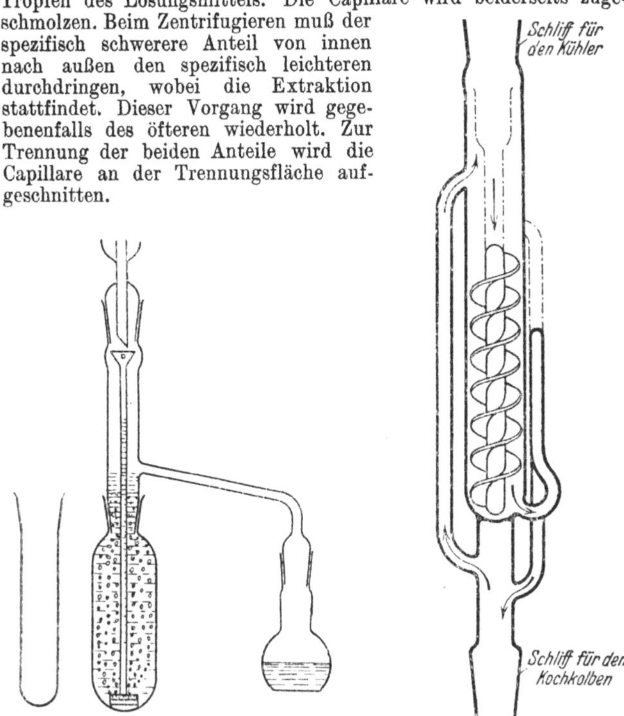

Abb. 40.
Modifizierter Flüssigkeitsextraktor
nach KUTSCHER u. STEUDEL.

Abb. 41. Kleiner Flüssigkeitsextraktor für spezifisch schwerere (ausgezogene Linien) oder spezifisch leichtere Extraktionsmittel (gestrichelte Linien).

b) Kontinuierliche Flüssigkeitsextraktoren
(Perforatoren).

Je nach dem spezifischen Gewicht des Extraktionsmittels gegenüber Wasser sind verschiedene Modelle zu unterscheiden, da vor allem wäßrige Lösungen zu extrahieren sind[2].

---

[1] NIEDERL: J. Amer. chem. Soc. **51**, 474 (1929).
[2] Zur Theorie der Extraktion von Flüssigkeiten und sonstige Angaben vgl. J. FRIEDRICHS: Chem. Fabrik **5**, 199 (1932).

α) Extraktion mit spezifisch leichteren Lösungsmitteln (Äther, Petroläther, Benzol usw.). *Für mittlere Flüssigkeitsmengen* (etwa 100—1200 ccm) sei der Apparat von KUTSCHER und STEUDEL[1] empfohlen. Wir verwenden dabei ein mit Normalschliffen versehenes Modell (Abb. 40), das ein Auswechseln des Extraktionsgefäßes je nach der Menge der zu extrahierenden Flüssigkeit ermöglicht.

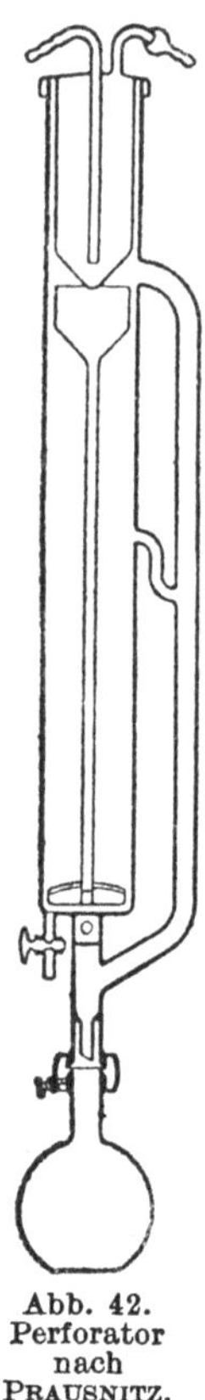

Abb. 42.
Perforator
nach
PRAUSNITZ.

Aus dem Siedegefäß gelangt der Dampf des Extraktionsmittels durch den Zwischenteil in den Rückflußkühler, wird hier kondensiert und tropft in das Trichterrohr, tritt durch eine Glasfilterplatte[2] in einem dauernden Strom kleiner Tröpfchen aus, sammelt sich nach dem Durchströmen der zu extrahierenden Flüssigkeit oberhalb derselben an und fließt wieder in das Siedegefäß zurück. Das Trichterrohr muß genügend lang sein, damit das spezifisch leichtere Extraktionsmittel den hydrostatischen Druck der zu extrahierenden Lösung überwinden kann. Das Extraktionsgefäß kann je nach Wunsch dimensioniert werden; man hält am besten Gefäße zwischen 0,1 und 1 l Inhalt bereit. Soll die Extraktion bei höherer Temperatur vorgenommen werden, so wird bei Verwendung des beschriebenen Apparates (Abb. 40) das Extraktionsgefäß in ein passendes Wasserbad eingesenkt, das auf die gewünschte Temperatur erwärmt wird.

Extraktion kleiner Mengen. Vorteilhafterweise kann der Extraktor von THIELEPAPE benützt werden, unter Verwendung des Einsatzes *b* (Abb. 36). Der Soxhlet-Extraktor kann nach einer kleinen Umformung hierfür gleichfalls verwendet werden[3]. Auch das in Abb. 41 wiedergegebene ältere Modell leistet noch gute Dienste. An Stelle der Wendel kann eine passende Glasfritte verwendet werden[4].

Zur *Mikroextraktion* verwendet man ein Gerät nach KUTSCHER-STEUDEL, das entsprechend klein dimensioniert ist. Das eigentliche Extraktionsgefäß und der Zwischenteil bestehen dann aus einem Stück. Einen derartigen Apparat mit einem Extrak-

---

[1] KUTSCHER u. STEUDEL: Hoppe-Seyler's Z. physiol. Chem. **39**, 474 (1903); vgl. auch KEMPF: Chemiker-Ztg. **37**, 774 (1913).

[2] Diese Anordnung bewährt sich besser als die Anwendung einer Glasspirale wie beim ursprünglichen Modell von KUTSCHER und STEUDEL.

[3] WAGNER-JAUREGG u. TRIER: Chemiker-Ztg. **61**, 645 (1937).

[4] Vgl. dazu FRIEDRICHS: Chem. Fabrik **1**, 91 (1928); **2**, 90 (1929).

tionsgefäß von 7 ccm Inhalt hat F. LAQUER[1] beschrieben. Vgl. ferner GORBACH[2], BARRENSCHEEN[3].

Extraktion größerer Flüssigkeitsmengen (2—6 l). Am geeignetsten erscheint hierfür ein von PRAUSNITZ[4] beschriebener Perforator des Jenaer Glaswerks Schott & Gen., der in Abb. 42 wiedergegeben ist. Derselbe ist mit Glas- oder Metallkühler, Glasfiltereinsatz und Probehahn versehen; der Anschluß an den Kolben erfolgt durch Kugelschliff mit Schalenkupplung. — Es wurden auch Flüssigkeitsperforatoren konstruiert, die eine Extraktion mit dem gesamten destillierenden Lösungsmittel ermöglichen (also unter Vermeidung der vorzeitigen Kondensation an der Oberfläche der zu extrahierenden Lösung)[5].

Extraktion großer Flüssigkeitsmengen. Auch hier wurde eine große Anzahl der verschiedensten Modelle beschrieben. Die meisten arbeiten mit Glasfritten zur Verteilung des Lösungsmittels unter gleichzeitigem Rühren. Vgl. die Apparate von FRIEDRICHS[6]. Eine Erhöhung der Extraktionsgeschwindigkeit läßt sich nur noch durch Steigerung des Lösungsmitteldurchsatzes erreichen[7]. So arbeitet der Extraktor von NEUMANN[8] (bis 10 l Inhalt) nicht mit Fritte, sondern mit einem Wirbelmischhohlrührer, bei dem durch Steigerung der Umdrehungszahl auch eine Erhöhung des Durchsatzes des Lösungsmittels möglich ist. Der Apparat ist sowohl für leichte wie für schwere Extraktionsmittel verwendbar. Mit kleinen Abänderungen ist das Gerät auch zur Extraktion größerer Mengen fester Stoffe geeignet.

Es wurde auch das umgekehrte Extraktionsprinzip beschrieben, wobei z. B. Teile der zu extrahierenden Lösung durch einen Stickstoffstrom mitgeführt werden und durch eine Säule des Extraktionsmittels in Form feiner Tröpfchen fallen[9].

---

[1] LAQUER, F.: Hoppe-Seyler's Z. physiol. Chem. **118**, 215 (1922).
[2] GORBACH: Vorratspflege u. Lebensmittelforsch. **3**, 272 (1940); es wird dort ein verbesserter Mikroextraktor zur Fettbestimmung für flüssige wie feste Nahrungsmittel beschrieben.
[3] BARRENSCHEEN: Mikrochim. Acta [Wien] **1**, 319 (1937). Apparat zur Extraktion von 1—20 ccm Flüssigkeit.
[4] PRAUSNITZ: Chemiker-Ztg. **63**, 185 (1939).
[5] H. SUIDA u. G. WAGNER: Öl und Kohle **39**, 615 (1943); vgl. auch Wiener Chemiker-Ztg. **46**, 166 (1943); Chem. Techn. **16**, 245 (1943).
[6] FRIEDRICHS: Chemiker-Ztg. **55**, 519 (1931). — Hersteller: Greiner & Friedrichs, Stützerbach.
[7] FRIEDRICHS, J., u. W. FRIEDRICHS: Chem. Fabrik **8**, 247 (1935).
[8] Hersteller: W. K. Heinz, Stützerbach.
[9] HOLT, P. F., u. H. C. CALLOW: J. Soc. chem. Ind. **61**, Mai 1942; Chem. Zbl. C. **1943** I, 2114.

β) **Extraktion mit spezifisch schwereren Lösungsmitteln** (Chloroform, Tetrachlorkohlenstoff usw.)[1]. Für kleinere Flüssigkeitsmengen eignet sich der Apparat von THIELEPAPE (vgl. Abb. 36) mit einem eigenen Einsatz, der das Durchströmen der Flüssigkeit von oben nach unten gestattet (mit Zackenkranz zur feineren Verteilung des Lösungsmittels). Auch Einsätze mit Glassinterplatte wurden beschrieben. Vgl. ferner den Universal-Extraktor von NOTTES (S. 78). Auch der einfache Apparat gemäß Abb. 41 (ausgezogene Linien) ist noch gut verwendbar. Zweckmäßigerweise kann an Stelle der Wendel ein Glasfilter benützt werden.

Extraktion größerer Flüssigkeitsmengen (2—6 l). Zu empfehlen ist hierfür der von PRAUSNITZ[2] beschriebene Perforator des Jenaer Glaswerks Schott & Gen. (Abb. 43). Derselbe besitzt einen Glasfiltereinsatz zum Verteilen des Extraktionsmittels, einen Ablaßhahn und Glas- oder Metallkühler. Der Kolben ist mit Kugelschliff angeschlossen. Bei einer anderen Form ist außerdem eine KPG-Einstellvorrichtung eingebaut, die einen Rücklauf in acht verschiedenen Höhen gestattet.

Für *große Flüssigkeitsmengen* (5—10 l) wurden brauchbare Apparate von FRIEDRICHS[3], NEUMANN (vgl. S. 83) u. a. beschrieben; sie arbeiten ebenso wie die Geräte für leichtere Lösungsmittel unter Rühren.

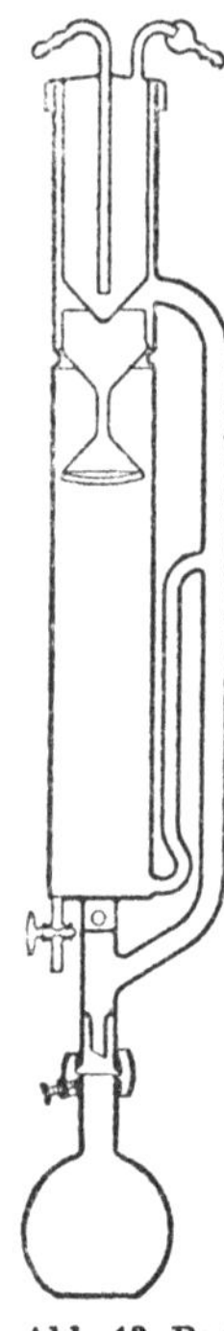

Abb. 43. Perforator für spezifisch schwerere Lösungsmittel nach PRAUSNITZ.

c) **Fraktionierte Verteilung**[4].

Dieselbe bezweckt die Trennung von zwei oder mehr Bestandteilen auf Grund ihrer verschiedenen Löslichkeit in zwei miteinander nicht bzw. nur wenig mischbaren Lösungsmitteln. Die Methode ist sehr schonend, da jegliche Erwärmung vermieden wird.

Als Phasenpaare für die fraktionierte Verteilung kommen in Frage: Wasser-Kohlenwasserstoffe, Wasser-Ester, Wasser-Butanol, Methanol-niedere Paraffine, Äthanol-höhere Paraffine u. a. Bei der

---

[1] Literaturübersicht vgl. S. WEHRLI: Helv. chim. Acta **20**, 927 (1937).
[2] PRAUSNITZ: Chemiker-Ztg. **63**, 185 (1939).
[3] FRIEDRICHS: Chemiker-Ztg. **55**, 519 (1931).
[4] Vgl. dazu JANTZEN: Dechema-Monographie Nr. 48. Berlin 1932.

Trennung zweier Stoffe ist natürlich ein Phasenpaar erwünscht, in dem die Verteilungskoeffizienten möglichst verschieden sind.

Geräte für die fraktionierte Verteilung. Eine Reihe von Scheidetrichtern oder eine Anzahl Rollflaschen oder eine Verteilungsbatterie (bestehend aus einer Anzahl gemeinsam eingespannter Schüttelrohre mit einigen Meßgeräten) oder eine Verteilungssäule (eine aufrechte flüssigkeitsgefüllte Säule, in der die Phasen gemäß ihrem spezifischen Gewicht im Gegenstrom aneinander vorbeifließen und ihre Bestandteile austauschen. Das Arbeiten in den Scheidetrichtern oder der Verteilungsbatterie entspricht gewissermaßen der fraktionierten Destillation aus dem Kolben, die Benützung der Verteilungssäule dem Fraktionieren mit der Destillationssäule. Aus der Verteilungsbatterie fallen zahlreiche Einzelfraktionen an, aus der Säule aber bei jedem Gang nur zwei. Die erstere eignet sich daher vor allem zum Zerlegen von Gemischen mit vielen Einzelbestandteilen, die letztere für schwer trennbare Zweistoffsysteme. Auf die nähere Beschreibung der Geräte und Arbeitsweise muß hier verzichtet werden.

d) Anhang: Dialyse[1].

Anwendung. Trennung molekulardisperser Stoffe von Kolloiden auf Grund der Diffusion der gelösten Körper durch Membranen. Die Dialyse ist in vielen Fällen der einzige Weg, um zu einheitlichen Substanzen zu gelangen, so bei der Befreiung von natürlichen Eiweißlösungen von den mitgelösten Salzen. Vor allem in der Enzymchemie zur Reinigung von Fermentlösungen ist diese Methode von großer Bedeutung geworden (vgl. auch S. 167).

Dialysiermembranen. Pergament, sogenannte Fischblasen, käufliche Dialysierhülsen oder Dialysierschläuche (z. B. von Schleicher & Schüll); Herstellung geeigneter Membranen aus Kollodium[2].

Dialysiervorrichtungen. Beschleunigung der Dialyse durch Vergrößerung der Oberfläche sowie durch Bewegung der zu dialysierenden Flüssigkeit oder des umgebenden Wassers.

Im einfachsten Fall verwendet man einen Dialysierschlauch, der an beiden Enden an passenden Glasröhren befestigt ist; derselbe wird in einem hohen Glaszylinder U-förmig aufgehängt und durch dauernde Zuführung von frischem Wasser (mittels eines auf den

---

[1] Vgl. Reinboldt in Houben-Weyl I, S. 465 (1925). — Vgl. ferner Handbuch der Pflanzenanalyse, Bd. 1, S. 111. Wien: Springer 1931.

[2] Siehe Rona: Praktikum der physiol. Chem., 1. Teil. S. 5. Berlin 1926.

Boden des Zylinders reichenden Glasrohres) bespült; die so entfernten Elektrolyte gehen dabei verloren. — Andererseits läßt sich eine innige Berührung zwischen der zu dialysierenden Flüssigkeit und dem umgebenden Wasser durch Rühren im Inneren der Lösung erzielen oder durch Bewegung der ganzen Dialysiervorrichtung (Schnelldialysatoren[1], Gleitdialysatoren[2] usw.).

Sehr zweckmäßig sind die *Extraktionsdialysatoren* von GODOLETZ[3], die eine rasche und quantitative Dialyse ermöglichen und in bestimmter Ausführung auch für das Arbeiten in indifferenter Gasatmosphäre sowie im Vakuum geeignet sind[4].

Besonders verwiesen sei schließlich auf den *Elektroschnelldialysator* von BRINTZINGER[5], bei dem das Prinzip des Schnelldialysators mit dem des Elektrodialysators vereinigt ist und das eine besonders rasche und weitgehende Kolloidreinigung gestattet.

C. Reinigung organischer Substanzen durch Krystallisation.

Für das organisch-präparative Arbeiten ist es von großer Bedeutung, zu krystallisierten Substanzen zu gelangen, da eine Reinigung und Identifizierung derselben in der Regel wesentlich einfacher ist als bei Flüssigkeiten. Insbesondere im Schmelzpunkt krystallisierter Substanzen besitzt man ein einfaches und wichtiges Kriterium für ihre Reinheit und Einheitlichkeit (vgl. auch S. 6), während dem Siedepunkt bei weitem nicht diese Bedeutung zukommt. Die Vorteile, die das Arbeiten mit krystallisierten Substanzen bietet, sind vor allem bei kleinen Substanzmengen stark ausgeprägt, da es z. B. durch Destillation kaum gelingen wird, kleine Mengen flüssiger Substanzen in ausreichendem Maße zu trennen und zu reinigen. Man wird daher bemüht sein, auch flüssige Substanzen nach Möglichkeit in krystallisierte Derivate überzuführen. Die weitere Reinigung solcher Substanzen erfolgt vor allem durch Umkrystallisieren oder Sublimieren, im letzten Jahrzehnt ist ferner auch der Wert der Adsorptionsmethoden erkannt worden. — Im folgenden wird zunächst die allgemeine Technik des Umkrystallisierens beschrieben und sodann auf die maßgeblichen Einzeloperationen näher eingegangen.

1. Lösungsmittel und allgemeine Technik des Umkrystallisierens.

Krystallisation im weitesten Sinne. Übergang einer Substanz aus irgendeinem Aggregatzustand in den krystallini-

---

[1] GUTBIER, HUBER u. SCHIEBER: Ber. dtsch. chem. Ges. **55**, 1518 (1922).

[2] THOMS: Ber. dtsch. chem. Ges. **50**, 1235 (1917).

[3] GODOLETZ: Hoppe-Seyler's Z. physiol. Chem. **86**, 315 (1913).

[4] MANN: Chem. Zbl. 1921 II, 533.

[5] BRINTZINGER, ROTHHAAR u. BEIER: Kolloid-Z. **66**, 183 (1934). — KRATZ: Ebenda **80**, 33 (1937). — Hersteller des Apparates: Schott & Gen., Jena.

schen; und zwar Erstarren einer Schmelze (Krystallisieren aus dem Schmelzfluß), Übergang aus dem amorphen in den krystallinischen Zustand usw. **Krystallisation im engeren Sinne:** Übergang vom gelösten in den festen (krystallinen) Zustand. Von dieser Art der Krystallisation wird bei der *Reinigung von Substanzen durch Umkrystallisieren sowie Umlösen* vor allem Gebrauch gemacht, indem eine Substanz gelöst und dann wieder zur Abscheidung gebracht wird. Dabei bleiben Verunreinigungen entweder in der Mutterlauge oder sie gehen in dem betreffenden Lösungsmittel gar nicht in Lösung.

Weiterhin gelingt es vielfach, durch Zusatz von Adsorptionsmitteln (Tierkohle usw.) gefärbte oder andere Verunreinigungen zu entfernen. Man macht beim Umkrystallisieren insbesondere von der Eigenschaft organischer Substanzen Gebrauch, daß dieselben in den meisten Lösungsmitteln in der Hitze leichter löslich sind als in der Kälte, und daher aus heiß gesättigten Lösungen beim Erkalten auskrystallisieren.

Allgemeiner Vorgang beim Umkrystallisieren. Die betreffende Substanz wird in einem geeigneten Lösungsmittel in der Wärme gelöst, durch eventuellen Zusatz eines Adsorptionsmittels von Verunreinigungen befreit und nach dem Filtrieren zum Auskrystallisieren gebracht; sodann werden die Krystalle von der Mutterlauge getrennt und gegebenenfalls getrocknet. Beim *Umlösen* ist der Vorgang analog, aber es unterbleibt das Erwärmen. Die Krystallabscheidung erfolgt dann auch nicht spontan, sondern mittels besonderer Methoden.

Wahl des Lösungsmittels, für das Umkrystallisieren von größter Bedeutung. Im folgenden einige allgemeine Grundsätze, die wegweisend sein können. Zusammenhänge zwischen der Konstitution eines Körpers und des Lösungsmittels: Kohlenwasserstoffe sind vor allem aus Petroläther, Benzol, Toluol oder deren Homologen umkrystallisierbar, hydroxylhaltige Verbindungen (einfache Zuckerarten, aliphatische und auch aromatische Oxysäuren, vielfach aber auch einfache Carbonsäuren) aus Wasser oder Alkohol, Säuren aus Eisessig (oder Ameisensäure) usw. — Im allgemeinen besitzen Äther, Chloroform und Benzol (sowie verwandte Lösungsmittel) ein sehr großes, Petroläther und Wasser ein geringeres Lösungsvermögen für organische Stoffe; Alkohol und Eisessig stehen etwa dazwischen. Die Löslichkeit in Homologen des betreffenden Lösungsmittels ist meist größer; so wird man vielfach statt Äthylalkohol mit einem höheren Alkohol zum Ziele kommen, oder statt Benzol mit Toluol oder Xylol (oder Tetralin, Hexalin usw.), statt Petroläther mit einer höher siedenden Fraktion

(Ligroin usw.). Die wichtigsten Lösungsmittel und deren Verwendbarkeit sind im folgenden angeführt:

Benzin. Man benützt bestimmte Fraktionen von *Petroläther* sowie *Ligroin* (vgl. auch S. 45), wobei zu beachten ist, daß allzu uneinheitliche Gemische störend sind. Für besondere Zwecke verwendet man die reinen Kohlenwasserstoffe: *Pentan* (Kp. 33—39°), Lösungsvermögen gering, verwendbar für niedrigschmelzende, niedrigmolekulare Stoffe. *Hexan* (Kp. 60—69°), Lösungsvermögen etwas größer. *Heptan* (Kp. bis 100°), Lösungsvermögen wesentlich höher.

Benzol (Kp. 80°), besonders für Kohlenwasserstoffe geeignet, ferner auch für Alkohole, Aldehyde, Ketone, Amine, Nitroverbindungen usw. — *Toluol* (Kp. 111°); Lösungsvermögen größer, im übrigen wie Benzol. — *Xylol* (Kp. um 136°, Gemisch der Isomeren), Lösungsvermögen noch höher als bei Benzol und Toluol.

Cyclohexan (Hexalin, Kp. 81°), an Stelle von Heptan verwendbar. — *Tetralin* (Kp. 207°) und *Dekalin* (Kp. 188°), Lösungsvermögen gut, aber nur für besondere Zwecke verwendbar.

Methanol (Kp. 65°), Lösungsvermögen wenig spezifisch, darin dem Wasser am nächsten stehend, mit den aliphatischen Kohlenwasserstoffen nur beschränkt mischbar. — *Äthanol* (Kp. 78°), für zahllose Substanzen brauchbar, völlig mischbar mit allen üblichen Lösungsmitteln. — *n-Propanol* (Kp 97°) und *Isopropanol* (Kp. 82°), wie Äthanol, aber Lösungsvermögen erhöht. — *n-Butanol* (Kp. 117°), Lösungsvermögen sehr hoch, bietet gute Krystallisationsfreudigkeit, mit Wasser nur wenig mischbar. — *Isoamylalkohol* (Kp. 128—132°, Gemisch), mit Wasser nur wenig mischbar.

Diäthyläther (Kp. 35°). Nur brauchbar für tiefschmelzende Substanzen, als Umkrystallisationsmittel daher wenig verwendbar. — *Dioxan* (Kp. 101°), unbegrenzt mischbar mit Wasser und zahlreichen organischen Lösungsmitteln, sehr brauchbar. — *Diisoamyläther* (Kp. 175°), Lösungsvermögen gut, wirkt vorzüglich krystallisationsfördernd. — *Anisol* (Kp. 154°), seltener verwendbar.

Eisessig (Kp. 118°); meist sehr gutes Lösungsvermögen, besonders für Carbonsäuren, ausgezeichneter Krystallisationsanreger. Greift in heißem Zustand Filtrierpapier an. — *Ameisensäure* (Kp. 101°). wird wenig verwendet.

Essigsäureäthylester (Kp. 77°), hohes Lösungsvermögen, sehr brauchbar auch in Mischung mit Petroläther u. a.

Aceton (Kp. 56°), Lösungsvermögen meist gut, mit Wasser unbegrenzt mischbar. — *Methyläthylketon* (Kp. 80°), höheres Lösungsvermögen. Beide nur für indifferente Substanzen brauchbar (Säuren wie Alkalien wirken verändernd).

Chloroform (Kp. 61°); hohes Lösungsvermögen, für schwer lösliche Halogensubstitutionsprodukte geeignet. — *Tetrachlorkohlenstoff* (Kp. 77°), Lösungsvermögen geringer. Beide sind nicht brennbar.

Schwefelkohlenstoff (Kp. 46°), Lösungsvermögen ähnlich wie Chloroform.

Pyridin (Kp. 116°), für manche Zwecke gut geeignet, auch in Mischung mit Wasser.

Nitrobenzol (Kp. 211⁰), für sehr schwer lösliche Stoffe vielfach geeignet.

Wasser. Für viele Zwecke gut geeignet, vor allem für Carbonsäuren, auch manche Aldehyde, Phenole, Aminoverbindungen.

Durch *Mischung von Lösungsmitteln* kann man vielfach ein Solvens erhalten, das gerade die zum Umkrystallisieren richtigen Eigenschaften besitzt. Zumeist arbeitet man aber dabei nicht von vornherein mit dem Gemisch, sondern löst zunächst in dem einen Lösungsmittel und versetzt erst zum Auskrystallisieren mit dem zweiten (vgl. S. 95).

Löslichkeitsproben. Unbedingt notwendig; zunächst ist durch Vorproben Löslichkeit und Krystallisationsvermögen der betreffenden Substanz in den verschiedenen Solvenzien festzustellen, etwa in folgender Reihenfolge: Wasser, sodann Äthylalkohol (eventuell Methylalkohol), Eisessig (eventuell Essigester), schließlich Chloroform (oder Tetrachlorkohlenstoff), Benzol und Petroläther. Erst sobald sich diese Lösungsmittel als ungeeignet erweisen, probiert man zunächst Mischungen sowie dann die sonstigen Lösungsmittel, und zwar zunächst die Homologen der obengenannten, und schließlich seltener verwendete Lösungsmittel, wie Dioxan, Pyridin, Phenole, Nitrobenzol, Aceton, Äther, Mineralsäuren (insbesondere Salzsäure), Methylal, Acetal u. a.

Lösungsmittel als Krystallverbindungen. Die verschiedenen Lösungsmittel treten sehr häufig beim Umkrystallisieren in die sich abscheidenden Krystalle ein. Außer Substanzen mit Krystallwasser wurden daher auch solche mit Krystallalkohol, -Äther, -Aceton, -Hexan, -Chloroform, -Tetrachlorkohlenstoff, -Essigsäure, -Benzol, -Toluol, -Pyridin usw. beobachtet[1].

Chemische Indifferenz der Lösungsmittel von großer Wichtigkeit. Beim Umkrystallisieren aus Alkoholen kann Esterifizierung von Säuren stattfinden, oder Austausch von Alkylresten (Umesterung), ferner auch Ersatz von Acetylresten durch Alkylreste usw. Basische Stoffe dürfen nicht aus Chloroform umkrystallisiert werden, da sie dasselbe beim Kochen zerlegen oder auch selbst Zersetzung erleiden können (vgl. auch S. 44).

Als *Reinheitskriterium für die umkrystallisierte Substanz* gilt in der Regel deren Schmelzpunkt. Man wird daher so lange umzukrystallisieren haben, bis der Schmelzpunkt konstant ist, bis also die direkt auskrystallisierende Substanz den gleichen Schmelzpunkt besitzt, wie die durch Einengen der Mutterlauge erhaltenen Krystalle. Vielfach ergibt sich jedoch erst beim Wechsel des Lösungsmittels oder Änderung der Umkrystallisierungsmethode eine weitere Er-

---

[1] Vgl. die Zusammenstellung und Literaturangaben bei H. MEYER; Analyse und Konstitutionsermittlung organischer Verbindungen, 6. Aufl. Wien: Springer 1938.

höhung des Schmelzpunktes. Manchmal muß überhaupt eine ganz andere Reinigungsoperation angewendet werden (Destillation, Sublimation oder Chromatographie).

2. Die Einzeloperationen des Umkrystallisierens.

a) Allgemeine Reinigungsmethoden, Entfernung von Verunreinigungen, Entfärbungsmittel usw.[1].

Gefärbte Verunreinigungen (von meist gelber bis brauner Farbe) gehen häufig beim Umkrystallisieren nicht in die Mutterlauge, sondern haften an den Krystallen. Entfernung derselben mittels besonderer Methoden. (Falls diese nicht zum Ziele führen und die Substanz dazu geeignet ist, wird man jedoch lieber die Reinigung durch Sublimation oder Destillation vornehmen, wodurch man zumeist rascher Erfolg hat.)

α) **Entfärbung durch Adsorptionsmittel.** Dieselben werden zu der betreffenden Lösung zugesetzt und nach eventuellem Aufkochen abfiltriert. Das Adsorptionsmittel nimmt dabei die Verunreinigungen auf. Man sucht mit einem Minimum an Adsorptionsmittel zu arbeiten, da durch dasselbe auch die zu reinigende Substanz adsorbiert werden kann, wodurch manchmal große Verluste eintreten können. Verwendung von *Tierkohle* (Wirksamkeit derselben durch die verwendeten Sorten bedingt); Entfärbung nicht immer erzielbar; dies ist vielfach auch vom Lösungsmittel abhängig. Das Adsorptionsvermögen in den einzelnen Lösungsmitteln nimmt in folgender Reihe ab: Wasser > Äthylalkohol > Methylalkohol > Essigester > Aceton > Chloroform.

Vielfach gehen die feinsten Teilchen der Kohle durchs Filter (insbesondere bei Wasser und anderen hydroxylhaltigen Lösungsmitteln); dies merkt man oft gar nicht an der filtrierten Lösung, sondern erst an der Färbung der Krystalle. Abhilfe durch Wahl einer dichteren Filtrierpapiersorte oder nochmaliges Filtrieren durch dasselbe Filter (dessen Poren sich allmählich verstopfen). Empfehlenswert ist auf jeden Fall, die erhaltenen Krystalle nochmals (nach Möglichkeit aus einem hydroxylfreien Lösungsmittel) ohne Tierkohle umzukrystallisieren; dies ist unbedingt dann notwendig, wenn die betreffende Substanz der C-H-Bestimmung unterzogen werden soll. Ferner ist zu beachten, daß Tierkohle vielfach eine chemische Veränderung von Substanzen verursacht; so dürfen leicht oxydable Stoffe nicht mit Tierkohle entfärbt werden; insbesondere Erwärmen wird dann zu vermeiden sein. Übrigens ist die Adsorption zumeist wenig von der Temperatur abhängig; manchmal erzielt man auch bessere Entfärbung, wenn man die betreffende Lösung bei gewöhnlicher Temperatur langsam durch ein Kohlefilter hindurchsaugt.

---

[1] Vgl. die Zusammenstellung und Literaturangaben bei H. MEYER: Analyse und Konstitutionsermittlung organischer Verbindungen, 6. Aufl. Wien: Springer 1938.

Sonstige Adsorptionsmittel. Fullererde (Bleicherde, ein Aluminium-Magnesium-hydro-Silicat)[1], Kieselgur (Infusorienerde, fast reines Siliciumdioxyd, besonders geeignet zur Bindung feiner fester wie öliger Trübungen), Silicagel (hydratisierte Kieselsäure), Bolus alba (weißer Ton, hauptsächlich bestehend aus Aluminiumoxyd), Talkum (Magnesiumhydrosilicat). Für diese gelten im allgemeinen die gleichen Gesetzmäßigkeiten wie für Tierkohle.

β) **Klärungsmethoden. Ausfällung von Verunreinigungen.** Fällungsmittel, insbesondere zur Klärung von *trüben Lösungen;* zugleich findet vielfach auch Entfärbung statt. Zwei Methoden: Entweder setzt man zu der zu klärenden Lösung Bolus alba, kolloidale Tonerde, Talkum, Kieselgur usw. zu (eventuell auch zugleich fein gerissene Papierschnitzel) und schüttelt eine Zeitlang oder kocht auf und läßt dann absitzen. Im anderen Fall erzeugt man eine Fällung in der betreffenden Lösung; und zwar enthält diese entweder selbst fällbare Stoffe (man versetzt dann mit neutralem oder basischem Bleiacetat oder auch mit Quecksilbersalzen usw.) oder man setzt erst Bleiacetat oder Bariumchlorid usw. zu und fällt dann mit Sodalösung (oder Aluminiumsulfat mit Barytwasser); zugleich mit dem erzeugten Niederschlag werden dabei krystallisationsstörende Verunreinigungen mitgerissen.

γ) **Entfärbung durch Zerstörung der Verunreinigungen,** nur anwendbar, wenn nicht die zu reinigende Substanz zugleich angegriffen wird. *Oxydationsmittel* zum Entfärben von Lösungen: Kaliumpermanganat, in einzelnen Fällen auch Salpetersäure, Chlorkalk, Chlordioxyd, Wasserstoffsuperoxyd u. a. — *Reduktionsmittel:* Schweflige Säure (vor allem in der Technik) sowie unterschweflige Säure und Salze derselben, ferner Aluminiumamalgam und andere. — *Kondensationsmittel* usw. (zur Entfernung von reaktionsfähigen Verunreinigungen oder zur Verharzung oder Verkohlung derselben): Maleinsäureanhydrid (zur Entfernung störender Beimengungen dienartiger Natur), Aluminiumchlorid, Chlorzink, konzentrierte Schwefelsäure, Thionylchlorid, Chlorschwefel u. a.

b) Lösen und Filtrieren.

α) **Umkrystallisieren größerer Mengen.** Die Substanz wird im betreffenden Lösungsmittel in einem Kolben in der Wärme gelöst (beim *Umlösen* ohne Erwärmen), am besten unter allmählichem

---

[1] Z. B. Frankonit der Pfirschinger Mineralwerke Gebr. Wildhagen & Falk; Claritsorten der Süd-Chemie A. G., München.

Zusatz des betreffenden Lösungsmittels, und bei niedrig siedenden Solvenzien unter Anwendung eines Rückflußkühlers (vgl. S. 19); sodann gießt man die Lösung durch ein Faltenfilter, das mit dem Lösungsmittel angefeuchtet wurde, und das sich in einem Trichter mit ganz kurzem Hals befindet; sehr wichtig ist die Wahl eines geeigneten, rasch filtrierenden Papiers. Zur Filtration größerer Flüssigkeitsmengen benützt man dabei Spitzfilter oder Beutelfilter aus passendem Filtertuch, die vorteilhafterweise in gelochte Spitzsiebe aus Porzellan eingesetzt werden (vgl. dazu S. 63). Adsorptionsmittel erst zusetzen, sobald die ganze Substanz in Lösung gegangen ist; bei unlöslichen Rückständen ist zunächst von diesen abzufiltrieren.

Bei *schwer löslichen Substanzen* verwendet man eine Heizvorrichtung für den Trichter, um das sehr lästige Auskrystallisieren der Substanz im Filter oder aber die Anwendung größerer Mengen Lösungsmittel zu vermeiden. *Heizvorrichtungen:* Warmwassertrichter, Dampftrichter oder elektrisch heizbare Trichter. Ein sauberes und einfaches Arbeiten ermöglicht die Benützung des *Dampftrichters* (Abb. 44), der zweifellos dem Warmwassertrichter vorzuziehen ist. In den aus Metall hergestellten Mantel wird dabei ein Glastrichter mit kurzem Hals eingesetzt. Heizung des Trichters mittels eines kleinen Dampfentwicklers (vgl. S. 148); der abgehende Dampf wird am einfachsten durch Einleiten in kaltes Wasser, das leicht erneuert werden kann, oder mittels eines Liebig-Kühlers kondensiert. — Beim Umkrystallisieren aus Wasser kann in

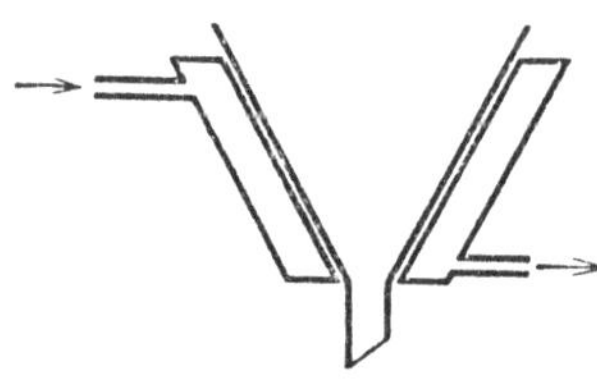

Abb. 44. Dampftrichter.

zweckmäßiger Weise auch unter Benützung eines Dampftrockenschrankes oder Dampftopfes filtriert werden, in den der Trichter samt Auffanggefäß gestellt wird.

Eine Vorrichtung zur Heißfiltration bei verschiedenen Temperaturen hat PAUL[1] beschrieben. Der in einem Siedegefäß entwickelte Dampf einer beliebigen Heizflüssigkeit wird durch eine trichterförmig gestaltete Spirale geleitet, in die der Trichter eingesetzt wird, und gelangt nach der Kondensation wieder in den Kolben zurück (vgl. Original).

β) **Umkrystallisieren kleiner Mengen.** Die Substanz wird in einem Proberöhrchen oder in einem Mikrogefäß gelöst[2] (Abb. 45 a).

---

[1] PAUL: Ber. dtsch. chem. Ges. **25**, 2209 (1892).
[2] PREGL: Mikroanalyse. 3. Aufl., S. 243. Berlin: Springer. 1930.

Wir verwenden einen Satz derartiger Gefäße von verschiedener Größe (und zwar breitere Gefäße mit 3—6 ccm Gesamtinhalt, und engere Gefäße mit 2 und 1 ccm Inhalt). Hinzufügen des Lösungsmittels stets tropfenweise mittels eines an einem Ende verengten Glasröhrchens (Tropfrohr). Erhitzen mit einem Mikrobrenner (oder mit der Sparflamme eines Bunsenbrenners); dabei wird die Flüssigkeit mit einem kleinen Glasquirl (ein dünner Glasstab, am Ende etwas abgebogen und breit gedrückt) (Abb. 45b) dauernd gerührt. Filtration nach PREGL (a. a. O.) durch einen Mikrotrichter (Abb. 45c), mit kugeliger Erweiterung für die Aufnahme von Watte oder Asbest als Filtermasse. In diesem Falle arbeitet man in größerer Verdünnung, um ein Auskrystallisieren der Substanz im Trichter zu vermeiden. Auch die Verwendung einer ganz kleinen Glassinternutsche von 1—2 ccm Inhalt kann für viele Zwecke empfohlen werden. Zum Umkrystallisieren in konzentrierter Lösung haben wir mit einem mit Glasmantel versehenen Mikrotrichter (Abb. 45d) die besten Erfahrungen gemacht.

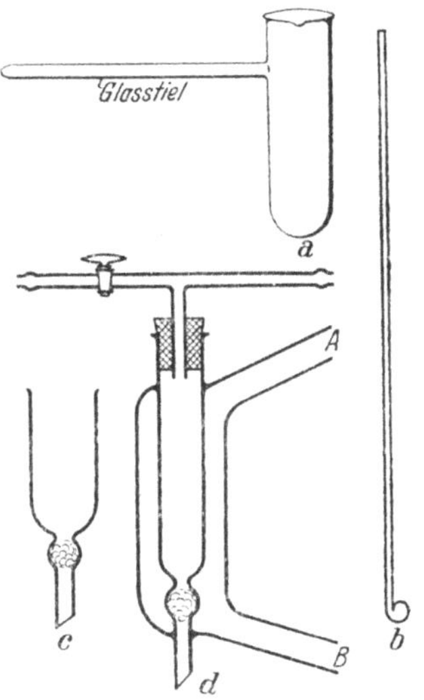

Abb. 45. Geräte zum Mikroumkrystallisieren. M = 1:2. *A* führt weiter, dann senkrecht nach oben und trägt einen kleinen N.-Schl. (Außenkonus Nr. 0) für den Kühler; *B* führt weiter, dann senkrecht nach unten und trägt einen kleinen N.-Schl. (Innenkonus Nr. 0) für das Siedekölbchen.

Durch den Mantel wird der Dampf jenes Lösungsmittels geleitet, aus dem umkrystallisiert wird, indem an den Apparat ein kleiner Siedekolben sowie ein Rückflußkühler angeschlossen werden. — Falls die Lösung schwer abläuft, kann man durch Anwendung von Druck die Filtration wesentlich beschleunigen. Zu diesem Zwecke wird das Filtriergefäß mit einem Gummistöpsel mit Einleitungsrohr und Entlüftungshahn versehen. Das Einleitungsrohr wird mit einer Druckpumpe oder einer Bombe verbunden (zumeist reicht es aus, wenn der Druck mit dem Munde erzeugt wird). — Auch größere Modelle haben sich bestens bewährt.

Sehr einfach und zweckmäßig ist die Anordnung von BLOUNT[1], die aus Abb. 46 ersichtlich ist. Dabei wird lediglich ein kleiner Glasfiltertiegel unter einem Kühler angebracht. Das Lösen, Fil-

---

[1] BLOUNT, B. K.: Mikrochem. 19 (1936).

trieren und Auskrystallisieren findet dabei im gleichen Apparat statt. Nach Pfeil[1] können für den gleichen Zweck natürlich auch andere Mikroextraktoren (vgl. dazu S. 78) verwendet werden.

c) Auskrystallisieren.

α) Krystallisation aus heiß gesättigter Lösung. Die Substanz krystallisiert aus dem Filtrat beim allmählichen Erkalten desselben. Maßnahmen für das Krystallisieren übersättigter Lösungen: Abkühlen auf tiefere Temperatur durch Einstellen in Eis oder in eine Kältemischung oder in einen Kühlschrank usw. (vgl. S. 16 u. 17). Bei hitzeempfindlichen oder tiefschmelzenden Substanzen wird bei Raumtemperatur eine gesättigte Lösung hergestellt, die man durch starke Unterkühlung zur Krystallisation bringt (insbesondere bei Verwendung von Petroläther als Lösungsmittel). Abgesaugt wird dann auch in der Kälte, vgl. S. 102. Einleiten der Krystallisation durch Kratzen der Gefäßwände mit einem Glasstab; Impfen mit Krystallen der betreffenden Substanz; die Impfkrystalle werden dabei am besten in die noch nicht ganz erkaltete Lösung unter Kratzen mit einem Glasstab eingetragen.

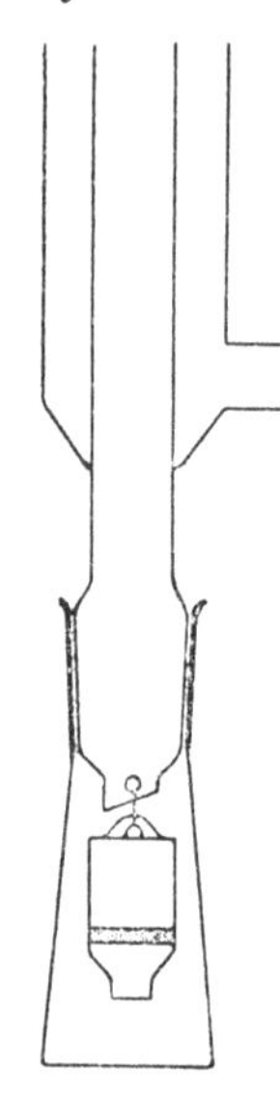

Abb. 46.
Gerät zum Mikroumkrystallisieren.

Es ist daher ratsam, von der umzukrystallisierenden Substanz stets einige Kryställchen zu diesem Zwecke zurückzubehalten. Sehr träge krystallisierende Substanzen stellt man an einen kühlen Ort (am besten in den Kühlschrank); die Krystallisation ist vielfach erst nach einigen Tagen, manchmal sogar erst nach Wochen beendet.

Niedrig schmelzende Substanzen läßt man mit besonderer Vorsicht auskrystallisieren, um ölige Abscheidung zu vermeiden; dabei muß für sehr allmähliche Abkühlung gesorgt werden, am besten, indem man das betreffende Gefäß in einem Bad von einer der Lösung entsprechenden Temperatur allmählich erkalten läßt.

Die Krystalle sollen weder zu fein noch zu grob sein; im ersten Falle besteht die Gefahr, daß Lösungsmittel oder Verunreinigungen infolge der großen Oberfläche adsorbiert sein können, im zweiten Fall schließen die Krystalle vielfach Lösungsmittel und damit Verunreinigungen ein. Es ist daher die Erzielung von Krystallen mittlerer Größe anzustreben. Die Gewinnung gut ausgebildeter Krystalle ist auch für die Untersuchung der Krystallform (mittels Lupe oder Mikroskop) von Wichtigkeit, da dies vielfach ein wichtiges Kriterium für organische Substanzen vorstellt.

---

[1] Pfeil: Angew. Chem. **54**, 161 (1941).

β) **Krystallisation durch Abdunsten oder Verdampfen des Lösungsmittels.** Anwendung, wenn die Lösung nicht genügend konzentriert ist und auf andere Weise keine Krystallisation erzielt werden kann. Dies ist beim *Umlösen von Substanzen* die Regel. Vorgang wie später beschrieben (vgl. S. 138ff.), indem man insbesondere über Absorptionsmitteln im Vakuum verdunsten läßt oder nach einer der üblichen Methoden verdampft (vgl. S. 138ff.). Die Operation darf nicht bis zu Ende durchgeführt werden, da die Verunreinigungen in der Mutterlauge zurückbleiben sollen.

γ) **Krystallisation durch Zusatz anderer Lösungsmittel** (vgl. auch S. 89). Substanz in einem Solvens von größerem Lösungsvermögen gelöst und filtriert; Filtrat (zumeist in noch heißem Zustand) mit einem Lösungsmittel versetzt, in dem die Substanz schwer löslich ist, so daß deren Löslichkeit im ersten Solvens herabgemindert wird. Zusatz von so viel Lösungsmittel, daß in der Hitze höchstens eine schwache Trübung entsteht; erst beim Erkalten soll Krystallisation stattfinden; Zusatz zu großer Mengen Fällungsmittel ist zu vermeiden, da sonst häufig Abscheidung in öligem oder schmierigem Zustand stattfindet. — Diese Art der Krystallabscheidung kann vielfach auch beim Umlösen einer Substanz angewendet werden.

Hat man eine Substanz in Alkohol, Eisessig oder Aceton gelöst, so setzt man meist Wasser zu; bei Salzen organischer Säuren ist der Vorgang umgekehrt. Man löst in Wasser und versetzt mit Alkohol (oder auch Aceton). Zur Lösung einer Substanz in Äther, Essigester, Aceton, Benzol oder Chloroform setzt man am besten Petroläther zu. Pyridinlösungen kann man mit Wasser, Äther oder Alkohol versetzen. Weiterhin kommen auch folgende Mischungen in Betracht: Benzol-Chloroform, Benzol-Pyridin, Aceton-Benzol, Aceton-Chloroform, Alkohol-Chloroform, Alkohol-Äther, Pyridin-Toluol, Chloroform-Essigester und viele andere.

Vielfach muß zugleich auch von der Abdunstungsmethode Gebrauch gemacht werden, indem die Mischung über ein Absorptionsmittel gestellt wird, das das Solvens mit dem größeren Lösungsvermögen aufnimmt. So kann z. B. aus einem Alkohol-Wasser-Gemisch der Alkohol leichter entfernt werden (z. B. im Vakuum), worauf sodann Krystallisation einsetzt. Oder man entfernt aus einer wäßrigen Lösung Ammoniak oder auch Salzsäure, die eine stärkere Löslichkeit bedingen können, durch Aufbewahren über einem geeigneten Absorptionsmittel (Schwefelsäure einerseits und Ätzkali andererseits). In anderen Fällen kann man das störende Lösungsmittel auch durch Ausschütteln mit einem geeigneten anderen Lösungsmittel entfernen so z. B. den Alkohol aus einer Alkohol-Äther-Mischung oder aus einer Alkohol-Chloroform-Mischung mittels Wasser.

δ) **Krystallisation durch Aussalzen.** Die Löslichkeit der abzuscheidenden Substanz (vor allem in Wasser) kann auch durch

Zusatz von anorganischen Salzen verringert werden. Hiervon macht man seltener zur Abscheidung von Krystallen, vielfach aber bei der Gewinnung von nichtkrystallisierten Substanzen Gebrauch (ebenfalls beim Ausschütteln, vgl. S. 74). Abscheidung von Seifen, verschiedenen Farbstoffen und Sulfosäuren, Eiweißkörpern usw. Man verwendet zum Aussalzen NaCl, Na_2SO_4, K_2CO_3, $CaCl_2$, $(NH_4)_2SO_4$ u. a. Man setzt dabei entweder eine konzentrierte Salzlösung zu oder aber das Salz in fester Form.

ε) **Umfällen von Substanzen,** insbesondere bei amorphen Körpern: Lösen in einem Solvens und Ausfällen durch ein anderes. Auch dann anzuwenden, wenn eine Substanz wegen zu großer Zersetzlichkeit nicht unter Erwärmen gelöst werden darf (also beim Umlösen); man bereitet dann eine kalt gesättigte Lösung und fällt mit einem geeigneten Lösungsmittel (falls nicht Krystallisation durch starke Unterkühlung oder nach Punkt β oder γ erzielbar ist). Säuren oder Basen werden in Alkalien (insbesondere Ammoniak) bzw. Säuren (Salzsäure, Essigsäure usw.) gelöst und nach dem Entfärben und Filtrieren durch Zusatz von Säure bzw. Alkali wieder abgeschieden.

ζ) **Krystallisation öliger (sowie schmieriger und harzartiger) Substanzen.** Naturgemäß ist es nicht möglich, in allen diesen Fällen stets zu krystallisierten Körpern zu gelangen; in erster Linie darf man nicht die Geduld verlieren, da manchmal derartige Substanzen erst beim längeren Stehen krystallisieren oder erstarren.

Methoden zur Beschleunigung dieses Prozesses: Bei Ölgemischen (die durch fraktionierte Destillation nicht weiter getrennt werden können) wird man versuchen, durch Abkühlung Krystallisation zu erzielen, indem man die einzelnen Fraktionen längere Zeit bei tieferer Temperatur aufbewahrt; vielfach ist es von Vorteil, dieselben zu diesem Zweck in einem geeigneten Lösungsmittel (Petroläther u. a.) zu lösen, da besonders bei Temperaturen unter — 40° viele Substanzen nur glasig werden und dann nicht krystallisieren können. Weiterhin kann man versuchen, durch Behandlung mit einem Lösungsmittel (in der Kälte oder in der Hitze) einen Anteil in Lösung zu bringen, woraufhin dann vielfach entweder der zurückbleibende oder der gelöste Anteil krystallisiert, da nun das Mischungsverhältnis verändert ist. Als Lösungsmittel kommt dabei z. B. manchmal Wasser in Betracht, das mit kleinen Mengen anderer Lösungsmittel versetzt ist (z. B. Alkohol, Äther, manchmal auch Ammoniak, Säuren usw.). Ferner ist es oft zweckmäßig, eine ölige Substanz in einem Lösungsmittel zu lösen und ein zweites zuzusetzen, in dem dieselbe schwer löslich ist, und dann stehen zu lassen, sobald eine schwache Trübung entsteht. Weiterhin bewährt sich vielfach, das Öl in Äther usw. zu lösen und nun im Vakuum verdünsten zu lassen;

durch die starke Abkühlung tritt dann oft Krystallisation ein (vgl.
S. 17). Bei schmierigen oder harzartigen Substanzen gelingt es
manchmal, durch Verreiben mit einem Lösungsmittel (insbesondere
Methylalkohol oder Petroläther) Krystallisation zu erzielen. Aus
derartigen Substanzen kann man ferner vielfach durch Sublimation
(besonders im Vakuum) in bequemer Weise krystallisierte Substanzen
gewinnen.

Vor allem aber kommt es häufig durch längeres Verweilen von
Reaktionsgemischen, Mutterlaugen, öligen oder sirupösen Eindampf-
rückständen usw. im Kühlschrank (in Wochen bis Monaten) zur erst-
maligen Krystallisation von Substanzen, um deren Abscheidung man
sich vielfach in langwierigen Versuchen vergebens bemüht hatte.

η) **Reinigung von Substanzen durch Überführung in Derivate.**
Dies ist manchmal die einzige Methode, krystallisierte Produkte zu
erhalten. Darstellung solcher Derivate, aus denen der Ausgangskörper leicht und ohne wesentliche Verluste wiedergewinnbar ist.
Das betreffende Derivat wird in üblicher Weise so lange umkrystallisiert, bis es genügend rein ist, und sodann aus demselben der auf diese Weise gereinigte Ausgangskörper gewonnen.

Diese Methode ist vielfach dann anzuwenden, wenn die Ausgangs-
substanz leicht zersetzlich ist und daher direkt nicht gereinigt werden
kann, oder wenn die sonstigen Eigenschaften (wie Löslichkeit usw.)
eine direkte Reinigung nicht gestatten; ferner ist von Wichtigkeit,
daß auf diese Weise auch flüssige Stoffe (z. B. Aldehyde oder Kohlenwasserstoffe usw.) aus Substanzgemischen isoliert und gereinigt
werden können, indem sie in krystallisierte Derivate übergeführt
werden. — Säuren kann man über ihre Salze oder Ester reinigen,
Alkohole oder überhaupt OH-haltige Substanzen über ihre Acetyl-
oder Benzoylderivate. Basen können als Chloroplatinate oder
Aurochlorate abgeschieden werden, ferner als Quecksilbersalze,
weiterhin mittels Phosphorwolframsäure oder als Pikrate oder
Oxalate usw.; nach dem Umkrystallisieren derselben wird durch
Alkali in der Regel leicht wieder die ursprüngliche Base in nun reinem
Zustand regeneriert. Aldehyde und Ketone können als schwer-
lösliche Bisulfitverbindungen abgeschieden und nach der Reinigung
mittels Soda regeneriert werden. Aromatische Kohlenwasserstoffe und Phenole (ferner auch Lactone, Aldehyde und Ketone
der aromatischen Reihe) können als Additionsprodukte mit aromatischen Nitroverbindungen (insbesondere Pikrinsäure oder Styphnin-
säure) abgeschieden und nach dem Umkrystallisieren durch Alkali
(besonders durch wäßriges Ammoniak) wieder regeneriert werden.

3. Trennung der festen Substanzen von der Mutterlauge.

Je nach der Menge und nach der Art der Substanz wählt man
eine jeweils geeignete Methode. In der Regel wird man durch Absaugen zum Ziel kommen, insbesondere dann, wenn es sich um gut
krystallisierte Substanzen handelt.

a) Absaugen.

α) Allgemeiner Vorgang. Benützung einer Wasserstrahlpumpe; falls ein schwächeres Vakuum erwünscht ist, so stellt man dasselbe mit Hilfe eines Entlüftungshahnes ein (vgl. S. 28). *Absaugvorrichtungen:* Zwei prinzipiell verschiedene Formen, und zwar entweder trichterförmige Gefäße, die eine Filtrierplatte besitzen (Nutschen), auf die die abzusaugende Substanz gebracht wird; diese Saugtrichter werden auf einen Saugkolben aufgesetzt, in dem das Filtrat aufgefangen wird. Zweiter Fall: „Umgekehrte Filtration", der filtrierende Teil der Apparatur (PUKALL-Filter, Saugstäbchen usw.) wird in die abzusaugende Masse bzw. Flüssigkeit eingesenkt und das Filtrat in ein zweites Gefäß hineingesaugt. Die erstgenannte Art des Absaugens wird zumeist angewendet, die zweite Art nur für spezielle Zwecke.

Absaugvorgang. Größe der Absaugvorrichtung nicht proportional dem Volumen der Flüssigkeit, sondern der Menge der abzusaugenden Krystalle. Wird mit Filtrierpapier gearbeitet (also bei Gefäßen der erstgenannten Art), so feuchtet man dasselbe mit dem zu verwendenden Lösungsmittel an und saugt es fest, so daß es gut anliegt und bringt die abzusaugende Masse darauf. Die abgesaugte Substanz wird zweckmäßigerweise mittels eines geeigneten Gerätes (flacher Glasstöpsel oder breitgedrückter Glasstab usw.) festgepreßt, um möglichst viel Mutterlauge zu entfernen. Im Filterkuchen entstehende Risse sind stets glattzustreichen.

Das *Auswaschen* der Krystallmasse ist von wesentlicher Bedeutung, da auf diese Weise die Mutterlauge mit den in derselben vorhandenen Verunreinigungen entfernt wird; man verwendet dazu in der Regel dasselbe Lösungsmittel, aus dem umkrystallisiert wurde; bei leichtlöslichen Substanzen kann man das Lösungsvermögen des Solvens durch Vorkühlen oder Zusatz eines geeigneten anderen Lösungsmittels herabsetzen.

Auswaschvorgang. Die abgesaugte Krystallmasse wird ohne zu saugen mit dem betreffenden Lösungsmittel gut durchfeuchtet; erst dann saugt man wieder ab, und wiederholt diese Operation je nach Bedarf mehrmals. Falls das Filter viele Verunreinigungen aufgenommen hat, entfernt man am besten dasselbe und setzt ein neues ein. Falls die Substanz sehr fein krystallinisch ist und sich daher nicht gut auswaschen läßt, ist es zweckmäßig, die ganze Masse in einer Schale mit dem Lösungsmittel gut zu verreiben oder auch gegebenenfalls in einer Flasche zu schütteln und dann wieder abzusaugen. Geräte zum Auswaschen: Spritzflaschen[1] (bei kleinen Substanzmengen Tropfrohre), zum kontinuierlichen Auswaschen besondere Vorrichtungen, und zwar verwendet man entweder eine

---

[1] Sehr zweckmäßig erscheint ein Modell mit Glaskugelverschlüssen (wie man sie auch für Büretten verwendet), das man sich in sinngemäßer Weise leicht selbst herstellen kann.

MARIOTTEsche Flasche oder Vorrichtungen, die auf demselben oder einem ähnlichen Prinzip beruhen. — Falls eine Substanz in dem betreffenden Lösungsmittel zu leicht löslich ist, kann das Auswaschen mittels eines durch Versprühen des Lösungsmittels erzeugten Nebels vorgenommen werden (vgl. auch Auswaschen in der Siebzentrifuge, S. 103).

Weitere *Verarbeitung der Mutterlaugen:* Verdampfen des Lösungsmittels oder Zusatz anderer Lösungsmittel, die eine weitere Krystallisation oder Fällung bewirken (vgl. auch fraktionierte Krystallisation, S. 107).

β) **Absaugen größerer Substanzmengen.** *Saugtöpfe* bestehen entweder aus einem perforierten Porzellanstück, das auf ein Glasgefäß aufgesetzt wird, oder sie sind ganz aus gebranntem Ton hergestellt (vgl. dazu Abb. 47).

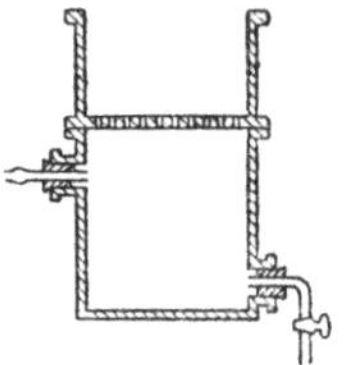

Der obere Tubus dient zum Evakuieren, der untere zum Entleeren des Filtrats, ohne daß dabei eine wesentliche Störung des Prozesses bewirkt wird. Ober- und Unterteil des Gerätes werden durch Schliff-Flächen abgedichtet. Anwendung der Saugtöpfe für größere Substanzmengen (z. B. einige Kilogramm).

Abb. 47. Saugtopf.

Große Steingutnutschen enthalten als Filtermaterial meist Filtersteine, die in den Oberteil der Nutsche eingesetzt werden (Vergießen der Fugen zwischen Nutschenwand und Filterstein mit geschmolzenem Schwefel oder Abdichten durch Einpressen von Bleiwolle, Asbestschnur od. dgl.). Die Filterplatten bestehen aus Porzellan, Ton, Schamotte, Quarz, Kieselgur, Kohle oder Graphit von bestimmter Körnung, durch ein Bindemittel miteinander vereinigt; die mit dem Filtergut in Berührung kommende Oberschicht der Platte ist engporig und glatt.

Das Absaugen kleinerer Substanzmengen erfolgt mittels der bekannten BÜCHNER-Trichter (Porzellannutschen mit perforierter Platte) unter Anwendung eines passenden kreisrunden Filtrierpapiers; sie werden auf einen Saugkolben mittels eines Gummistöpsels oder einer konischen Gummimanschette aufgesetzt. Zweckmäßig sind die mit Hahn versehenen Saugkolben (so bei schäumenden Mutterlaugen oder bei leicht flüchtigen Lösungsmitteln, da sie in einfacher Weise ein Absperren ermöglichen, ohne den Prozeß zu unterbrechen. Falls nur eine geringe Menge Filtrat aufzufangen ist, benützt man ein Saugreagenzglas oder auch ein gewöhnliches Proberöhrchen, das man in einen Saugkolben hineinstellt. Statt einer BÜCHNERschen Nutsche kann man auch einen gewöhnlichen Glastrichter verwenden, in den eine WITTsche *Filterplatte* (perforierte Porzellanplatte) eingesetzt wird. Sehr brauchbar sind auch die Schlitztrichter aus Jenaer Glas. Ein bequemes Arbeiten gestatten insbesondere die SCHOTTschen *Sinterglas-*

7*

nutschen, bei denen kein Filtrierpapier gebraucht wird; daher insbesondere zum Absaugen von Substanzen bzw. Mutterlaugen, die Filtrierpapier angreifen, anzuwenden; mit verschiedener Porenweite im Handel (vgl. Abb. 48)[1].

Zu beachten ist, daß mit denselben keine unlöslichen (und zugleich sehr feinen) Substanzen abgesaugt werden dürfen, da sich sonst die Poren so verstopfen, daß die Geräte erst einer gründlichen Reinigung unterzogen werden müssen[2]. Im übrigen kann man zum Absaugen von Stoffen, die Filtrierpapier angreifen, auch Trichter benützen, die als Filtermasse mit einem Bausch Glaswolle oder Asbest versehen werden. Man verwendet dazu insbesondere Trichter, deren Hals beim Ansatz an den trichterförmigen Teil erweitert ist (Kropftrichter).

Abb. 48.
Glasfilter-
nutsche.

Soll die Mutterlauge sofort weiterverarbeitet werden, so verwendet man zum Auffangen Bechergläser, die in einen Filtrierapparat nach WITT gestellt werden (Abb. 49). Statt dieses empfiehlt PRAUSSNITZ[3] ein mit Gummi gedichtetes Gerät. Auch verschiedene andere Vakuumgeräte sind dazu geeignet: z. B. die BRÜHLsche Vorlage oder ähnliche Apparate (vgl. S. 129) oder Vakuumverdampfungsgefäße (vgl. S. 143); für kleine Mengen benützen wir den Deckel des in Abb. 87 wiedergegebenen Gerätes, aufgesetzt auf eine geschliffene Glasplatte zur Aufnahme kleiner Bechergläser oder Krystallisierschalen.

Zur selbsttätigen Filtration unter vermindertem Druck und ebenso zum automatischen Auswaschen benützt man ein von KAPSEN-

---

[1] Bei der Bezeichnung der Jenaer Glasfiltergeräte ist zu beachten, daß die erste Zahl die Form und Größe des Gerätes angibt, der Buchstabe die Glasart (G = Jenaer Geräteglas 20, D = Jenaer Duranglas usw.). Die zweite Zahl bezeichnet die Körnung der Filterplatte, und zwar:

00 und 0 (mittlere Porenweite 150—500 µ) zur groben Gasverteilung in Flüssigkeiten.

1 (90—150 µ) zur Filtration ganz grober Niederschläge, Gasverteilung in Flüssigkeiten, grobkörniges Material in Extraktionsapparaten.

2 (40—90 µ) zum präparativen Arbeiten (Absaugen von Krystallen).

3 (15—40 µ) wie zuvor, ferner für analytische Arbeiten, Gasverteilung, für Extraktionsapparate.

4 (5—15 µ) für analytische Arbeiten.

5 und höher ($<$ 1,5 µ) zur Bakterienfiltration.

[2] Manchmal genügt schon Rückspülung an der Wasserleitung. Chemische Reinigung bei organischen Stoffen mittels heißer Schwefelsäure, Salzsäure oder mit Ammoniak. — HAWLEY (Analyst **65** [1940]) empfiehlt zur Reinigung von Jenaer Gasfiltern, die nach längerem Gebrauch infolge der Verstopfung der Poren langsamer arbeiten, einige Augenblicke etwas 4proz. Fluorwasserstoffsäure durchzusaugen und sie anschließend gründlich auszuwaschen.

[3] PRAUSSNITZ: Chem. Fabrik **7**, 191 (1934).

BERG[1] beschriebenes Gerät; dasselbe ist auch mit einem Probenehmer versehen, der vor allem zur Prüfung des Auswaschungsprozesses dient.

γ) Absaugen kleiner Substanzmengen. *Absaugen von Dezigrammen Substanz.* Entweder kleine Porzellantrichter mit perforiertem Boden oder besser kleine Trichter mit Sinterglasplatte

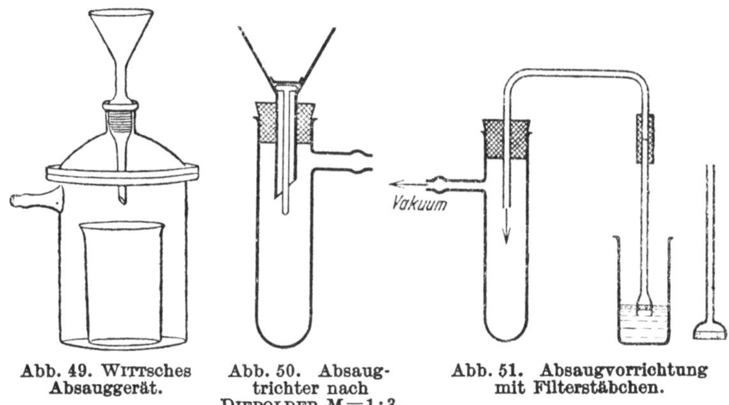

Abb. 49. WITTsches Absauggerät.

Abb. 50. Absaugtrichter nach DIEPOLDER. M = 1 : 3.

Abb. 51. Absaugvorrichtung mit Filterstäbchen.

von 1—2 ccm Fassungsvermögen (Schott & Gen., Jena); nach DIEPOLDER[2] verwendet man als Filtrierunterlage einen breitgedrückten dünnen Glasstab (mit einer Scheibe von etwa 0,5 bis 1 cm Durchmesser), der in einen gewöhnlichen Trichter eingesetzt wird (Abb. 50).

Zur Filtration dient eine passende Scheibe Filtrierpapier, die zugleich am Trichter anliegt und nach dem Befeuchten mit dem betreffenden Lösungsmittel unter Zuhilfenahme eines Glasstabes festgesaugt wird. Die abgesaugte Substanz wird erst nach dem Trocknen vom Filter abgenommen.

Absaugen von Zentigrammen Substanz. Hierfür sind Saugstäbchen zu empfehlen, und zwar entweder Glasstäbchen mit eingeschmolzenem Sinterglasfilterplättchen (Abb. 51a) (nach Schott, Jena) oder Porzellanstäbchen mit porösem Filterboden (b) (hergestellt von der staatlichen Porzellanmanufaktur, Berlin). Die Handhabung der Filterstäbchen ist aus Abb. 51 ersichtlich.

Man beginnt mit dem Absaugen an der Oberfläche der Flüssigkeit und folgt durch allmähliches Heben des Bechers nach. Ein Festhaften der Substanz an der Filterfläche ist nach Möglichkeit zu

---

[1] KAPSENBERG: Chem. Weekbl. **34**, 403 (1937). — Hersteller: Glaswerk Schott & Gen., Jena.

[2] Vgl. auch GATTERMANN-WIELAND: Praxis des organischen Chemikers.

vermeiden, damit nicht die Poren eventuell vorzeitig verstopft werden. Nach dem sinngemäßen Auswaschen wird die im Bechergläschen zurückgebliebene Substanz samt dem Stäbchen getrocknet und dann erst gesammelt. Diese Art des Absaugens wird sich insbesondere dann bewähren, wenn sich in einem relativ großen Flüssigkeitsvolumen eine kleine Menge fester Substanz befindet. — Eine neue Mikrofiltereinrichtung für Filterstäbchen wurde von G. GORBACH beschrieben[1].

Isolierung von Milligrammen Substanz. Entweder gleichfalls mittels entsprechend kleiner Filterstäbchen, oder der SCHWINGERschen Mikronutsche, die PREGL[2] für diesen Zweck empfiehlt; am besten durch Zentrifugieren (vgl. unten).

δ) **Absaugen bei tieferen Temperaturen.** Verwendung der sogenannten Eistrichter (Abb. 52a), oder von Saugtrichtern mit einem Mantel, durch den man ein Kältesol (vgl. S. 52) langsam hindurchleitet (Abb. 52b); als Filtrierunterlage kann entweder eine WITTsche Platte oder ein breitgedrückter Glasstab (gemäß Abb. 50) oder aber Glaswolle in sinngemäßer Weise verwendet werden. Derartige Kältenutschen sind vor allem dann anzuwenden,

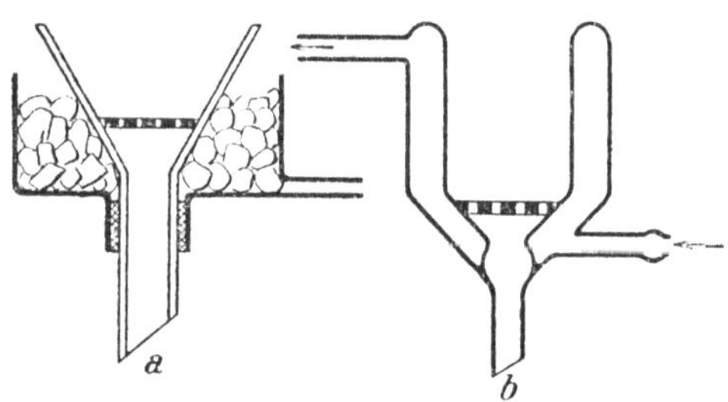

Abb. 52. Kältenutschen.

wenn eine Substanz bei tieferer Temperatur zum Auskrystallisieren gelangt ist, bzw. bei tiefschmelzenden Substanzen. —An Stelle der Kältenutschen kann, besonders bei kleinen Substanzmengen, mit Vorteil die indirekte Filtration mit Filterstäbchen (vgl. Abb. 51) angewendet werden. Das Krystallisiergefäß bleibt dabei in einer Kältemischung stehen.

Das Absaugen im indifferenten Gasstrom sowie unter Feuchtigkeitsausschluß wird erst später im Zusammenhang mit der Besprechung der betreffenden Gesamtoperation behandelt.

b) Zentrifugieren.

Unter den verschiedenen Typen von Zentrifugen (vgl. S. 67) kommen hier, also zur Abtrennung größerer Mengen krystallisierter Substanzen, nur die *Siebzentrifugen* in Betracht. Ins-

---

[1] G. GORBACH: Fette und Seifen **51**, 6 (1944); Mikrochem. **31**, 109 (1943).
[2] PREGL: Die quantitative organische Mikroanalyse, 3. Aufl., S. 244, 245. Berlin: Springer 1930.

besondere zur Isolierung großer Substanzmengen leisten sie auch im Laboratorium sehr wertvolle Dienste, und weiterhin dann, wenn sirupartige Mutterlaugen entfernt werden sollen. Auswaschen in der Siebzentrifuge durch möglichst feines Versprühen des Waschmittels. Besonders das Waschen mit Nebeldecke ist sehr zu empfehlen.

Bei *kleineren Substanzmengen*, die sich nur schwer absaugen lassen (vor allem solchen, die in sirupartiger Mutterlauge eingebettet sind), kann man so vorgehen, daß die abzuschleudernde Masse in eine hohe Sinterglasnutsche eingefüllt wird, die man (sinngemäß ähnlich wie beim Absaugen) mit einem starkwandigen Proberohr verbindet und dann in das Zentrifugierglas einer Sedimentierzentrifuge einsetzt. Hinsichtlich eines Zentrifugierfilterröhrchens vgl. HOUSTON und SAYLOR[1]. Zur Isolierung von Milligrammen empfiehlt PREGL[2] eine *Mikrozentrifugalnutsche*, das ist ein Rohr mit einer Verengung (an der ein Wattebäuschchen eingesetzt wird), das unten durch einen porenlosen Kork verschlossen wird (Abb. 53).

Man benützt dabei eine kleine Handzentrifuge, in deren Gläschen das Rohr eingesetzt wird. Für die Herstellung des entsprechenden Gegengewichtes muß natürlich wie bei allen Zentrifugierungsarbeiten gesorgt werden. Nach Entfernen der Mutterlauge und der Waschflüssigkeit kann man die Masse durch weiteres Zentrifugieren fast völlig trocknen. Die Krystalle werden sodann von unten her mittels eines passenden Glasfadens mit dem Wattebäuschchen herausgeschoben.

Abb. 53. M=1:1.

c) Abpressen.

Anwendung, wenn ein Krystallbrei nur relativ geringe Mengen Mutterlauge einschließt, oder wenn es sich um sehr feinkrystalline Substanzen handelt, aus denen die Mutterlauge auf andere Weise kaum zu entfernen ist. Benützung von Pressen von verschiedener Konstruktion (vgl. dazu S. 66). Falls eine Substanz auf Grund ihres sehr fein krystallinen Zustandes die Mutterlauge besonders hartnäckig festhält oder dieselbe sehr sirupös ist, wird man von einer hydraulischen Presse Gebrauch machen.

d) Verwendung von Ton.

Diese Operation dient insbesondere zur Befreiung kleinerer Substanzmengen von anhaftender Mutterlauge; vor allem zur

---

[1] Ind. Engng. Chem., analyt. Edit. 8, 302 (1936).
[2] PREGL: Die quantitative Mikroanalyse, 3. Aufl., S. 244, 245. Berlin: Springer 1930.

Entfernung von Verunreinigungen zähflüssiger oder schmieriger Natur bewährt sich das Aufstreichen auf Ton vorzüglich.

Für diesen Fall empfiehlt Skraup[1], die Tonplatte mit der Substanz in einem Exsiccator aufzubewahren, der mit dem der Substanz anhaftenden Lösungsmittel beschickt ist. — Beim Arbeiten mit Ton lasse man stets die Substanz auf demselben längere Zeit (Stunden bis Tage) ruhig liegen.

Falls die Verwertung der Mutterlauge von Wichtigkeit ist, wird man das Absaugen oder eine andere Trennungsoperation vorziehen, da beim Abpressen auf Ton die Mutterlauge erst durch Extraktion gewonnen werden muß. In sehr vielen Fällen ist jedoch die Verwendung von Ton nicht zu vermeiden. Die im Handel befindlichen Tonteller werden zweckmäßig in kleinere Stücke zerteilt und diese sauber aufbewahrt. — Regenerierung der Tonstücke am besten durch Ausglühen in einem elektrisch geheizten Ofen.

Zur *Reingewinnung von Substanzen durch Teilverflüssigung und Warmabsaugen*[2] geht man in der Weise vor, daß ein unscharf schmelzender Ausgangsstoff in Berührung mit einem porösen Körper (z. B. Tonscherben) bis zur teilweisen Verflüssigung erwärmt und so das Hauptprodukt durch Aufsaugen des verflüssigten Anteils von Begleitsubstanzen befreit wird.

e) Trocknen fester Substanzen.

Entfernung des noch anhaftenden Lösungsmittels nach der Gewinnung von Substanzen durch Absaugen usw. Zum Großteil gelingt dies bereits durch das Trockensaugen oder Trockenzentrifugieren der Substanz, oder durch Aufstreichen derselben auf Ton usw. Um die noch verbleibenden Reste an Lösungsmitteln zu entfernen (was vor allem für die Analyse der Substanzen und Ermittlung der physikalischen Konstanten von Wichtigkeit ist), bedient man sich besonderer *Trockenmethoden* und *Trockenapparate*. Man arbeitet dabei vor allem im Vakuum, und zwar entweder bei gewöhnlicher oder erhöhter Temperatur. Als *Trockenmittel* kommen die gleichen in Betracht wie bei der Entfernung von Lösungsmitteln durch Abdunsten (vgl. S. 140).

α) **Trocknen bei gewöhnlicher Temperatur.** Exsiccatoren oder Trockenglocken (vgl. S. 69 und 146). Für mikrochemische Zwecke benützt man einen Dosenexsiccator oder Mikrodosenexsiccator[3].

---

[1] Skraup: Mh. Chem. **9**, 974 (1888), s. ferner Schulze u. Liebner: Liebigs Arch. Chem. **254**, 577 (1916).

[2] Vgl. J. Lindner: Mh. Chem. **44**, 337 (1923). — Kofler u. Wannemacher: Chem. Zbl. **1941 I**, 2098. — Lindner: Ber. dtsch. chem. Ges. **74**, 231 (1941).

[3] Vgl. Emich: Mikrochemisches Praktikum, S. 57. Berlin 1931.

Zum Trocknen im Hochvakuum dienen *Röhrenexsiccatoren* (im Prinzip gemäß Abb. 54), in die am besten eine mit Löchern versehene Schiene aus Kupferblech geschoben wird, in die die Gefäße mit der zu trocknenden Substanz eingesetzt werden (Tiegel oder kleine Glasschalen).

β) **Trocknen bei höherer Temperatur.** Trockenschränke (vgl. S. 68), heizbare Vakuumexsiccatoren[1] oder Röhrenexsicca-

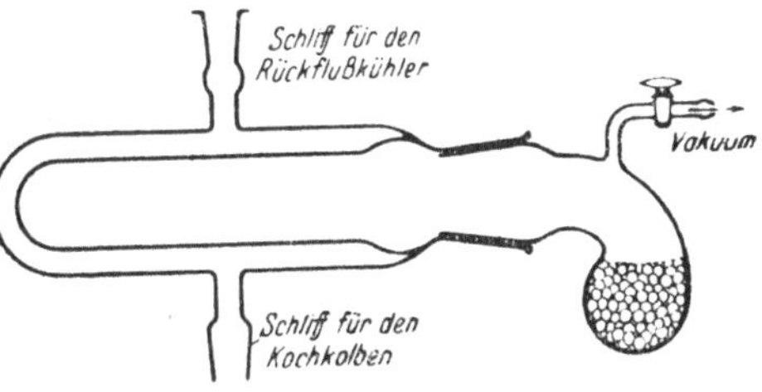

Abb. 54. Röhrenexsiccator zum Trocknen bei höherer Temperatur. M = 1 : 8.

toren mit Glasmantel; durch diesen leitet man den Dampf einer Flüssigkeit von dem gewünschten Siedepunkt und kondensiert denselben in einem aufgesetzten Rückflußkühler (Abb. 54). Es können auch einige solche Trockenröhren übereinander angebracht werden; auch zum Trocknen im Hochvakuum geeignet. Eine *Trockenröhre*, die gegenüber der Trockenpistole gewisse Vorteile besitzen soll, wurde von N. v. BÉKÉSY beschrieben[2].

Zum Trocknen kleinster Substanzmengen im Vakuum dient der *Mikroröhrenexsiccator* nach PREGL (a. a. O.), der im sogenannten Regenerierungsblock auf die gewünschte Temperatur zu erhitzen ist; zur Aufnahme der Substanz dient dabei ein kleines Schiffchen. Als Heizkörper wurde an Stelle des Kupferblocks eine Heizgranate aus Glas empfohlen[3]. Vgl. ferner auch FUHRMANN[4]. — Ein *Mikro-Vakuum-Exsiccator* wurde von GORBACH[5] beschrieben.

4. Spezielle Krystallisationsmethoden.

a) Umkrystallisieren in indifferenter Gasatmosphäre.

Substanzen, die an der Luft Zersetzung erleiden, müssen in indifferenter Gasatmosphäre (CO_2, N_2, H_2) umkrystallisiert werden. Alle Einzeloperationen (Lösen, Filtrieren, Auskrystallisieren, Absaugen) erfolgen dabei unter Sauerstoffausschluß. Es dienen dazu besondere Apparate, die mehr oder weniger kompliziert gebaut sind, je nachdem, ob nach dem Lösen eine Filtration

---

[1] Ein brauchbares, einfaches Modell aus Jenaer Glas vgl. RUPP: Chemiker-Ztg. **58**, 403 (1934).

[2] BÉKÉSY, N. v.: Biochem. Z. **312**, 107 (1942).

[3] Mikrochem. **21**, 131 (1936).

[4] Mikrochem. **23**, 167 (1937).

[5] GORBACH: Fette u. Seifen **49**, 553 (1942).

erforderlich ist oder nicht. Im ersten Falle kann die Apparatur von STEINKOPF[1] verwendet werden, die zugleich auch ein Trocknen der Substanz in indifferenter Gasatmosphäre ermöglicht. Für den zweiten Fall und zugleich eine wiederholte Umkrystallisation kann die Apparatur von EULER, KARRER und RYDBOM[2] empfohlen werden. In Anlehnung an diese ist in Abb. 55 ein einfaches Modell einer Apparatur zum Umkrystallisieren in indifferenter Gasatmosphäre wiedergegeben.

In den Kolben A wird die umzukrystallisierende Substanz eingefüllt, sodann die Apparatur geschlossen und evakuiert. Das Vakuum wird dann durch ein indifferentes Gas aufgehoben und die Operation einige Male wiederholt, sodann wird durch den Tropftrichter das betreffende Lösungsmittel zulaufen gelassen und der Siedekolben A in einem geeigneten Bad bis zum Auflösen der Substanz erhitzt. Während dieser Operation kann weiter der indifferente Gasstrom durchgeleitet werden. Sodann läßt man erkalten, wobei zweckmäßigerweise der Kolben A so geneigt wird, daß die Krystalle nicht in das Absaugrohr gelangen können und saugt nach beendigter Krystallisation die Mutterlauge durch B nach C ab (dabei wird Gas hindurchgeleitet, der Hahn des Tropftrichters bleibt geschlossen). Die im Kolben A

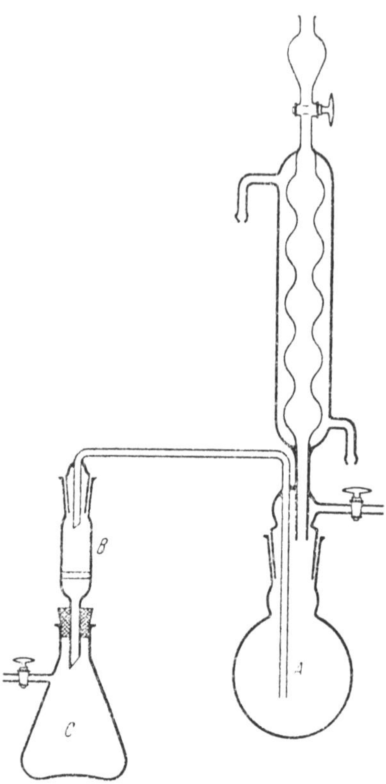

Abb. 55. Apparat zum Umkrystallisieren in indifferenter Gasatmosphäre (das Rohr bei A wird entweder bis zum Boden geführt oder mit einem Saugstäbchen verbunden).

zurückbleibenden Krystalle können auf diese Weise wiederholt umkrystallisiert werden. Schließlich wird die ganze auskrystallisierte Substanz samt dem Lösungsmittel (unter Umschwenken des Kolbens A) nach B abgesaugt, und in sinngemäßer Weise gewaschen. — Statt der Sinterglasnutsche B kann das Absaugrohr im Kolben A auch mit einem Saugstäbchen versehen werden. Die Substanz bleibt dann im Kolben A zurück.

---

[1] STEINKOPF: Ber. dtsch. chem. Ges. **40**, 400 (1907).
[2] v. EULER, KARRER u. RYDBOM: Ber. dtsch. chem. Ges. **62**, 2449 (1929).

b) Die fraktionierte Krystallisation.

Prinzip: Trennung zweier Substanzen auf Grund ihrer verschiedenen Löslichkeit in einem Lösungsmittel oder einem Lösungsmittelgemisch; erste Aufgabe: Auffindung eines geeigneten Solvens durch Vorversuche. Verschiedene Methoden zur Durchführung der fraktionierten Krystallisation, Gewinnung von zwei oder mehreren Krystallfraktionen. Kontrolle jedes einzelnen Anteils durch Schmelzpunktbestimmung und Feststellung der Schmelzpunktänderung bei Wiederholung des Fraktionierungsvorganges. Die Operation ist so oft zu wiederholen, bis jede einzelne Fraktion einen konstanten Schmelzpunkt zeigt. — Zur fraktionierten Krystallisation niedrig schmelzender Verbindungen unter Luftabschluß wurde ein eigener Apparat beschrieben[1].

Die fraktionierte Krystallisation ist zumeist recht zeitraubend und verlustreich; man wird dieselbe als präparative Trennungsmethode daher erst dann anwenden, sobald andere Methoden nicht zum Ziele führen, also insbesondere bei chemisch nahestehenden Substanzen; so z. B. zur Trennung von o-, m- und p-Isomeren usw., wenn also die Substanzen nicht auf Grund ihrer chemischen Eigenschaften getrennt werden können (vgl. S. 3 u. 4). Aber auch bei der Scheidung von Substanzen auf Grund ihrer verschiedenen Löslichkeit (wie dies auch bei der fraktionierten Krystallisation der Fall ist), wird man die Trennung lieber durch Ausschütteln zwischen zwei verschiedenen Lösungsmitteln (fraktionierte Verteilung, vgl. S. 84) oder durch eine andere geeignete Extraktionsmethode (insbesondere Auskochen mit einem Lösungsmittel, in dem nur die eine Substanz leicht löslich ist) anzustreben suchen. Weiterhin hat sich in letzter Zeit vor allem die Trennung von Substanzen auf Grund ihres verschiedenen Adsorptionsvermögens der fraktionierten Krystallisation vielfach überlegen gezeigt.

α) Fraktionierte Krystallisation durch Verdampfen (oder Verdunsten) der Mutterlauge. Das Substanzgemisch wird zunächst unter Anwendung einer etwas größeren Menge Lösungsmittel umkrystallisiert und dabei eine erste Krystallisation erzielt (Spitzenfraktion). Beim Abdampfen oder Verdunsten des Lösungsmittels (vgl. S. 138ff.) kann man sodann weitere Anteile gewinnen, in denen die zweite Substanz mehr oder weniger stark angereichert ist; Vorgang etwa gemäß folgendem Schema:

Substanzgemisch + Lösungsmittel →

| → Fraktion I | → Fr. II | → Fr. III | → Fr. IV |
| → Mutterlauge I | → M.-L. II | → M.-L. III | |

Jede Fraktion wird sodann sinngemäß weiter behandelt, wobei man die Fr. I aus frischem Lösungsmittel umkrystallisiert und die dabei

---

[1] PIPER u. KERSTEIN: Ind. Engng. Chem., analyt. Edit. **9**, 403 (1937).

anfallende Mutterlauge zum Umkrystallisieren der Fr. II verwendet usw., also in folgender Weise:

Fr. I + Lösungsmittel →

$$\begin{array}{ccc} \text{→ Fr. 1} & \text{→ Fr. 2} & \text{→ Fr. 3} \\ \text{→ M.-L. 1 + Fr. II} & \text{→ M.-L. 2 + Fr. III} & \text{→ M.-L. 3 + Fr. IV usw.} \end{array}$$

Dieser Prozeß muß in der Regel des öfteren wiederholt werden.

β) **Fraktionierung durch Fällen der Mutterlauge**, im Prinzip analog; Gewinnung der einzelnen Fraktionen nicht durch Abdunsten des Lösungsmittels, sondern durch beschränkten Zusatz eines zweiten Lösungsmittels, das Krystallisation oder Fällung bewirkt.

γ) **Fraktionierung durch Krystallisation bei verschiedenen Temperaturen**; anzuwenden, wenn die Löslichkeit zweier Substanzen sehr von der Temperatur abhängig ist. Vorgang: Die bei bestimmten Temperaturpunkten auskrystallisierten Anteile werden sogleich abgetrennt. Zum Absaugen dient dabei ein heizbarer Saugtrichter (vgl. Abb. 52b). Auch hier muß die Operation in sinngemäßer Weise einige Male wiederholt werden.

Es sei schließlich noch darauf hingewiesen, daß auch dann, wenn nur eine Substanz umkrystallisiert wird, die Mutterlauge stets ähnlich wie unter α und β angegeben, weiterzuverarbeiten ist, um einerseits die in der Mutterlauge noch vorhandene Substanz zu gewinnen und um sich andererseits zu überzeugen, ob nicht noch eine zweite Substanz vorhanden ist. Die gewissenhafte Aufarbeitung der Mutterlaugen ist insbesondere dem Anfänger strengstens einzuschärfen.

D. Destillation.

Überführung einer Substanz in den gasförmigen Zustand durch Erhitzen zum Sieden und Rückverwandlung in den flüssigen durch Kühlung: (fest →) flüssig → gasförmig → flüssig (→ fest); von Wichtigkeit ist dabei die Ableitung und Auffangung des Destillates. Diese Reinigungsmethode ist natürlicherweise nur dann anwendbar, wenn die betreffende Substanz bei der Siedetemperatur beständig ist. Insbesondere die Destillation im Vakuum ist daher von großer Bedeutung, da dabei die Siedetemperatur gegenüber der bei Atmosphärendruck um etwa 80—150° (je nach dem Vakuum) herabgesetzt wird, wodurch die Gefahr der Zersetzung wesentlich vermindert ist. Die Destillation im Vakuum wird man aber auch dann mit Vorteil anwenden, wenn es sich um die Trennung eines höher siedenden Substanzgemisches durch fraktionierte Destillation handelt und man zwecks Anwendung eines wirksamen Fraktionieraufsatzes eine Herabsetzung der Siedetemperatur wünscht.

Bei der Destillation sind zwei prinzipielle Fälle zu unterscheiden: entweder ist das Destillat von Interesse (Destillation im engeren Sinne) oder der Destillationsrückstand (Verdampfung).

Bei der Destillation im engeren Sinne handelt es sich entweder um die Reinigung einer einzelnen Substanz (z. B. eines Lösungsmittels usw.) oder um die Trennung von Substanzgemischen (fraktionierte Destillation). Im folgenden wird zunächst die Destillation bei Atmosphärendruck sowie im Vakuum besprochen, sodann die Verdampfung und schließlich die Dampfdestillation.

1. Die Destillation unter Atmosphärendruck.

a) Destillierapparate.

Destillationsgefäße. Zum Abdestillieren von Lösungsmitteln: einfache Kolben, die mit einem abgebogenen Rohr zur Verbindung mit dem absteigenden Kühler, sowie einem Thermometer versehen werden. Für die Destillation der meisten Substanzen benützt man *Destillierkolben;* bei diesen ist an den Hals eines Rundkolbens ein geneigtes Rohr angeschmolzen, das mit dem Kühler verbunden wird; in den Kolbenhals wird das Thermometer eingesetzt.

Destillieraufsätze (bei Benützung einfacher Kolben). Dieselben bestehen aus einem entsprechend weiten Rohr mit einem seitlichen Ansatz zur Verbindung mit dem Kühler; oben wird in das Rohr das Thermometer eingepaßt (oder auch z. B. ein Tropftrichter wie in Abb. 4).

Fraktionieraufsätze (*Fraktionierkolonnen*) dienen zur Trennung von Substanzgemischen durch fraktionierte Destillation. Sie arbeiten bekanntlich nach dem Prinzip der Rektifikation und Dephlegmation.

Bei der *Rektifikation* handelt es sich um einen nach dem Gegenstromprinzip arbeitenden Gaswaschprozeß, der einen dauernden Stoff- und Wärmeaustausch zwischen der gasförmigen und flüssigen Phase bewirkt. Die *Dephlegmation* besteht in einer Trennung durch partielle Kondensation an Kühlflächen. Durch die Fraktionierkolonnen wird der Weg, den der Dampf zurückzulegen hat, bevor er in den absteigenden Kühler gelangt, entsprechend verlängert; höher siedende (also leichter kondensierbare) Anteile eines Dampfgemisches werden so bereits im Fraktionieraufsatz kondensiert und fließen in das Siedegefäß zurück („Rücklauf"), nur die leichter siedenden Anteile (die nicht kondensiert werden) verlassen daher die Fraktionierkolonne im Dampfzustand und destillieren über. Bei sehr hohen Kolonnen muß eine thermische Isolierung oder zusätzliche Heizung derselben erfolgen, damit nicht der Rücklauf zu groß wird (vgl. S. 120). — Unter der sehr großen Anzahl verschiedener Konstruktionen werden hier nur die prinzipiell wichtigsten berücksichtigt[1]. Im allgemeinen kann man Füllkörperkolonnen und Bodenkolonnen unterscheiden. Das Füllmaterial hat die Aufgabe, eine möglichst große Phasengrenzfläche zu bilden, hinsichtlich der Bodenkolonnen vgl. unten.

Die einfachste Konstruktion einer Fraktionierkolonne besteht darin, daß der obenerwähnte Destillieraufsatz entsprechend verlängert und eventuell kugelförmig gestaltet, sowie gegebenenfalls

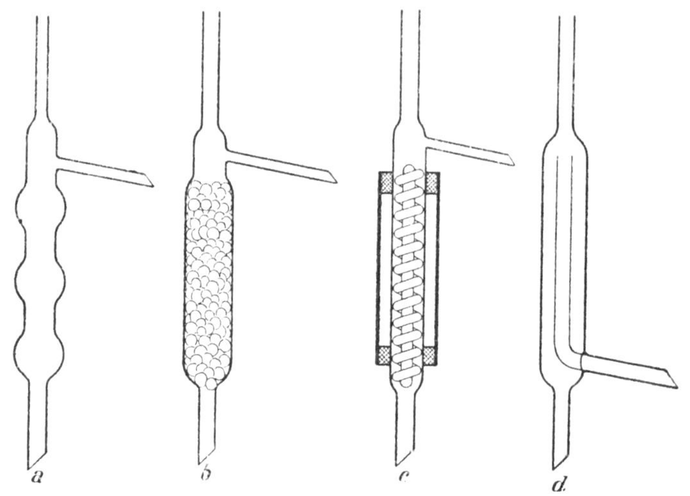

Abb. 56.   Fraktionieraufsätze

nach Würtz.   nach Hempel.   nach Widmer.   nach Kahlbaum.

mit Glasperlen oder Glasstückchen (Raschig-Ringen) gefüllt wird (vgl. Abb. 56a und b). Durch diese Füllmaterialien wird nicht nur der Weg der Dämpfe verlängert, sondern auch die Durchmischung von Destillat und Rückfluß verbessert. Für die Destillation höher siedender Substanzen können die Aufsätze mit einem Glasmantel umgeben werden, wodurch die umgebende Luft auf gleichmäßiger Temperatur gehalten und so ein regelmäßigeres Destillieren erzielt wird. Der Glasmantel kann auch angeschmolzen und evakuiert sein (vgl. Abb. 67). Statt mit Glasperlen usw. wird das Fraktionsrohr zweckmäßigerweise nach Widmer mit einer Glasspirale versehen, wodurch der Weg des Dampfes wesentlich verlängert wird (Abb. 56c). Der Wendelstab kann natürlich seine

---

[1] Über die verschiedenartigsten Konstruktionen kann man sich z. B. mit Hilfe der Kataloge der Glaswerke unterrichten (vgl. besonders den sehr reichhaltigen Katalog des Glaswerks Greiner & Friedrichs, Stützerbach i. Th.).

Aufgabe nur dann erfüllen, wenn er sehr gut eingepaßt ist. Auf den recht praktischen KAHLBAUMschen Aufsatz (Abb. 56d) sei auch noch verwiesen. Bei den WIDMER-Kolonnen sind zwei Prinzipien verwirklicht, nämlich die Verlängerung des Weges des Dampfes sowie die Vorheizung desselben bzw. die Rektifizierung nach dem Gegenstromprinzip; Konstruktion und Wirkungsweise aus Abb. 57 ersichtlich. Dieselben haben sich in den verschiedensten Dimensionen vortrefflich bewährt (bis über 1 m Höhe). Bei höher siedenden Substanzen empfiehlt sich zur thermischen Isolierung ein Umwickeln der Kolonne mit Asbestschnur.

Sehr empfehlenswert ist auch die Laborkolonne von HAEUSSLER[1], die zum einfachen Trennen von Lösungsmittelgemischen dient. Sie verbindet gewisse Vorteile der Widmerkolonne mit denen der Jantzenkolonne (vgl. S. 120). Sie ist handfest und stabil gebaut und daher auch für weniger geübte Studenten und Laboranten gut verwendbar (Abb. 58). — Eine laboratoriumsmäßige, kontinuierlich arbeitende Rektifizierapparatur, die aber zum Großteil aus Metall aufgebaut ist, wurde von HUFFERT und KRANTZ[2] beschrieben.

Größere, also insbesondere technische Fraktionierkolonnen sind in der Regel als *Bodenkolonnen* ausgeführt, und zwar sind sie nach folgendem Prinzip gebaut. Die Fraktionierapparate bestehen aus mehreren Gliedern und die Kondensate setzen sich zunächst in den einzelnen Stufen („Böden“) ab und

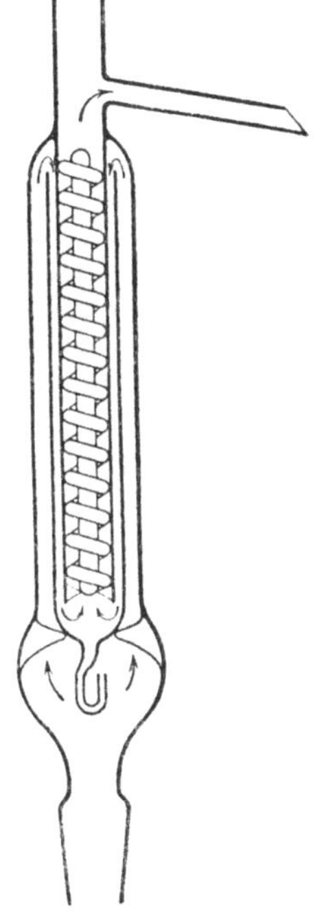

Abb. 57. WIDMER-Kolonne M = 1 : 4 (mit N.-Schl.-Nr. 3).

werden hier vom aufsteigenden Dampf durchströmt, wobei die weniger leicht flüchtigen Anteile wieder kondensiert werden; dadurch kommt gewissermaßen eine, der Anzahl der Glieder der Kolonne entsprechende Anzahl von Einzeldestillationen zustande, wodurch eine Trennung der verschiedenen Bestandteile eines Gemisches erzielt werden kann. Auch bei manchen laboratoriumsmäßigen Fraktionieraufsätzen wurde dieses Prinzip angewendet[3]. —

[1] H. HAEUSSLER: Chem. Technik 15, 240 (1942).

[2] HUFFERT, R. W. u. H. A. KRANTZ: Ind. Engng. Chem. 33, 1455 (1941); Chem. Technik 15, 123 (1942).

[3] Vgl. dazu J. H. BRUUN: Ind. Engng. Chem., analyt. Edit. 1, 212 (1929); J. H. BRUUN u. S. T. SCHICKTANZ: Bur. Standards J. Res. 7, 851 (1931).

Eine ganz aus Glas konstruierte Bodenkolonne von großer Trenn-schärfe und geringer Bruchempfindlichkeit, mit günstiger Destillationsgeschwindigkeit, schneller Einstellung des Gleichgewichts und relativ geringem Arbeitsvolumen[1] haben KLEIN, STAGE u. SCHULTZE beschrieben[2]. Bei vielen technischen Kolonnen findet die Trennung von Gemischen auch in der Weise statt, daß das Destillat an verschieden hohen Stellen der Kolonne abgezapft wird, und zwar der am leichtesten siedende Anteil natürlich an der höchsten Stelle.

Destillationskühler bzw. Kühlrohre dienen zur *Kühlung* der übergehenden Dämpfe (vgl. S. 20). Bei Substanzen, die bis etwa 120° sieden: LIEBIG-Kühler oder Spiralenkühler. Bei der Destillation geringer Substanzmengen wird ein Kühlmantel direkt über das Destillierrohr des Kolbens oder des Fraktioniersaufsatzes gezogen. Sehr empfehlenswert ist die Anwendung eines einfachen Destillierrohres unter Außenkühlung der Vorlage (vgl. Abb. 59); auch zum Destillieren von Äther ist diese Anordnung bestens geeignet[3]. Bei besonders leicht flüchtigen Substanzen (z. B. Acetaldehyd, Siedepunkt 21°) wird zweckmäßiger Weise ein LIEBIG-Kühler noch mit einem Schlangenkühler verbunden[4] und das Auffanggefäß (Vorlage) außerdem noch in Eis oder in einer Kältemischung gekühlt. Bei Substanzen, die oberhalb 120° sieden, wird auf Wasserkühlung verzichtet; durch den Kühlmantel saugt man am besten mittels Wasserstrahlpumpe einen Luftstrom hindurch. Bei Siedetemperaturen oberhalb 150° reichen Kühlrohre allein aus. Bei sehr zähen bzw. festen Substanzen leitet man durch den Kühlmantel warmes Wasser oder eine an-

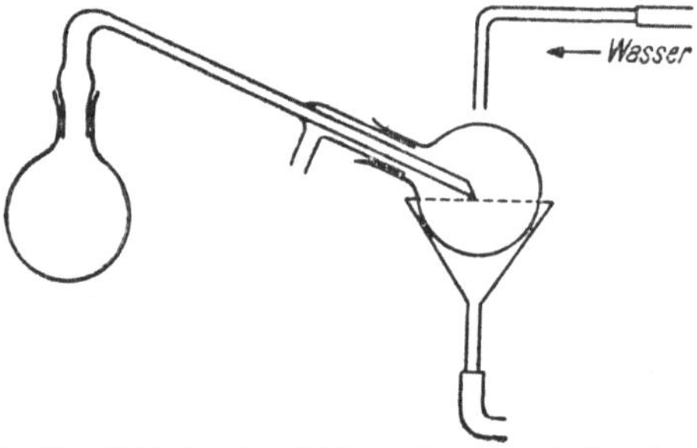

Abb. 58. Laborkolonne von HAEUSSLER.

Abb. 59. Einfache Destillieranordnung nach SIEDEL.

---

[1] Hierunter ist die in Kolonne und Kolben nach der Destillation zurückbleibende Flüssigkeitsmenge zu verstehen.

[2] KLEIN, K., H. STAGE u. G. R. SCHULTZE: Z. physik. Chem. (A) **189**, 163 (1941). — SCHULTZE, G. R., u. H. STAGE: J. Elektrochem. angew. physik. Chem. **47**, 848 (1941).

[3] Vgl. W. SIEDEL: Chem. Technik **16**, 3 (1943).

[4] Am wirksamsten sind Spezialkühler, wie ein solcher z. B. in Abb. 86 (S. 141) wiedergegeben ist.

dere erwärmte Flüssigkeit (vgl. auch Abb. 74). Man achte stets darauf, daß das Ablaufrohr abgeschrägt ist (wie auch in allen Abbildungen angedeutet), da dadurch ein gleichmäßiges Abtropfen erzielt wird.

Vorlagen zum Auffangen der Destillate: Kolben oder Proberöhren.

Zur Destillation fester Substanzen: Schwert- oder Säbelkolben (Vorlage direkt am Destillierkolben angesetzt). Die Substanz wird aus dem Ansatz am besten durch Herausschmelzen gewonnen. Bei der fraktionierten Destillation fester Substanzen werden die einzelnen Destillate am einfachsten in Schalen oder Bechergläsern aufgefangen; auf besondere Kühlungsmaßnahmen kann meist verzichtet werden; in Frage kommt gegebenenfalls eine Außenberieselung mit Leitungswasser oder das Einstellen der Vorlage in ein Gefäß mit Wasser. — Zum Auffangen eines Kondensates, das gegenüber Sauerstoff, Kohlensäure oder Feuchtigkeit empfindlich ist, dient ein Destilliervorstoß, der zwecks kontinuierlicher Gewinnung mehrerer Fraktionen ebenso konstruiert ist wie die Vakuumfraktioniervorlagen (vgl. S. 125ff.). Der mit der Atmosphäre in Verbindung stehende Ansatz wird mit einem Absorptionsrohr versehen, das mit Chlorcalcium, Natronkalk usw. gefüllt wird. Bei O_2-empfindlichen Substanzen wird außerdem in indifferenter Gasatmosphäre destilliert.

Destillation kleiner Substanzmengen unter Atmosphärendruck. Kleine Apparaturen, im Prinzip gemäß den Makrodestillationsgeräten ausgeführt. Zur eigentlichen *Mikrodestillation* (für etwa 0,1—0,3 ccm Flüssigkeit) verwendet EMICH[1] kleine Gefäße, deren Kolonne eventuell mit Porzellanschrot gefüllt wird. Das Einfüllen der Flüssigkeit sowie das Entnehmen der Fraktionen geschieht am besten mittels kleiner Pipettchen. Vgl. ferner die Mikrodestillierapparate von GAWALOWSKI[2].

Auch *Destillationsapparaturen für tiefe Temperaturen* wurden beschrieben; verwiesen sei z. B. auf Geräte, in denen Flüssigkeiten um 0^0 sowie bei -130^0 und darüber destilliert werden können[3].

---

[1] EMICH: Mikrochemisches Praktikum, S. 31/36. München: J. F. Bergmann 1931.

[2] GAWALOWSKI: Fr. **49**, 744 (1910). — Vgl. auch EMICH: Lehrbuch der Mikrochemie, S. 123. 1926.

[3] SIMONS: Ind. Engng. Chem., analyt. Edit. **10**, 29, 648 (1938). — ROSE: Ebenda **8**, 478 (1936) beschreibt einen Apparat zu fraktionierten Destillation verflüssigter Gase. — Vgl. ferner BRUUN u. WEST: Ebenda **9**, 247 (1937).

b) Destillationstechnik.

α) Vorbereitung einer Flüssigkeit zur Destillation: Trocknen von Flüssigkeiten[1]. Entfernung von Wasser zumeist erforderlich, da in Anwesenheit desselben vielfach sehr lästiges Stoßen der Flüssigkeit während der Destillation stattfindet (insbesondere im Vakuum). Anwendung von Trockenmitteln, die man in der Regel zu der durch ein Lösungsmittel verdünnten Flüssigkeit zusetzt[2]. Auswahl eines geeigneten Trockenmittels: Chemische Indifferenz erforderlich. Anwendung der Trockenmittel unter Vermeidung eines Überschusses; man läßt meist ruhig längere Zeit stehen, Schütteln beschleunigt die Trocknung; manchmal Erwärmen notwendig. Wirkungsweise der Trockenmittel: entweder Reaktion mit dem Wasser (wie bei Na, P_2O_5 usw.) oder Bildung von Hydraten (bei entwässerten Salzen usw.). Anwendbarkeit der wichtigsten Trockenmittel:

Calciumchlorid (in geschmolzener oder gekörnter Form), am häufigsten angewendet. Nicht benützbar bei Alkoholen, Phenolen, manchen Fettsäuren und Estern, Ketonen, manchen Aminen und Amiden usw. wegen Bildung von Additionsverbindungen; bei unbekannten Substanzen daher nicht zu verwenden.

Kaliumcarbonat (wasserfrei); für Ester, Nitrile usw.

Kaliumhydroxyd für verschiedene Basen (Pyridinbasen usw.).

Entwässerte Salze (Natriumsulfat, Kaliumsulfat, Kupfersulfat) sind sehr indifferent, daher besonders für empfindliche Substanzen geeignet: Aldehyde, Ketone, auch Alkohole, Ester usw.; ziemlich langsame Wirkung.

Natrium (meist anzuwenden nach dem Vortrocknen mit einem anderen Trockenmittel). Anwendung in Form von dünnen Scheiben oder von Draht.

Phosphorpentoxyd für Kohlenwasserstoffe, Halogenalkyle, Äther und Ester, Säurenitrile usw.; nicht geeignet für Fettsäuren, Pyridinbasen, Ketone usw.

Nach dem Trocknen ist zumeist abzufiltrieren und das Lösungsmittel aus einem einfachen Apparat abzudestillieren; der Rückstand wird dann der eigentlichen Destillation unterworfen. — In manchen Fällen (besonders wenn nur wenig Wasser anhaftet) genügt es auch, die betreffende Lösung durch ein trockenes Faltenfilter zu gießen, das das anhaftende Wasser aufsaugt.

β) Technik der einfachen Destillation (Ausführung und Verlauf derselben). Nach Beschickung des Destilliergefäßes (etwa zur

---

[1] Vgl. auch S. 44ff. Trocknen von Lösungsmitteln sowie S. 71 Trocknen von Flüssigkeiten und Lösungen.

[2] Es ist zu beachten, daß beim festen Verschließen von nicht völlig erkalteten Lösungsmitteln usw. in dünnwandigen Gefäßen (besonders Erlenmeyerkolben) fast stets Implosionen beim völligen Erkalten stattfinden, da dabei Evakuierung eintritt.

Hälfte, höchstens zwei Drittel) darf nie versäumt werden, Maßnahmen zur Aufhebung des Siedeverzuges zu treffen: Siedesteinchen, kleine, noch nicht benützte Tonstückchen, Bimssteinstückchen, Platintetraeder, eventuell auch Holzstäbchen; bei stark alkalischen Flüssigkeiten Zinkstaub. Bei Mikrodestillationen Siedecapillaren[1]. Einsetzen des Thermometers: dessen Quecksilberkugel soll sich unmittelbar unterhalb des Ansatzrohres befinden, so daß dieselbe von den übergehenden Dämpfen stets völlig umspült wird. Anheizen des Kolbens entweder direkt oder in einem geeigneten Bad (vgl. S. 8 ff). Brenner stets mit einem Turm zu versehen. Im erstgenannten Fall wird mit dem Brenner gefächelt, bis Sieden eingetreten ist, und sodann der Brenner ruhig stehengelassen. Die Erwärmung erfolgt (auch bei Benützung eines Bades) allmählich, um Überhitzung zu vermeiden, da sonst keine richtigen Siedetemperaturen durch das Thermometer angezeigt werden. Zur Regulierung der Flammenhöhe benütze man stets einen Schraubenquetschhahn. Wenn rasch angeheizt werden soll, ist es zweckmäßig, einen Brenner mit kleinerer Flamme unter das Bad zu stellen und mit einem zweiten Brenner so lange anzuheizen, bis das Badthermometer die gewünschte Temperatur anzeigt. Verlauf der Destillation: Sobald das Sieden beginnt und das Fraktionierrohr von den Dämpfen durchströmt ist, steigt das Thermometer plötzlich und stellt sich auf den Siedepunkt ein. Sobald dieser Punkt erreicht ist, wechselt man die Vorlage, entfernt also den „Vorlauf" und fängt dann den „Hauptlauf" auf; in dieser Zeit soll alle 1 bis 2 Sekunden 1 Tropfen übergehen[2]. Der Hauptlauf soll (besonders wenn aus einem Bad und mit Fraktionieraufsatz destilliert wird) innerhalb 1 bis 2° konstant übergehen. Bei direktem Anheizen findet vor allem gegen Ende der Destillation Überhitzung und damit Erhöhung des Siedepunktes statt. Auffangen eines „Nachlaufes". Sowohl der Vor- als Nachlauf enthält noch Anteile des Hauptproduktes. Bei Wiederholung der gleichen Destillation ist es daher zweckmäßig, die Vor- und Nachläufe jeweils getrennt zu sammeln und, sobald größere Mengen vorhanden sind, wieder zu destillieren.

---

[1] Nach EMICH bewähren sich Glasröhrchen von 1 mm Durchmesser und 1 cm Länge, die fein ausgezogen und oben zugeschmolzen sind, oder die hufeisenförmigen Siedecapillaren nach A. P. KNOEBEL: Chem. Zbl. **1930 I**, 1828.

[2] Bei rascherem Destilliertempo tritt eine Dampfstauung ein, wodurch die Siedetemperatur zu hoch erscheint; dies ist besonders dann der Fall, wenn die Kondensationsrohre sehr eng sind.

γ) **Technik der fraktionierten Destillation.** Die Trennung von Substanzgemischen durch Destillation ist um so schwieriger, je näher die Siedepunkte der betreffenden Substanzen beisammenliegen. Der Destillationsprozeß ist dann unter Auffangung der einzelnen Anteile sehr oft zu wiederholen oder man macht von den beschriebenen Fraktionieraufsätzen Gebrauch. Auch bei Anwendung dieser ist zumeist eine (manchmal auch mehrmalige) Wiederholung der Operation kaum zu vermeiden. Vielfach sind Gemische durch Destillation überhaupt nicht trennbar: konstant siedende Destillate (vgl. Theorie der fraktionierten Destillation[1]). Durchführung der fraktionierten Destillation: Unter Benützung eines Fraktionieraufsatzes wird eine Anzahl von Fraktionen unter steter Beobachtung der Siedetemperatur aufgefangen. Dabei ist darauf zu achten, ob die Temperatur bei einem bestimmten Siedepunkt längere Zeit stehen bleibt (Hauptlauf); Wägung der einzelnen Fraktionen; aus der Menge und dem Siedeintervall der einzelnen Anteile ersieht man, wo die Hauptmengen liegen; dies ist für die Wiederholung der Fraktionierung von großer Wichtigkeit. Man benützt dann eine der größten Einzelfraktion entsprechende kleinere Apparatur, aus der die einzelnen Anteile fraktioniert destilliert werden, und zwar in der Weise, daß man bei der niedrigsten Fraktion beginnt, und diese bis zu einer bestimmten Temperatur destilliert, dann die nächsten Fraktionen sinngemäß nacheinander am besten mittels eines am Kolben angebrachten Tropftrichters hinzufügt und jeweils in derselben Weise weiter verfährt. Es kann so ohne wesentliche Unterbrechung gearbeitet werden. Bei nochmaliger Wiederholung der ganzen Operation sucht man eine immer schärfere Einengung der Siedepunktgrenzen der einzelnen Anteile zu erreichen. — Will man sich rasch über die Zusammensetzung eines Flüssigkeitsgemisches orientieren, so ist es vorteilhaft, die *Destillationskurve* zu ermitteln. Dies geschieht in der Weise, daß man das Substanzgemisch destilliert und die Fraktionen in gleichen Temperaturintervallen (z. B. jeweils von 2 zu 2⁰) auffängt. Die Menge der einzelnen Anteile wird sodann graphisch zur Darstellung gebracht.

2. Vakuumdestillation (bei 10—20 sowie 1—2 mm Hg).

Vor allem bei wärmeunbeständigen, zersetzlichen Substanzen anzuwenden. Im Vakuum der Wasserstrahlpumpe findet eine

---

[1] Siehe NERNST: Physikalische Chemie. — v. RECHENBERG: Einfache und fraktionierte Destillation in Theorie und Praxis. Leipzig 1923. — Vgl. auch C. WEYGAND: Organisch-chemische Experimentierkunst, S. 101. Leipzig 1938. — KUHN, W.: Helv. chim. Acta **25**, 252 (1942).

Herabsetzung des Siedepunktes um 80—100⁰ statt (abhängig von der Temperatur des Wassers), eine weitere Druckverminderung auf etwa 1—2 mm Hg führt eine nochmalige Kochpunkterniedrigung um etwa 40⁰ herbei. Niedrigere Drucke sind mit den gewöhnlichen Destillationsmethoden nicht erreichbar. Die übliche sogenannte Hochvakuumdestillation, bei der Drucke unterhalb 0,1 mm Hg gemessen werden, findet in Wirklichkeit bei 1—2 mm Hg und darüber statt, wie die Druckmessung oberhalb der siedenden Flüssigkeit ergibt[1] (Näheres vgl. unter Molekulardestillation, S. 133ff.).

Methoden zur Erzeugung des Vakuums vgl. S. 22ff. Im folgenden werden die Apparate zur Destillation im Vakuum sowie die Methoden zur Durchführung dieser Operation besprochen. Zur sogenannten Hochvakuumdestillation dienen dieselben Geräte wie im Wasserstrahlpumpenvakuum; auch die Durchführung ist die gleiche; nur die Erzeugung des Vakuums und die dabei einzuhaltenden Vorsichtsmaßnahmen sind verschieden (vgl. S. 24, 27, 29).

Da bei der Destillation im Vakuum in geschlossenen Geräten gearbeitet wird, ist das Dichten der einzelnen Apparaturteile von größter Wichtigkeit. Von besonderem Vorteil ist daher die Verwendung von Apparaten mit Glasschliffen, wobei vor allem Normalschliffe zu verwenden sein werden, da dabei die einzelnen Bestandteile, je nach dem beabsichtigten Zweck, zusammengefügt werden können. Dabei sind auch die Verbindungsschliffe von großer Wichtigkeit. Es sollen daher im folgenden in erster Linie Geräte behandelt werden, die mit Normalschliffen versehen sind, da dieselben im Laboratoriumsbetrieb immer mehr Verwendung finden (vgl. S. 170).

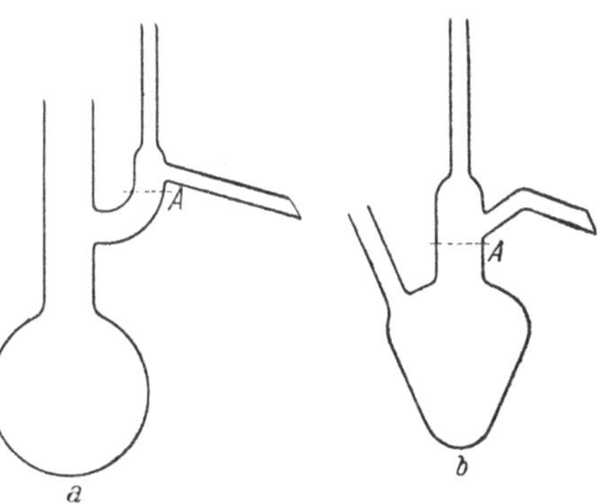

Abb. 60. Vakuumdestillierkolben.

a) Destillationsgefäße und Fraktionieraufsätze.

Destillationsgefäße. Von besonderer Bedeutung ist die Anbringung einer Capillare, durch die zwecks Vermeidung des Siedeverzuges während der Destillation Luft oder ein anderes Gas hin-

---

[1] Vgl. dazu v. Rechenberg: J. prakt. Chem. **73**, 475; **80**, 547 (1909). — M. Furter: Mitt. Gebiete Lebensmittelunters. Hyg. **30**, 201 (1939).

durchgesaugt wird. Dadurch ist auch die Form der Vakuum-
destillationskolben bedingt. Vor allem sind zwei Formen gebräuchlich, nämlich entweder solche nach dem Prinzip der

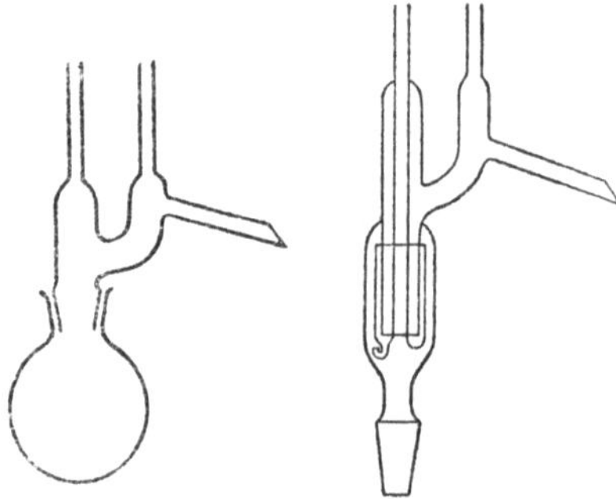

Abb. 61. Rundkolben mit Claisen-Aufsatz.

Abb. 62. Destillieraufsatz von HAEUSSLER.

CLAISEN-Kolben (Abb. 60a)
oder gewöhnliche Destil-
lationskolben bzw. Spitz-
kolben mit einem seit-
lichen Ansatzrohr zur Einführung der Siedecapillare
(Abb. 60b). Ein Über-
spritzen wird dabei zweckmäßigerweise durch die
Form des Kondensrohres
vermieden. Für größere
Substanzmengen verwen-
det man Rundkolben (von
etwa $^{1}/_{2}$ bis 2 l Inhalt),
für kleinere Substanzmengen Spitzkolben (wie sie HOUBEN[1]
vorgeschlagen hat), da bei diesen nur geringe Destillier-
rückstände zurückbleiben. Bis zu einer Größe von etwa 400 ccm
Inhalt sind dieselben gut verwend-
bar. Das Rohr, in das das Thermometer eingesetzt wird, soll genügend lang sein, damit die Dämpfe
nicht bis zum Stopfen gelangen
können; dabei befindet sich auch
die ganze Thermometerskala innerhalb des Gefäßes (Messung der
Temperatur „im Dampf“). Das
Dampfabflußrohr soll bei größeren
Gefäßen stets genügend weit sein
(vgl. auch das über Kühlrohre Gesagte, S. 20). Die Rohrenden zum
Ansetzen der Capillare sowie des
Thermometers werden zweckmäßigerweise verjüngt, und die Verbindung durch Darüberziehen eines
Gummischlauches hergestellt. Werden bei der Destillation Aufsätze ver-

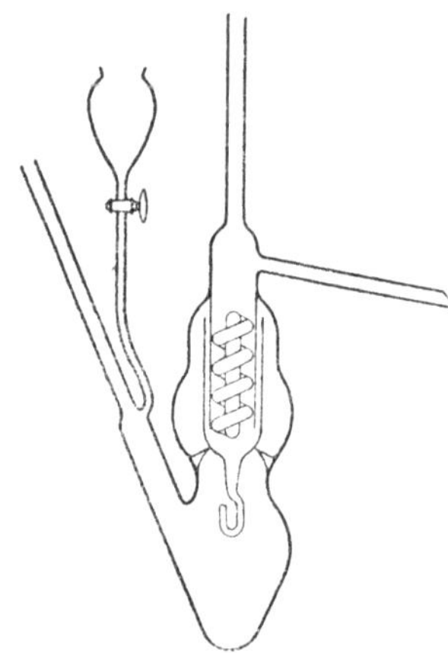

Abb. 63. Fraktionierkolben mit WIDMER-Kolonne und Zulauftrichter M:1:3.

wendet, dann benützt man bei größeren Mengen Form a (und zwar
1- bis 2-l-Kolben, bei A in Abb. 60 Normalschliff), bei kleineren

---

[1] HOUBEN: Ber. dtsch. chem. Ges. 45, 2945 (1912).

Mengen Form b (bei *A* Normalschliff). — An Stelle der CLAISEN-Kolben verwendet man zweckmäßigerweise gewöhnliche Rund-kolben beliebiger Größe mit einem CLAISEN-Aufsatz (durch Normalschliffe miteinander verbunden; vgl. Abb. 61).

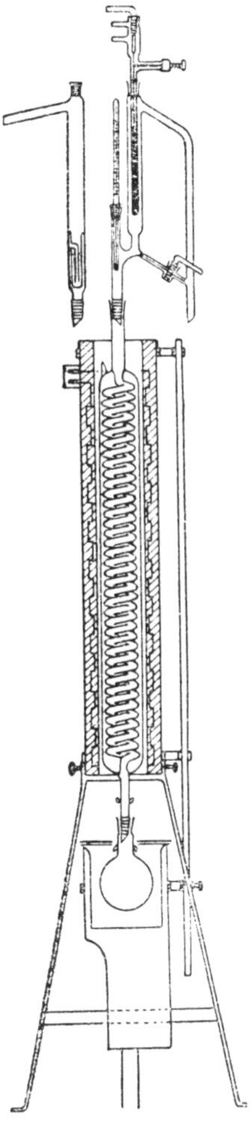

Als *Siedecapillaren* zur Aufhebung des Siede-verzuges sollen nur Capillarröhren verwendet werden, die man zunächst in der Flamme grob und sodann in einer Mikroflamme noch fein auszieht. Vor Gebrauch ist stets auf Durch-lässigkeit zu prüfen, indem man die Spitze in Äther eintaucht und hindurchbläst; dabei sollen die Blasen einzeln und langsam aus-treten, bei Capillaren für Hoch-vakuumdestillation sollen noch kleinere Luftblasen und erst bei kräftigem Einblasen hin-durchperlen. Auch der heraus-ragende Teil der Capillare kann ausgezogen und nach Bedarf verkürzt werden; oder man bringt an diesem Teil ein Stück-chen Vakuumschlauch samt Schraubenquetschhahn an, wo-bei in das Schlauchlumen ein ganz feiner Holzspan eingelegt wird, damit kein Verkleben der Schlauchwände stattfinden kann.

Destillier- und Fraktionier-aufsätze. Dieselben Modelle wie für die Destillation un-ter Atmosphärendruck (vgl. S. 110). Verwiesen sei ferner auf den modifizierten CLAISEN-Aufsatz von HAEUSSLER[1] für stoßende oder leicht schäumen-de Flüssigkeiten, der auch gegenüber dem einfachen CLAISEN-Aufsatz (Abb. 61) eine erhöhte Trennwirkung besitzt (vgl. Abb. 62). Das Einsetzen der Siedecapillare erfolgt durch den Aufsatz hin-

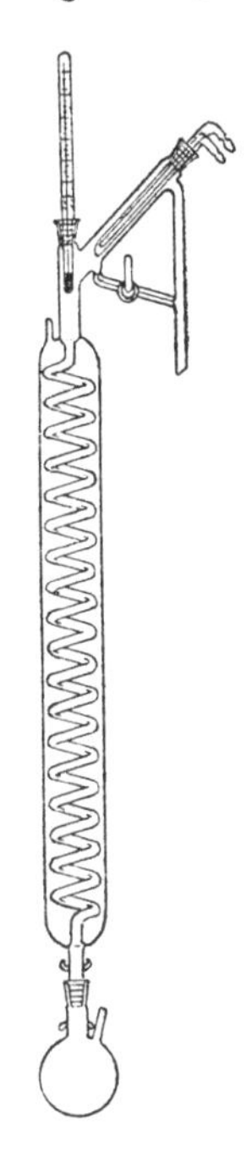

Abb. 65. JANTZEN-Kolonne für hochsiedende Substanzen.

Abb. 64. JANTZEN-Ko-lonne für tiefsiedende Substanzen.

durch. — Vorzüglich bewähren sich die WIDMER-Kolonnen (Abb. 57), am zweckmäßigsten mittels eines Normalschliffes

[1] HAEUSSLER, H.: Chem. Techn. **15**, 240 (1942).

mit dem Destillationskolben (gemäß Abb. 60 bei A) verbunden. Kleinere Kolonnen werden am besten direkt an den Destillationskolben (von etwa 5 bis 10 ccm Inhalt) angeschmolzen, und für die Fraktionierung von Einzelfraktionen mit einem Zulauf versehen (Abb. 63). Statt des in der Abb. 63 eingezeichneten Ablaufrohres kann ein kleiner Normalschliff angebracht werden, z. B. zur Verbindung mit dem Fraktioniereuter gemäß Abb. 74. Verwiesen sei weiterhin auf die FREY-Kolonne sowie eine Abart derselben für kleinere Substanzmengen[1].

Die *Destillierkolonne von* JANTZEN[2] (vgl. Abb. 64 und 65). Sie ist unter Berücksichtigung aller für die fraktionierte Destillation maßgebenden Faktoren konstruiert und besteht aus einem spiralig gewundenen 6 m langen Rohr, das in einem kupferverspiegelten und evakuierten Mantel eingeschmolzen ist. Die thermische Isolierung ist daher sehr gut; außerdem ist die Kolonne von außen elektrisch heizbar. Mit Hilfe eines REICHERTschen Quecksilber-Thermoregulators wird die Heizflamme gesteuert, wodurch die Siedegeschwindigkeit und damit das Rücklaufverhältnis beliebig eingestellt werden kann. Mittels eines Hahnes kann die Abtropfgeschwindigkeit des Kondensates geregelt werden. Für leicht erstarrende Stoffe verwendet man den in Abb. 64 seitwärts eingezeichneten Kondensator, für kleinere Mengen und hochsiedende Stoffe eine kürzere Destilliersäule mit angeschmolzenem Aufsatz (Abb. 65). Die Destillation mit dieser Kolonne dauert sehr lange Zeit (manchmal 1 bis 2 Tage für einige hundert Gramm Substanz), doch ist die Trennung sehr scharf. Das Arbeiten damit erfordert allerdings recht große Übung und Erfahrung (vgl. Original). Über gute Bewährung der JANTZEN-Kolonne für die Trennung von Kohlenwasserstoffgemischen bei Atmosphärendruck berichteten KOCH und HILBERATH[3]. Eine neue hochwirksame Laboratoriumsdestilliersäule mit einer wirksamen Länge von 24 m haben JANTZEN und HAKER[4] beschrieben.

Auch halbautomatische Fraktionieraufsätze aus Glas wurden konstruiert[5], die eine stunden- und tagelange störungsfreie Destillation ohne Aufsicht ermöglichen; dabei können die einzelnen Fraktionen

---

[1] Vgl. STÄHELIN: Chem. Fabrik 10, 315 (1937).

[2] JANTZEN, E.: Das fraktionierte Destillieren und das fraktionierte Verteilen als Methoden zur Trennung von Stoffgemischen. Dechema-Monographie Nr. 48 (Bd. 5). Berlin: Verlag Chemie 1932. Hersteller: Glaswerk Greiner & Friedrichs, Stützerbach i. Th.

[3] KOCH, H., u. F. HILBERATH: Brennstoffchemie 22, 135 (1941).

[4] JANTZEN u. HAKER: Chem. Fabrik 12, 329 (1939).

[5] Vgl. dazu BRUUN u. FAULCOMER: Ind. Engng. Chem., analyt. Edit. 9, 192 (1937). — Vgl. auch BRUUN: Ebenda 8, 224 (1936) u. a.

automatisch durch Einstellung einer elektrischen Uhr, die mit den Vorlagen in Verbindung steht, getrennt aufgefangen werden.

Zur fraktionierten *Destillation kleiner Mengen* im Vakuum (etwa 0,5—2 ccm) benutzt man Gefäße gemäß Abb. 66. Bei Form b kann durch den Mantel eine Flüssigkeit (oder Dampf) von der gewünschten Temperatur hindurchgeleitet werden. Form a ist vor allem für schwerer flüchtige, zähflüssige Substanzen

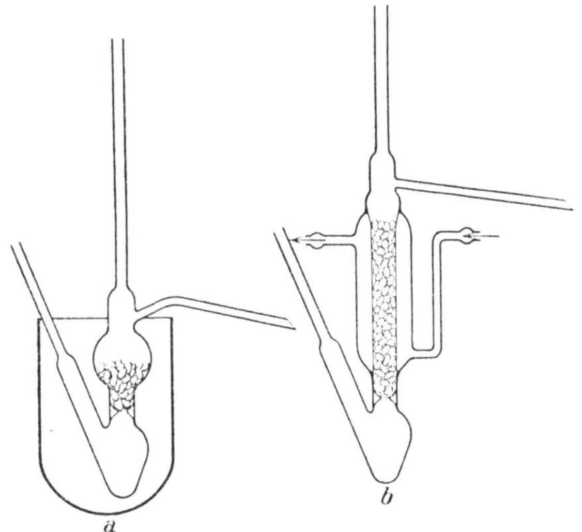

Abb. 66. Mikrofraktionierkolben M: 1 : 2,5.

geeignet. Das Ablaufrohr wird mit der Mikrofraktioniervorlage gemäß Abb. 77 verbunden; zweckmäßigerweise kann hiezu auch ein kleiner Normalschliff dienen.

Zur Fraktionierung kleiner Mengen (0,5 bis 4 g) kann weiterhin der Destillierapparat von KLENK[1] bestens empfohlen werden (Abb. 67). Das Gerät ist mit einer Spiralkolonne versehen, die sich in einem evakuierten Isoliermantel befindet; in anderer Ausführung aber auch ohne Kolonne verwendbar. Das Destillat fließt durch eine Capillare ab (Näheres vgl. im Original). Die Weiterentwicklung dieser Apparatur führte zu den Hochvakuumfraktioniergeräten von KLENK und SCHUWIRTH[2] sowie von SCHUWIRTH[3]; beim letztgenannten Gerät ermöglicht der große Quer-

---

[1] KLENK: Hoppe-Seyler's Z. physiol. Chem. **242**, 250 (1936). Hersteller: Greiner & Friedrichs, Stützerbach i. Th.

[2] KLENK, E., u. K. SCHUWIRTH: Hoppe-Seyler's Z. physiol. Chem. **267**, 260 (1941).

[3] K. SCHUWIRTH: Ebenda **277**, 147 (1942).

schnitt der Saugleitungen die Erzielung eines hohen Vakuums (unter Verwendung einer Quecksilberdiffusionspumpe).

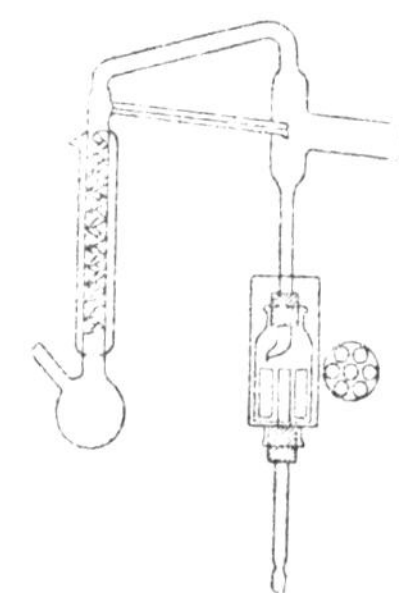

Abb. 67. Mikrofraktionierkolonne von KLENK.

Halbmikrofraktionierkolonnen (für 5—10 g) mit rotierendem Metallband wurden gleichfalls entwickelt[1]. Sie sind komplizierter gebaut als die oben beschriebenen einfachen Destilliergeräte, zeichnen sich aber durch vorzügliche Fraktionierwirkung aus und sind zur scharfen Trennung kleiner Flüssigkeitsmengen besonders geeignet. Vor allem sei auf die vervollkommnete Form der Kolonne von KOCH, HILBERATH und WEINROTTER[2] verwiesen. Mit Hilfe des rotierenden Metallbandes (1000 Umdrehungen je Minute) findet hier eine intensive Durchmischung von aufsteigendem Dampf und zurückfließendem Kondensat statt. — Sodann sei für die Fraktionierung von etwa 10 ccm Flüssigkeit auch noch auf kleine modifizierte Vigreuxkolonnen aufmerksam gemacht[3], die aber nicht so wirksam sind, wie die vorhin genannten Geräte.

Zur Vakuumdestillation noch kleinerer Mengen kann die *Mikrodestillierapparatur* von ELLIS-WEYGAND[4] benützt werden (vgl. Abb. 68). Das Capillarrohr ist an eine Mikrofraktioniervorlage angeschmolzen (sinngemäß analog Abb. 77, aber entsprechend kleiner und unmittelbar angesetzt). Mit Hilfe des Gerätes können einzelne Tropfen des Destillates aufgefangen werden. Hinsichtlich der Verbesserung der Fraktionierwirkung dieses Apparates durch Dazwischenschalten einer Kolonne vgl. PFEIL[5].

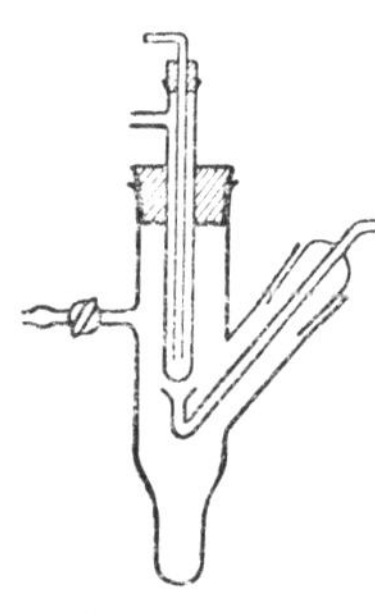

Abb. 68. Mikrodestilliergerät von ELLIS-WEYGAND.

---

[1] LESESNE u. LOCHTE: Ind. Engng. Chem., analyt. Edit. **10**, 450 (1938). — KOCH u. HILBERATH: Brennstoff-Chem. **22**, 135 (1941).

[2] KOCH, HILBERATH u. WEINROTTER: Chem. Fabrik **14**, 387 (1941).

[3] COOPER u. FASKE: Ind. Engng. Chem. **20**, 420 (1928). — WESTON: Ind. Engng. Chem., analyt. Edit **5**, 179 (1933).

[4] ELLIS, G. W.: J. Soc. chem. Ind. **53**, 77 (1934); Chem. Fabrik **7**, 117 (1934). — WEYGAND, C.: Organisch-chemische Experimentierkunst, S. 112. Leipzig: J. A. Barth 1938.

[5] PFEIL: Angew. Chem. **54**, 161 (1941).

Als wirksame *Mikrokolonnen* (für etwa 1 g), die auch tatsächlich gut fraktionieren, seien genannt die Geräte von CRAIG[1] sowie SCHRADER und RITZER[2] (kleine Vigreuxkolonne für hochsiedende Stoffe)[3]. — Hinsichtlich der *fraktionierten Destillation kleinster Flüssigkeitsmengen* (bis zu 3 mg) vgl. G. VON ELBE und SCOTT[4].

b) Einfache Destilliervorlagen.

Die *Kühlung* erfolgt im allgemeinen in gleicher Weise wie bei der Destillation unter Atmosphärendruck. Es kann daher auf das dort Gesagte verwiesen werden; auf Einzelheiten wird noch zurückzukommen sein.

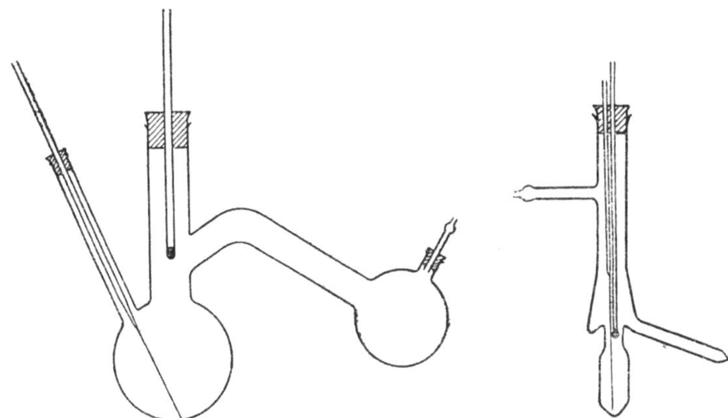

Abb. 69.
Destilliergerät für feste Substanzen.

Abb. 70. Destilliergerät für kleine Mengen fester Substanzen.

Die einfachen *Destilliervorlagen* dienen zum Auffangen von nur einer Fraktion. Als Vorlage: Destillierkolben, Saugflaschen oder Saugeprouvetten; mittels eines durchbohrten Gummistöpsels an den Kühler bzw. an das Destillierrohr anzuschließen. Sehr praktisch ist auch direkte Kühlung der Vorlage mit fließendem Wasser, das mittels eines Trichters aufgefangen wird (vgl. Abb. 59).

Bei Substanzen, die rasch erstarren, benützt man Säbel- oder Schwertvorlagen oder am besten Gefäße gemäß Abb. 69. Der

---

[1] CRAIG: Ind. Engng. Chem., analyt. Edit. 9, 441 (1937). — LYMAN u. CRAIG: Ebenda 8, 219 (1936).

[2] SCHRADER u. RITZER: Ebenda 11, 54 (1939).

[3] Vgl. dazu die Beschreibung der mikropräparativen Methoden in der organischen Chemie von DADIEU u. KOPPER: Angew. Chem. 50, 367 (1937) sowie von PFEIL: Ebenda 54, 161 (1941).

[4] Ind. Engng. Chem., analyt. Edit. 10, 284 (1938).

artige Geräte aus Schottglas (Duranglas) haben sich in den verschiedensten Größen (20—1000 ccm Kolbeninhalt) auch für hochsiedende und hochschmelzende Substanzen vorzüglich bewährt. Falls eine Kühlung der Vorlage erwünscht ist, also bei festen Substanzen, die im Vakuum etwa unterhalb 100° sieden, empfiehlt es sich, die Vorlage mit Leitungswasser zu berieseln (wie in Abb. 59). Für kleine Substanzmengen wählt man die Form der Spitzkolben (vgl. Abb. 60b). Für noch kleinere Substanzmengen (z. B. 1—2 g) kann das in Abb. 70 wiedergegebene Gerät empfohlen werden[1]. Nach Beendigung der Destillation wird der seitliche Ansatz aufgeschnitten und die Substanz herausgeschmolzen.

c) Fraktioniervorlagen.

Dieselben sind bei Substanzgemischen anzuwenden; sie ermöglichen ein gesondertes Auffangen der einzelnen Fraktionen ohne Unterbrechung der Destillation.

Sehr große Anzahl verschiedener Modelle; jeweils ist ein bestimmtes Prinzip verwirklicht. Sinngemäße Anwendung verschiedener Apparate, je nach der Substanzmenge und je nachdem ob leichter flüssige (bzw. flüchtige) oder schwerer flüssige (und auch schwerer flüchtige) oder schließlich feste Substanzen destilliert werden; man benützt im ersten Fall Vorlagen, bei denen jede einzelne Fraktion ausgeschaltet und entfernt werden kann (Verwendung von Sperrhähnen), im zweiten Fall solche, bei denen das Destillat durch keine Hähne zu fließen hat und der Weg desselben kurz ist; die einzelnen Fraktionen werden während der Operation nicht entfernt. Bei festen Substanzen arbeitet man ganz analog, trifft aber außerdem Maßnahmen zum Flüssighalten der Destillate im Destillierrohr.

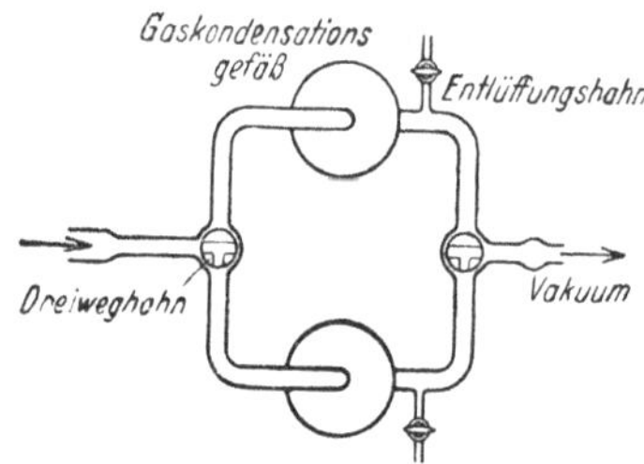

Abb. 71. Fraktioniervorlage für sehr leicht flüchtige Substanzen (schematisch).

α) Fraktioniervorlagen für sehr leicht flüchtige Substanzen. Gewöhnliche Kühlung ist nicht ausreichend, daher benützt man Vorlagen, die in DEWARschen Gefäßen mittels einer Kältemischung usw. gekühlt werden. Zweckmäßig ist ein System mit zwei Dreiweghähnen zwecks Auswechslung der Vorlagen (Abb. 71). Als solche dienen Gaskondensationsgefäße gemäß Abb. 9a;

---

[1] Vgl. BERNHAUER, MÜLLER u. NEISER: J. prakt. Chem. (2) **145**, 306 (1936). Anwendung für Substanzen vom Schmp. über 230° und Sdp.$_{12}$ über 400°.

außerdem können auch Konstruktionen mit Kühlspiralen benützt werden.

β) Fraktioniervorlagen für leicht flüssige Substanzen (zugleich
für relativ leicht flüchtige). Verwendung von Hahnvor-
stößen[1] oder sogenannten Eutervorlagen. In beiden Fällen Auffangung einer beliebigen Anzahl von Fraktionen möglich. — Für
größere Substanzmengen (etwa 50 bis 1000 g bzw. mehr)
bewährt sich z. B. der SKRAUPsche[2] Hahnvorstoß (Abb. 72); beim

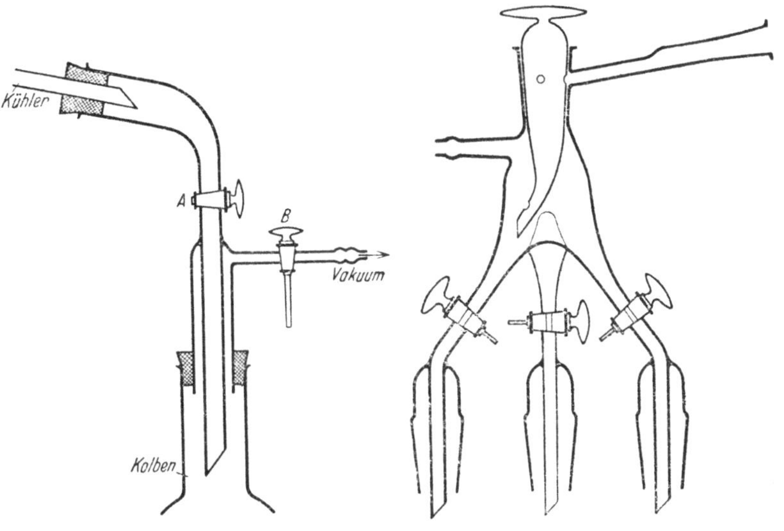

Abb. 72.
SKRAUPsche Fraktioniervorlage.

Abb. 73.
Großes Fraktioniereuter. M = 1 : 5.

Auffangen einer neuen Fraktion wird der Hahn *A* geschlossen,
die Vorlage (Kolben) mittels eines Dreiwegehahnes (Schwanzhahnes) *B* entlüftet, die neue Vorlage angesetzt, durch *B* wieder
evakuiert und *A* allmählich wieder geöffnet. — Eutervorlage für
größere Substanzmengen vgl. Abb. 73; Verteilungsschliff mit drei
Löchern zum Ablauf des Destillates, Vorlagen (Kolben oder Proberöhren) durch Schliff anschließbar. Sperrhähne entsprechend weit
(etwa 5 mm) und als Schwanzhähne ausgebildet (zwecks Entlüftung vor dem Abnehmen der Vorlagen). Eventuelle Evakuierung
der Vorlagen vor dem Umschalten (mittels einer zweiten Pumpe)
ermöglicht vollkommen konstante Destillation ohne jegliche Unter-

---

[1] Konstruktionen von THORPE, ANSCHÜTZ, THIELE u. a.
[2] SKRAUP: Mh. Chem. **23**, 1162 (1902).

brechung. — Auch eine mit Kühlmantel versehene Fraktioniervorlage nach ANSCHÜTZ-THIELE wurde beschrieben[1]; durch den Mantel können auch gekühlte Sole geleitet werden.

Für kleinere Substanzmengen (etwa 10—15 g). Eutervorlage gemäß Abb. 74. Zum Unterschied von der vorigen Form wird der ganze Vorstoß gedreht (N.-Schl. Nr. 3), was bei den kleinen Vorlagen leicht zu bewerkstelligen ist (im Prinzip ähnlich der Vorlage von GAUTIER[2]; ermöglicht bei Anwendung eines Sperrhahnes das Auffangen von fünf Fraktionen.

γ) **Fraktioniervorlagen für schwerer flüssige Substanzen** (zugleich für schwerer flüchtige). *Für größere Substanzmengen* BRÜHLsche[3] Konstruktion (beruhend auf dem Prinzip von KONOWALOW[4]): Eine Reihe von Vorlagen ist um eine drehbare Achse zentrisch angeordnet, und zwar innerhalb einer exsiccatorähnlichen Konstruktion mit einem Tubus zur Aufnahme des Destillierrohres und einem zweiten zum Evakuieren; durch den Deckel führt ein drehbarer Glasstab, an dem in sinngemäßer Weise die Einzelvorlagen befestigt sind (vgl. dazu auch Abb. 78).

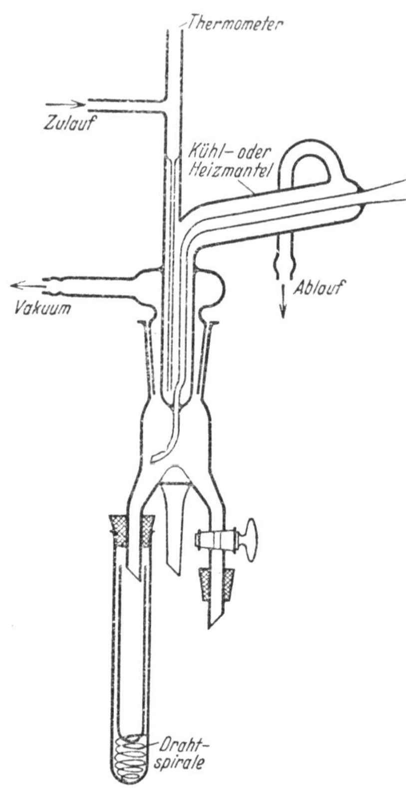

Abb. 74. Kleines Fraktioniereuter mit Kühl- (bzw. Heizmantel). M = 1 : 4.

Für kleine Substanzmengen (etwa 5 bis 10 g, eventuell mehr) Konstruktion gemäß Abb. 75; vor allem für die Auffangung

[1] SUTTER: Helv. chim. Acta **21**, 94 (1938).
[2] GAUTIER: Bull. Soc. chim. France (3) **2**, 675 (1889).
[3] BRÜHL: Ber. dtsch. chem. Ges. **21**, 3339 (1888).
[4] KONOWALOW: Ber. dtsch. chem. Ges. **17**, 1535 (1884).

sehr zahlreicher Fraktionen (bis 16) geeignet (insbesondere für den Fraktionierkolben nach Abb. 63).

Befestigung der Vorlagen an einem Kork, der an den durchgehenden Stift des Drehschliffes angesetzt wird; an dem Kork ein passendes Stückchen Wellpappe angeklebt, an deren Vertiefungen die Vorlagen (kleine Proberöhrchen) mittels Gummiringen angepreßt werden. Einige derartige Korke mit verschieden großen Vorlagen (vgl. Abb. 75) sind bereit zu halten und je nach der Anzahl und Menge der Fraktionen zu benützen.

Für relativ wenige Fraktionen verwendet man ein entsprechend vergrößertes Modell gemäß dem Unterteil des in Abb. 77 wieder-

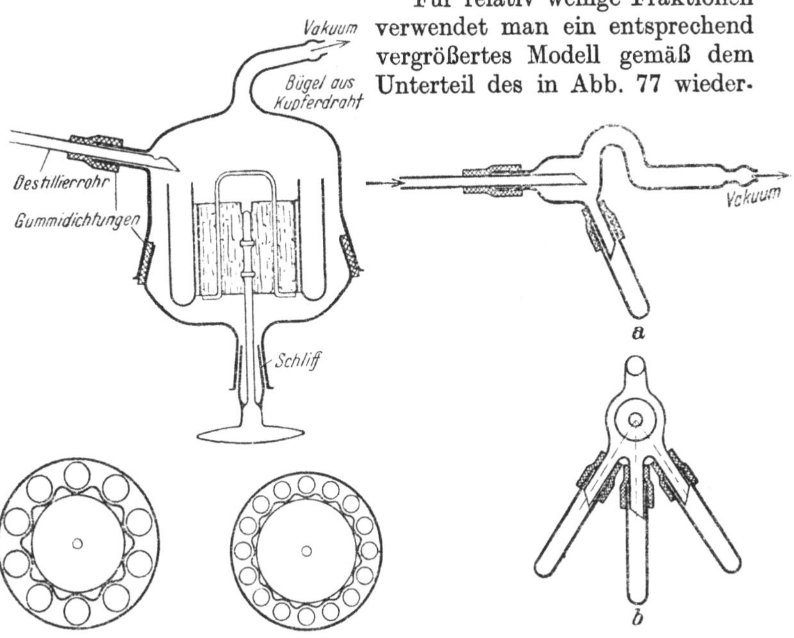

Abb. 75. Mikrofraktioniervorlage für zahlreiche Fraktionen. M = 1 : 3.

Abb. 76. Mikrofraktioniervorlage. a Seitenansicht, b Vorderansicht (in der Richtung → →). M = 1 : 2,5

gegebenen Gerätes, unter Benützung des Oberteiles der Abb. 74 (als Destillierkolben ein vergrößertes Modell gemäß Abb. 63 oder 66a), Abflußrohr versehen mit kleinem Normalschliff.

Mikrofraktioniervorlagen (für 0,1 bis 0,5 g Substanz und mehr): entweder die Konstruktion nach Abb. 76 (nach dem Prinzip des BREDT-PARLATOschen Sterns) für drei Fraktionen, oder eine Konstruktion nach Abb. 77[1] für 4 oder 7 Fraktionen; die Vor-

---

[1] Eine ähnliche Vorlage vgl. FRÄNKEL, BIELSCHOWSKY u. THANN-HÄUSER: Hoppe-Seyler's Z. physiol. Chem. 218, 10 (1933).

lagen besitzen ein kleines Loch und werden mittels eines Häkchens herausgezogen. Fraktionierrohr mit kleinem Loch versehen, so daß Verspritzen beim Abtropfen ausgeschlossen ist. Statt der eingezeichneten Anordnung kann das Fraktionsrohr zweckmäßigerweise auch mit einem kleinen Schliff versehen werden. Diese Vorlagen sind insbesondere für die Mikrofraktionierkolben nach Abb. 66 bestimmt.

δ) **Fraktioniervorlagen für feste Substanzen.** Analog den vorher beschriebenen, aber mit gleichzeitiger Anbringung von Vorrichtungen, die es gestatten, die übergehende Substanz im Destillierrohr flüssig zu erhalten, damit dieselbe in die Vorlage abtropfen kann. Dies erzielt man entweder mittels eines *Heizmantels* (vgl. Abb. 74)[1], durch den man Paraffinöl von der gewünschten Temperatur hindurchleitet (oder den Dampf eines entsprechend hoch siedenden Lösungsmittels), oder mit Hilfe eines *elektrischen Heizkörpers*, der im Destillierrohr untergebracht wird; am zweckmäßigsten erscheint diesbezüglich die von HANSEN[2] vorgeschlagene Konstruktion:

In eine dünne Glascapillare wird ein Platindraht eingeschoben und dieser sodann um die Capillare spiralig herumgewickelt. Diese Heizvorrichtung wird von unten in das genügend weit gehaltene Destillierrohr eingesetzt und die Stromzu- und -ableitung isoliert längs des Destillierrohres durch

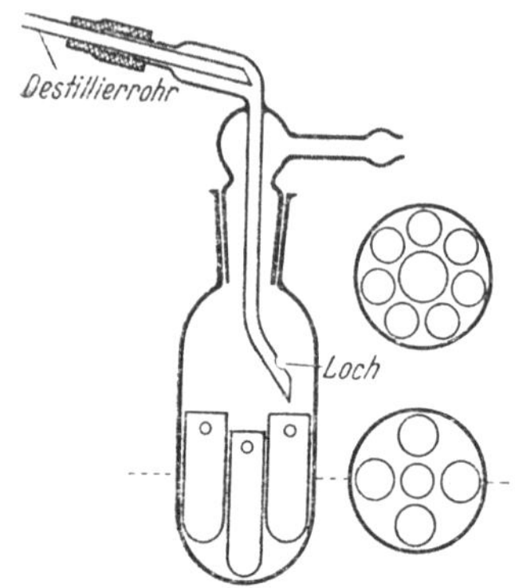

Abb. 77. Mikrofraktioniervorlage.
M = 1 : 2,5.

den Gummistopfen (oder sinngemäß in anderer Weise) herausgeführt. Durch Regulierung des durchgeschickten Stromes läßt sich die Substanz gerade flüssig erhalten.

Vorzüglich bewährt hat sich in meinem Laboratorium die in Abb. 78 dargestellte Apparatur. Es können dabei Destillierkolben verschiedener Größe mit Hilfe des Schliffes angeschlossen werden. Dabei ist darauf zu achten, daß der Schliff nach Beendigung der Destillation noch vor dem Erkalten auseinander genommen wird. Die übergehende Substanz kann im schräg absteigenden Teil

---

[1] Statt der Eutervorlage in Abb. 74 verwendet man dann ein einseitig geschlossenes Rohr mit Schliff und setzt Proberöhren analog wie in Abb. 77 oder 79 ein. — Für größere Substanzmengen vgl. die Modifikation der BRÜHLschen Vorlage nach HAEHN: Z. angew. Chem. **19**, 1669 (1906).

[2] HANSEN: in HOUBEN-WEYL Bd. 1, S. 631.

leicht mittels einer Flamme, im vertikal absteigenden Teil durch elektrische Innenheizung flüssig erhalten werden. Die Vorlage enthält 8 Bechergläschen, die in einer durchlochten drehbaren Metallscheibe lagern. Diese ist durch ein Gewinde oder durch Bajonettverschluß mit der Drehachse verbunden und von unten leicht abnehmbar.

Für *kleine Mengen fester Substanzen* eignet sich die in Abb. 79 wiedergegebene Vorlage[1], die 3—4 Proberöhrchen enthält, für die Verwendung verschieden großer Destillierkölbchen (etwa 5—30 g Substanz) eingerichtet ist und im übrigen nach dem

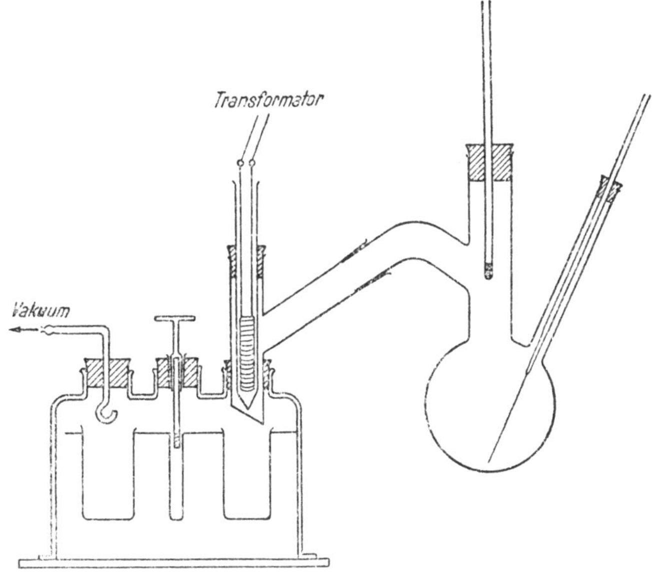

Abb. 78. Fraktioniervorlage für feste Substanzen.

gleichen Prinzip arbeitet wie die Apparatur für größere Substanzmengen (Flüssigerhaltung vor dem Abtropfen in die Vorlage im geschlossenen Teil des Systems, der nicht mit einer Flamme erreichbar ist).

d) Technik der Vakuumdestillation.

Im allgemeinen gilt hier das gleiche wie bei der Destillation unter Atmosphärendruck. Die Destillierkolben sollen aber nur

---

[1] Eine ähnliche Einrichtung, aber ohne Flüssigerhaltung des Destillates, vgl. HAUSCHILD: Chem. Fabrik **10**, 375 (1937).

zu einem Drittel, höchstens zur Hälfte gefüllt werden. Zum Erhitzen der Gefäße dienen hierbei stets Bäder, da die abgelesene
Siedetemperatur weitgehend von der richtigen Art des Erhitzens
abhängt. Als Badflüssigkeiten kommt meist Öl oder Glycerin in
Frage. Besonders empfohlen wurden auch Metallbäder, besonders
unter Verwendung der Woodschen Legierung[1] (vgl. S. 10). Man
erhält bei der Destillation nur dann brauchbare Werte, wenn die
Temperatur des Bades die Siedetemperatur höchstens um 20—30⁰
übersteigt. Die Größe dieser Temperaturdifferenz ist jedoch sehr

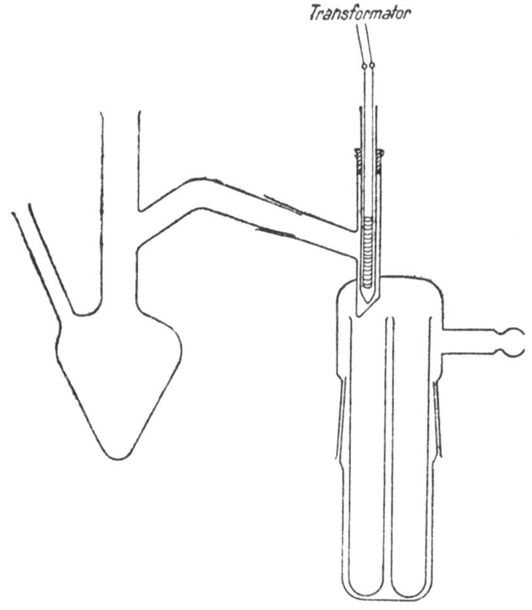

Abb. 79. Fraktioniergerät für kleine Mengen fester Substanzen.

davon abhängig, ob mit Fraktionieraufsatz gearbeitet wird oder
nicht. Die verwendeten Fraktionieraufsätze dürfen jedenfalls dem
nachströmenden Dampf keinen zu großen Widerstand entgegensetzen; so sollen die Kolonnen nur mit grobem Füllmaterial
versehen werden und weiterhin müssen dieselben gut isoliert
sein. Die Fraktionieraufsätze sowie die Vorlagen müssen dem
jeweiligen Zweck entsprechen, also sowohl der Menge der Substanz
proportional sein, als auch deren physikalischen Eigenschaften

---

[1] Vgl. C. Weygand: Organisch-chemische Experimentierkunst,
S. 107. Leipzig: J. A. Barth 1938.

Rechnung tragen. Bei sehr hoch siedenden und zähflüssigen Substanzen wird man zumeist auf einen Fraktionieraufsatz verzichten müssen. Für die Fraktionierung selbst ist eine kleine Dampfgeschwindigkeit von Wichtigkeit, die Destillation darf also nicht zu rasch vor sich gehen.

Nach dem Zusammenstellen des Apparates ist stets auf Dichtigkeit in leerem Zustand zu prüfen. Gummiverbindungen nur nach Befeuchten mit Glycerin, Glasschliffe nur nach Schmieren mit einem geeigneten Vakuumfett verwenden. Im übrigen gilt hier das bereits früher Gesagte (S. 30, vgl. auch S. 173). Erst wenn sich der leere Apparat als vakuumdicht erwiesen hat, füllt man die Substanz ein, evakuiert wieder und heizt dann das Bad an. Falls die zu destillierende Substanz noch ein leicht flüchtiges Lösungsmittel, insbesondere Äther enthält, entfernt man zunächst dasselbe durch vorsichtiges Evakuieren; dabei beschlägt sich der Kolben außen meist mit Eis bzw. Wassertröpfchen, die entfernt werden müssen, bevor man den Kolben in das Öl- oder Paraffinbad eintaucht. Erst sobald der Ätherdampf aus der Apparatur entfernt ist (was man auch an der Verbesserung des Vakuums merkt), beginnt man mit dem Erhitzen und verfährt weiterhin sinngemäß analog wie bei der Destillation unter Atmosphärendruck. Das Vakuummeter wird durch einen Hahn von der Apparatur abgeschlossen und das Vakuum nur zeitweise überprüft. Abstellung des Vakuums mittels eines Entlüftungshahnes.

Zur *Destillation von Substanzen, die feste oder schmierige Anteile hinterlassen,* eignen sich sehr gut Einkochgläser aus feuerfestem Glas, die mit einer Glasglocke und den nötigen Vakuumdestilliergeräten versehen werden[1]. Zurückbleibende Krystallkuchen, amorphe Massen oder zähe Schmieren können durch Auskratzen mit einem Spatel aus den weiten Gefäßen leicht gewonnen werden, während dies bei Verwendung von Kolben mit großen Schwierigkeiten verbunden ist.

Destillation schäumender Substanzen. Vorsichtige Regulierung des Vakuums mittels des Entlüftungshahnes; zumeist hört das Schäumen allmählich auf, worauf man erst mit der eigentlichen Destillation beginnen kann. Falls das Schäumen auch nach längerer Zeit nicht aufhört, wird am besten an der Stelle, wo das Destillierrohr angesetzt ist, mittels einer Capillare Kohlendioxyd (oder auch Luft) eingesaugt.

Destillation stark stoßender Substanzen. Man wird hier meist durch direktes Erhitzen mit freier Flamme zum Ziele kommen, wobei man den Kolben seitwärts mit der Flamme in kreisender Bewegung bestreicht, so daß sich die Stöße an der überhitzten Kolbenwand brechen. Man arbeitet dabei ohne Aufsatz und destilliert rasch über, wobei auch ein gelegentliches Überspritzen mit in Kauf genommen

---

[1] FÜRST, H.: Chem. Fabrik **14**, 297 (1941).

wird. Die nochmalige Destillation des gewonnenen Kondensates geht dann bereits ohne weiteres vor sich. In besonders schwierigen Fällen versetzt man die Flüssigkeit mit einer reichlichen Menge Glaswolle, an der sich auch heftige Stöße brechen[1].

Destillation leicht oxydabler Substanzen. Durch die Siedecapillare wird nicht Luft, sondern ein indifferentes Gas (CO_2, N_2 oder eventuell auch H_2) hindurchgesaugt. Über den außen herausragenden ausgezogenen Teil der Capillare zieht man ein Verbindungsrohr (mittels eines Stückchens Gummischlauch verbunden), das an den Gasometer mittels Vakuumschlauch angeschlossen wird. Nach Beendigung der Destillation wird das Vakuum nicht durch Luft, sondern durch ein indifferentes Gas aufgehoben, indem der Entlüftungshahn mit dem Gasometer verbunden wird. Als Gasometer verwendet man am besten zwei unten tubulierte Flaschen (vgl. S. 51); soll das Gas völlig trocken sein, so ist noch ein mit Calciumchlorid oder Phosphorpentoxyd gefülltes U-Rohr dazwischenzuschalten.

Die *Destillation sehr hitzeempfindlicher und leicht zersetzlicher Substanzen* wird am besten in kleinen Einzelportionen vorgenommen, da dann der Zersetzungsgrad geringer ist. Falls dabei der Destillationsrückstand flüssig bleibt, kann derselbe nach BLOCH und HÖHN[2] herausgesaugt und die nächste Portion eingefüllt werden, so daß die Destillation ohne Unterbrechung des Vakuums sofort weitergeht. Es wurden auch Maßnahmen zur Vermeidung einer Überhitzung empfindlicher Substanzen an den Apparaturwänden vorgeschlagen[3].

Hinsichtlich der *Behandlung kleiner Mengen leicht flüchtiger und zersetzlicher Stoffe* vgl. die Arbeiten von STOCK[4]: Apparatur mit den verschiedensten Hilfsmitteln ausgestattet, wie Messung des Volumens von Gasen sowie Flüssigkeiten, Bestimmung des Dampf- und Gasdruckes, Aufbewahren von Gasen und Flüssigkeiten usw.; Destillation bei niedrigsten Temperaturen (Verwendung von flüssiger Luft) und sehr geringem Druck.

Einige *Beispiele für die Leistungsfähigkeit der Destillationsmethode.* Isolierung von 35 normalen Paraffinen durch fraktionierte Destillation von Braunkohlenparaffin[5]. Hinsichtlich der Trennung von normalen langkettigen Kohlenwasserstoffen durch Hochvakuumdestillation vgl. auch GILCHRIST und KARLIK[6]. Trennung von Fettsäureestern durch fraktionierte Hochvakuumdestillation[7]. Trennung von kleinen Mengen (etwa 100—400 mg) Palmitinsäure und Stearinsäure[8].

---

[1] Vgl. C. WEYGAND: Organisch-chemische Experimentierkunst, S. 107. Leipzig: J. A. Barth 1938.

[2] BLOCH u. HÖHN: Ber. dtsch. chem. Ges. **41**, 1979 (1908).

[3] Vgl. KRAUT, LOBINGER u. POLLITZER: Ber. dtsch. chem. Ges. **62**, 1939 (1929).

[4] STOCK: Ber. dtsch. chem. Ges. **47**, 154 (1914); **50**, 989 (1917); **51**, 983 (1918); **52**, 695, 1851 (1919); **53**, 751 (1920) u. a. a. O.

[5] KRAFFT: Ber. dtsch. chem. Ges. **40**, 4779 (1907).

[6] GILCHRIST u. KARLIK: J. chem. Soc. [London] **1932**, 1992.

[7] JANTZEN u. TIEDECKE: J. prakt. Chem. (2) **127**, 277 (1930).

[8] FRÄNKEL, BIELSCHOWSKI u. THANNHAUSER: Hoppe-Seyler's Z. physiol. Chem. **218** (1933).

3. Molekulardestillation (Hochvakuumdestillation im engeren Sinn)[1].

Prinzip: Bei den gewöhnlichen Vakuumdestillationsgeräten muß der gesamte Dampf enge Ableitungsrohre durchströmen, bis er kondensiert wird. Oberhalb der siedenden Flüssigkeit findet eine bedeutende Stauung des Dampfes statt, so daß dort ein Druck von etwa 1—3 mm Hg herrscht, auch wenn das hinter der Vorlage angebrachte Manometer einen Druck von 0,1—0,01 mm Hg und darunter anzeigt. Nur wenn die Kondensation des Dampfes in möglichster Nähe der Verdampfungsfläche stattfindet (vgl. dazu Abb. 81), ist tatsächlich der erforderliche Druck von 10^{-4} erreichbar. Dabei findet allerdings kein Siedevorgang statt, sondern es handelt sich um eine *Hochvakuumverdampfung* ohne festliegenden Kochpunkt. Gegenüber der sogenannten Hochvakuumdestillation ist die Verdampfungstemperatur um weitere $80-100^0$ herabgesetzt, gegenüber dem Siedepunkt bei Atmosphärendruck daher um über 200^0. Der Name „Molekulardestillation" leitet sich von der Tatsache ab, daß bei geeigneter Apparatkonstruktion die verdampften Molekel auf ihrem Weg zur Kühlfläche nicht durch andere Molekel behindert werden, so daß gewissermaßen jedes einzelne Molekül für sich allein destillieren kann. Ein Vakuum von 10^{-4} ist dabei Voraussetzung, eine weitere Herabsetzung des Druckes ist allerdings überflüssig. — Die geschilderten Vorgänge beziehen sich auf Erscheinungen, die dem Siedevorgang kurz vorangehen. Demgegenüber beschrieb Utzinger[2] einen Prozeß, der bei noch höherem Vakuum vor sich geht (10^{-5} mm Hg) und als *Kurzwegdestillation* bezeichnet wird. Es handelt sich dabei um einen Siedevorgang ohne Behinderung durch Fremdgas. Auf Grund theoretischer Überlegungen ergeben sich in jedem Fall bestimmte Vorbedingungen für die Konstruktion geeigneter Apparaturen.

---

[1] Vgl. dazu M. Furter: Mitt. Gebiet Lebensmittelunters. Hyg. **30**, 201 (1939). — Beschreibung weiterer Apparate zur Molekulardestillation durch Morton, Mahomey u. Richardson: Ind. Engng. Chem., analyt. Edit. **11**, 460 (1939). — Die physikalischen Grundlagen, eine Kondensationspumpe, Destillationskolonnen u. a. Apparate, auch für technische Zwecke beschrieb D. D. Howat: Chem. Age **45**, 309, 323 (1941); **46**, 3 (1942); vgl. Chem. Zbl. 1943 I, 980, 1596. — Eine ausführliche Beschreibung der Methode samt den erforderlichen Geräten unter eingehender Berücksichtigung der Literatur samt Patenten, und zwar sowohl im Laboratoriumsmaßstab wie auch der Großapparaturen der Technik stammt von F. Wittka: Angew. Chem. **53**, 557 (1940); abgedruckt in Buchform: Neuere Methoden der präparativen organischen Chemie, S. 513. Berlin: Verlag Chemie 1943.

[2] Utzinger, G. E.: Chem. Techn. **16**, 61 (1943); s. auch Chemie **56**, 130 (1943).

Das Gebiet der Molekulardestillation (Kurzwegdestillation) kann im folgenden nur andeutungsweise behandelt werden. Eine Anleitung zum Gebrauch der diesbezüglichen Geräte zu geben, ist im Rahmen dieser Einführung natürlich unmöglich.

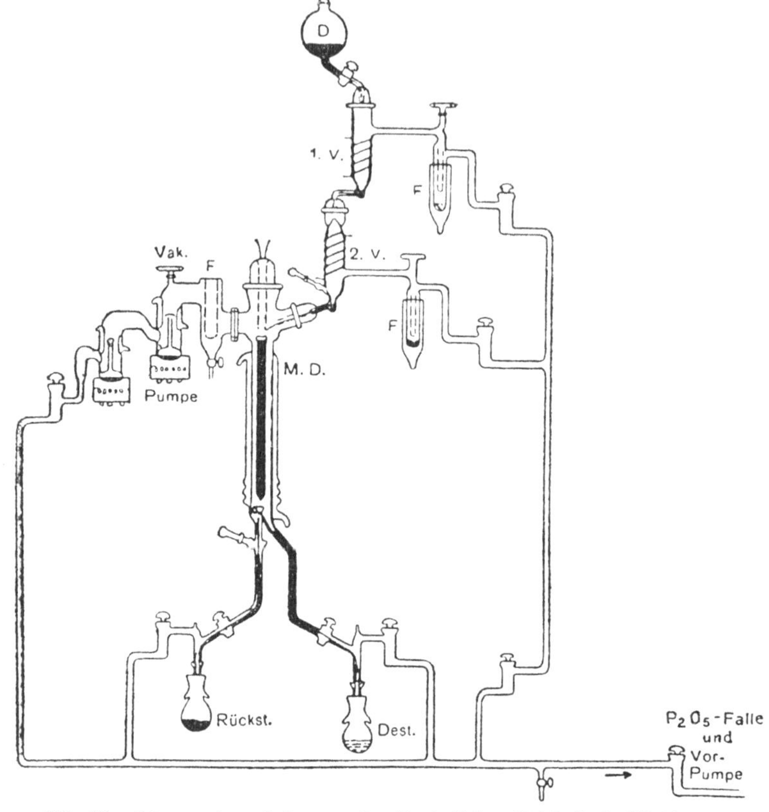

Abb. 80. Schema einer Anlage zur kontinuierlichen Molekulardestillation.

Molekulardestillationsapparate. Von den verschiedenen Konstruktionen[1] wird hier die von FAWCETT[2] kurz wiedergegeben[3]. Dieselbe ist für Mengen von 1 kg aufwärts gebaut, eignet sich

---

[1] BURCH, C. R.: Proc. Roy. Soc. [London], Ser. A **123**, 271 (1929); Nature [London] **122**, 729 (1928). — HICKMAN u. SANFORD: J. physic. Chem. **34**, 640 (1930); Ind. Engng. Chem., analyt. Edit. **29**, 968, 1107 (1937); **30**, 796 (1938) u. l. — In der Übersicht von WITTKA (l. c.) werden 17 Modelle angeführt, von denen wohl das oben beschriebene die beste Lösung darstellt.

[2] FAWCETT: Kolloid-Z. **86**, 34 (1939).

[3] Hersteller Glaswerk Schott & Gen., Jena.

allerdings nur für bestimmte, relativ beständige Stoffgruppen. Abb. 80 stellt die schematische Anordnung für einen *Apparat zur kontinuierlichen Molekulardestillation dar.*

Das Destillat läuft durch den Tropftrichter D über den 1. und 2. Vorentgaser (*1. V.* und *2. V.*) allmählich herab. In diesen wird das Produkt einer fortschreitend zunehmenden Temperatur bei abnehmendem Druck unterworfen und so von gelöster Luft, Feuchtigkeit und flüchtigen organischen Verunreinigungen befreit. Bei F befinden sich Ausfriertaschen, die in DEWARsche Gefäße mit flüssiger Luft eintauchen. Dieselben sind noch mit Meßstellen für das Vakuum versehen (elektrische Entladungsröhren). Das Destillat läuft nach der Entgasung in Form eines Films in dem eigentlichen Destilliergerät über ein elektrisch geheiztes Rohr herab (in *M. D.*). Die Kondensation der Dämpfe erfolgt an der

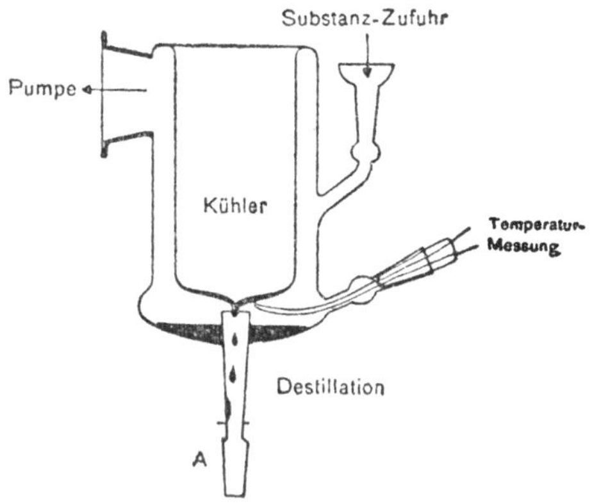

Abb. 81. Gerät zur Molekulardestillation von Einzelproben.

Innenwand des Kühlers, das Destillat sammelt sich in der Vorlage. Der nicht verdampfte Anteil wird in eine zweite Vorlage abgeleitet. Zur Temperaturmessung dienen Thermoelemente. Die Erzeugung des Vakuums erfolgt mit Hilfe zweier elektrisch beheizter Diffusionspumpen, die als Medium aber nicht Quecksilber, sondern Apiezonöl enthalten, das einen bedeutend kleineren Dampfdruck besitzt. Zwischen dem Destilliergerät und den Pumpen ist auch hier eine Ausfriertasche (F) eingeschaltet. Zur Messung des Vakuums dient auch an dieser Stelle ein standardisiertes elektrisches Entladungsrohr (bei *Vak.*), das in Gegenwart organischer Dämpfe bei 0,5 mm eine blaue Entladung gibt, bei 0,1 mm nur noch ein schwach blaues Leuchten, ab etwa $5 \cdot 10^{-3}$ mm aber keinerlei sichtbare Entladungserscheinungen mehr zeigt.

Apparate zur diskontinuierlichen Molekulardestillation, die also für kleine Mengen von Einzelproben bestimmt sind, unterscheiden sich von dem beschriebenen Gerät im wesentlichen nur durch die Konstruktion des eigentlichen Destillierapparates samt Vorlagen.

Man verwendet das in Abb. 81 wiedergegebene Gerät, das einerseits durch Flanschenschliff an die Ausfriertasche und Pumpenanlage angeschlossen wird, andererseits an den Vorentgaser. Die Temperaturmessung erfolgt mittels Thermometer oder Thermoelement. Unterhalb der Substanz wird eine elektrische Heizvorrichtung angebracht und bei A die Vorlage angeschlossen. Man benützt dabei zweckmäßigerweise einen heizbaren Verteiler mit Zweiweghahn, so daß durch Auswechseln der Kölbchen eine beliebige Anzahl von Fraktionen entnommen werden kann[1]. — Hinsichtlich der *Molekulardestillation kleiner Flüssigkeitsmengen* sei auf die Zusammenfassung von WITTKA[2] verwiesen. Hinsichtlich eines Destilliergerätes für kleine Substanzmengen unter Abnahme von Einzelfraktionen vgl. KARRER u. BRETSCHER[3].

Eine neue *Kurzwegdestillationsapparatur*[4], die einfach zu bedienen ist, bequem auf jedem Laboratoriumstisch aufgebaut werden kann und die tägliche Destnlation von Substanzmengen von wenigen Gramm bis zu 1 kg ermöglicht, hat kürzlich UTZINGER[5] beschrieben. Die wesentlichen Bestandteile dieser Apparatur sind in den Abb. 82 und 83 wiedergegeben.

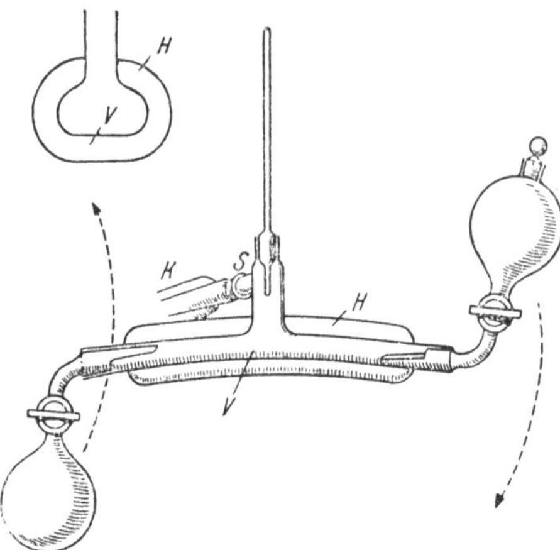
Abb. 82. Destillierrohr und Vorentgaser.

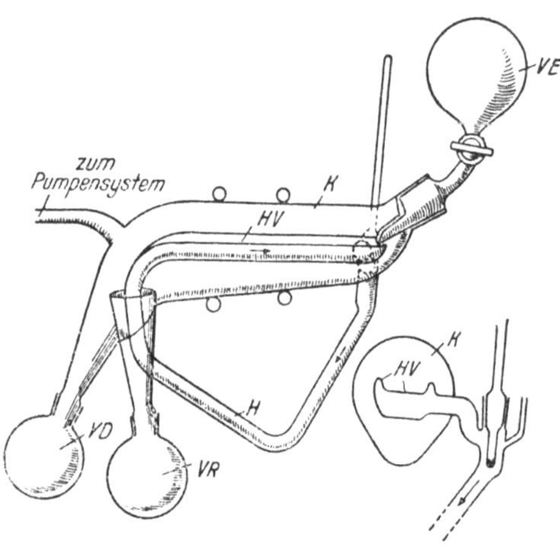

Abb. 83. Kurzwegdestillationsapparat.

Im Vorentgaser (Abb. 82) wird die Substanz kontinuierlich aus filmartiger Verteilung heraus vom Lösungsmittel befreit. Die Beheizung erfolgt durch Öl, das im Kreislauf zirkuliert. Wie angedeutet, können

[1] Vgl. Druckschriften des Glaswerks Schott & Gen., Jena.
[2] WITTKA: Angew. Chem. **53**, 557 (1940).
[3] P. KARRER u. E. BRETSCHER: Helv. chim. Akta **26**, 1767 (1943).
[4] Die Apparatur soll demnächst vom Jenaer Glaswerk Schott & Gen. in den Handel gebracht werden.
[5] UTZINGER, G. E.: Chem. Techn. **16**, 61 (1943); s. auch Chemie **56**, 130 (1943).

Zulaufgefäß und Vorlage gedreht und mit abwechselnder Funktion verwendet werden. Nach der Beendigung der Entgasung wird die Vorlage verschlossen abgenommen und als Zulaufgefäß ($V. E.$) an der Kurzwegdestillationsapparatur angebracht (Abb. 83). Die Substanz fließt von hier auf die Heizwanne ($H. V.$), wo sie sich, nachdem zunächst die ganze Fläche benetzt wurde, filmartig verteilt. Die Beheizung erfolgt durch das Kreislaufsystem H mittels Öl. Das Destillat setzt sich an den Wänden des Kühlrohres (K) ab und sammelt sich in der Vorlage ($V. D.$); der Destillationsrückstand gelangt, am Heizrohr herabfließend, in die Rückstandsvorlage ($V. R.$). Zur kontinuierlichen Destillation *fester Substanzen* dient eine hahnlose Vorlage, aus der die Substanz portionsweise herausgeschmolzen wird. Der Anschluß der Apparatur an das Pumpensystem erfolgt im Gegensatz zu dem oben beschriebenen Apparat nur durch Schlauchverbindung, da ja keine Gase mehr entweichen sollen. Das Pumpensystem besteht aus einer dreistufigen Quecksilberdampf-Diffusionspumpe mit einer analogen einstufigen Pumpe als Vorvakuum; hierzu kommen noch Gasfallen und Vakometer.

Der Vorentgaser gemäß Abb. 82 kann auch als Destillierrohr zur *kontinuierlichen Dünnschichtdestillation* verwendet werden, z. B. für empfindliche Substanzen, die infolge ihrer leichten Flüchtigkeit zur Kurzwegdestillation nicht geeignet sind. Die Destillation erfolgt aus filmartiger Verteilung heraus, wobei durch wiederholtes Hin- und Herfließenlassen bei verschiedener Siedetemperatur eine milde Fraktionierung erfolgt. Das Destillat wird über den absteigenden Kühler dem Vorlagensystem zugeleitet.

Anwendungsgebiete der Molekulardestillation[1]. Die Bedeutung der Methode liegt darin, daß hitzeempfindliche Produkte, die bei Anwendung der üblichen Methoden ganz oder teilweise zerstört würden, gereinigt oder konzentriert bzw. getrennt werden können, wobei allerdings eine vollkommene Trennung komplizierter Gemische nicht erzielbar ist[2]. Vor allem für biochemisch wichtige Stoffe wie Vitamine ist die Methode von unschätzbarem Wert geworden und wird auch technisch für diese Zwecke angewendet.

Beispiele[3]. Behandlung von Mineralölen (Gewinnung der Apiezonöle), Untersuchung und Behandlung von Triglyceriden, Verbesserung trocknender Öle oder der Standöle (auch in technischem Maßstab), Abtrennung des Unverseifbaren aus pflanzlichen und tierischen Fetten und Ölen (Isolierung von Sterinen, von Vitamin A und D, Konzentrierung von Vitamin E[4], Abtrennung von Antioxydantien von natürlichen Fetten u. v. a.) oder anderer natürlicher Bestandteile von Fetten und Ölen[5]. Jedenfalls hat sich die Molekulardestillation

---

[1] Vgl. dazu ausführliche Angaben bei WITTKA (l. c.).

[2] Vgl. FAWCETT: J. Soc. chem. Ind. 58, 43 (1939).

[3] Vgl. dazu FAWCETT: S. 134, Note 2.

[4] Vgl. auch A. EMMERIE u. CH. ENGEL: Z. f. Vitaminforschg. 13, 259 (1943).

[5] Vgl. z. B. N. D. EMBREE: Chem. Reviews 29, 317 (1941).

bereits jetzt als ein fast unentbehrliches Hilfsmittel für die angedeuteten Arbeitsgebiete erwiesen und auch in der chemischen Industrie einen Platz erobert[1].

4. Verdampfung[2].

Es handelt sich hier um die Entfernung eines Lösungsmittels, wobei der Rückstand von maßgebender Bedeutung ist. Die betreffende Substanz darf daher mit dem Dampf des Lösungsmittels (insbesondere Wasserdampf) nicht flüchtig sein. Man wird daher jeweils sinngemäß je nach der Art der Substanz vorzugehen haben. So wird man z. B. wäßrige Lösungen organischer (wasserdampfflüchtiger) Säuren erst nach dem Abneutralisieren (z. B. mit Ammoniak) zur Verdampfung bringen und ebenso sinngemäß bei organischen Basen vorgehen.

Soll dabei das Lösungsmittel wiedergewonnen werden, und ist der Rückstand eine Flüssigkeit, so geht man in einfachen Fällen in gleicher Weise vor wie bei der Destillation. Ansonsten bedient man sich der eigentlichen Verdampfungsmethoden; dieselben sind jeweils verschieden, je nachdem, ob bei Atmosphärendruck oder im Vakuum gearbeitet wird. Bei der Verdampfung verwendet man sinngemäß insbesondere solche Geräte, die eine leichte und möglichst verlustlose Gewinnung der Verdampfungsrückstände gestatten; kolbenförmige Gefäße sind daher nur in besonderen Fällen anwendbar.

a) Verdampfung bei Atmosphärendruck.

Es ist hierbei zu unterscheiden, ob die Operation unter Sieden der Flüssigkeit erfolgt oder nicht; im zweiten Fall handelt es sich um Verdunstung.

α) **Verdampfen einer Flüssigkeit unter Sieden derselben.** Einkochen in Kolben oder Bechergläsern, besser aber in Porzellanschalen oder Töpfen. Zusetzen von Siedesteinchen von Wichtigkeit. Falls sich während des Prozesses feste Substanz abscheidet (wodurch das sehr lästige Stoßen der Flüssigkeit unvermeidlich wird), kann die Verdampfung unter Durchleiten eines starken Luftstromes bzw. anderen Gasstromes oder unter Rühren vorgenommen werden.

β) **Verdampfen einer Flüssigkeit unterhalb der Siedetemperatur** (*Eindunsten* oder *Abdunsten*); verläuft wesentlich langsamer. Verdunstung erfolgt nur an der Oberfläche der Flüssigkeit, daher

---

[1] Anwendung der Molekulardestillation zur technischen Erzeugung von Vitamin A (D. D. HOWAT: Chem. Age **46**, 41 [1942]; Chem. Zbl. **1943 I**, 863), der Vitamine D und E (D. D. HOWAT: Chem. Age **46**, 53 [1942]; Chem. Zbl. **1943 I**, 863).

[2] Eine eingehende Behandlung der Verdampfung vgl. HAUSBRAND: Verdampfen, Kondensieren und Kühlen, 7. Aufl. Berlin: Springer 1931.

ist dieselbe möglichst groß zu wählen. Verwendung von flachen Schalen, die eventuell auf einem Wasserbad oder elektrischen Heizbad erwärmt werden; dauernde Wegführung der über der Flüssigkeit lagernden Dämpfe durch einen Luftstrom, erzeugt durch Blasen oder Saugen.

Wegführen der Dämpfe durch Blasen: Verwendung einer Druckpumpe oder eines Föhns und Leitung des Luftstromes über die Flüssigkeit; je nach der Art derselben ist entweder kalte oder vorgewärmte Luft zu verwenden. Besonders rasches Abdunsten in den Verdunstungskästen.

Die *Verdunstungsschränke* (z. B. nach FAUST-HEIM) arbeiten nach dem Föhnprinzip, indem warme Luft über die in einem Kasten befindlichen, mit der abzudunstenden Flüssigkeit gefüllten Schalen geleitet wird. Bestens bewährt hat sich ein in meinem Laboratorium entwickelter Verdunstungsschrank, der nach dem gleichen Prinzip arbeitet, aber die Einstellung einer bestimmten Temperatur ermöglicht, mit Thermoregulatoren versehen ist und eine große Leistungsfähigkeit besitzt.

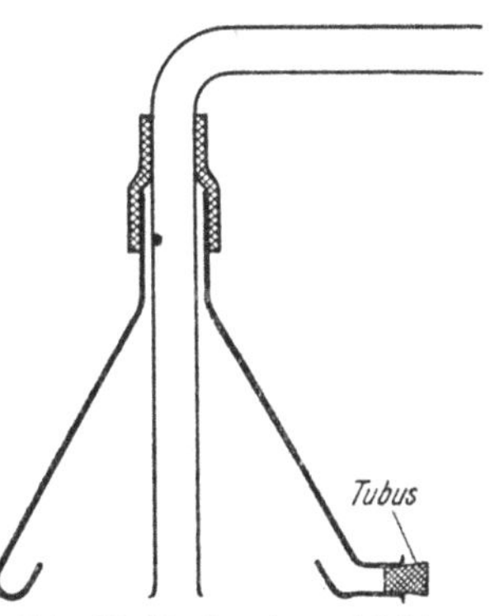

Abb. 84. Verdunstungstrichter mit Absaugrohr.

Wegführen der Dämpfe durch Saugen. Wasserstrahlpumpe (oder Ventilator). Oberhalb der zu verdunstenden Flüssigkeit wird ein Trichter angebracht, der mit der Saugpumpe verbunden ist. Zweckmäßigste Form in Abb. 84: ein OSTWALDscher Schutztrichter mit einem Absaugrohr nach VOGEL versehen; die durchgesaugte Luft streicht dabei über die ganze Flüssigkeitsoberfläche. Der Tubus dient zum Ablassen von Kondenswasser.

γ) **Verdunstung mit Hilfe von Absorptionsmitteln**: z. B. eine Glasglocke, auf eine Glasplatte aufgeschliffen, innerhalb derselben ein Gefäß mit dem Absorptionsmittel und eine Schale mit der einzudunstenden Substanz (auf einem Gestell einige Schalen übereinander); auch die gebräuchlichen Exsiccatoren sind zu diesem Zweck geeignet. Anwendung der einzelnen Absorptionsbzw. Trockenmittel für die verschiedenen Lösungsmittel aus Tabelle 8 ersichtlich.

Tabelle 8.

Lösungsmittel	Absorptions- bzw. Trockenmittel
Wasser	Chlorcalcium, Ätzkali, Ätznatron, Schwefelsäure, Silicagel[1], Phosphorpentoxyd
Alkohol, Äther	Schwefelsäure, Paraffin[2], Silicagel
Chloroform, Benzol, Schwefelkohlenstoff, Ligroin........	Paraffin[2], Olivenöl, Silicagel
Salzsäure, Essigsäure und andere flüchtige Säuren	Ätzkalk, Ätzkali, Ätznatron
Ammoniak, Pyridin und andere flüchtige Basen	Schwefelsäure

b) Verdampfung im Vakuum.

Apparaturen verschieden, je nachdem, ob Verdampfung unter Sieden stattfindet oder ob nur Verdunstung eintritt. Das Verdampfen im Vakuum hat außer der Schonung der Substanzen auch den Vorteil, daß eine Verunreinigung durch Staubteilchen usw. ausgeschlossen ist, und daß die Operation rasch beendet werden kann.

α) Vakuumverdampfung bei Siedetemperatur. Verdampfung größerer Flüssigkeitsmengen (etwa 3—10 l und mehr).

Früher verwendete man größere Porzellangefäße mit Glasdeckel oder verzinnte Kupferkessel mit Kupferdeckel und Glasfenstern; Dichtung mittels eines Gummiringes, der mit Glycerin befeuchtet wird (z. B. die bekannte Konstruktion von BITTMANN und

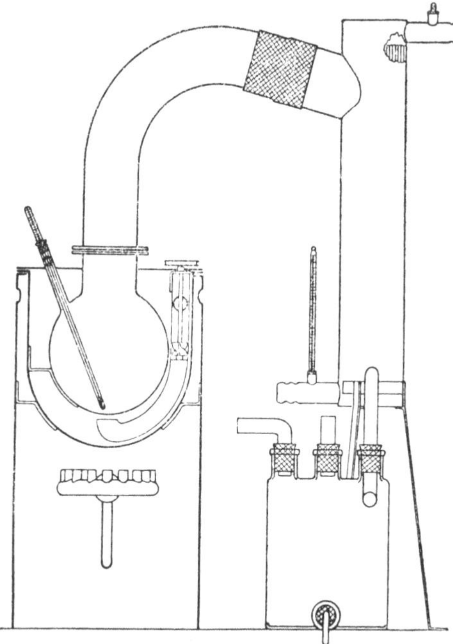

Abb. 85. Rapidverdampfer von JANTZEN u. SCHMALFUSS.

---

[1] Hinsichtlich der damit gemachten günstigen Erfahrungen vgl. VAN ARKEL: Pharmac. Weekbl. **76**, 59 (1939). — Vgl. auch S. 56.

[2] Am zweckmäßigsten verwendet man mit geschmolzenem Paraffin getränkte Streifen Filtrierpapier.

BASEL). In neuerer Zeit wurden sehr wirksame Verdampfungs-
apparate entwickelt.

Zur schonenden Verdampfung größerer Mengen sei der Rapidverdampfer von JANTZEN und SCHMALFUSS[1] genannt, der aus Metall
angefertigt ist und bei einer Temperatur der Blasenflüssigkeit von

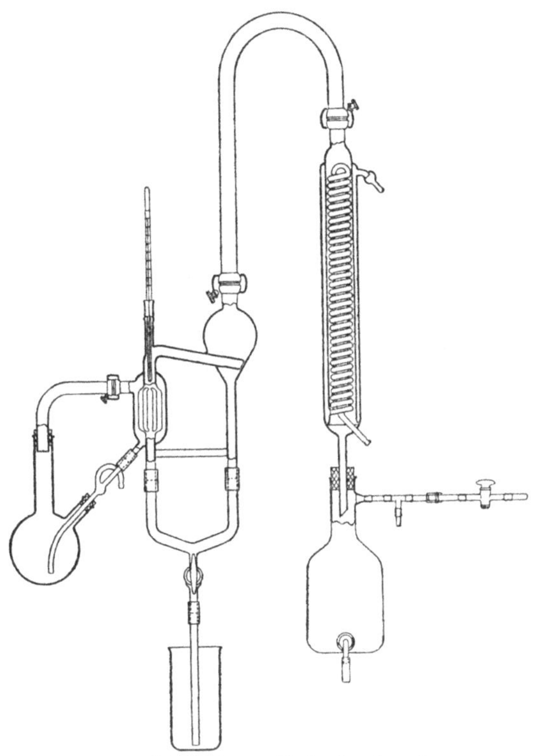

Abb. 86. Vakuum-Umlaufverdampfer.

14,5⁰ (Badtemperatur 82⁰) bei 12 mm Hg unter Verwendung von 6⁰
warmem Kühlwasser etwa 37 l Wasser pro Stunde verdampft. Ein
kleinerer Apparat der gleichen Autoren[2] ist in Abb. 85 wiedergegeben;
er ist mit 1—5 l Kolbeninhalt verwendbar[3] und besitzt einen kupfernen
Röhrenkühler (die größeren Destillierblasen sind aus V2A-Stahl
angefertigt). Die Leistungsfähigkeit ist gleichfalls sehr gut und
beträgt 5,5 l Wasser pro Stunde bei 15,5⁰ Blasentemperatur (80⁰

---

[1] JANTZEN u. SCHMALFUSS: Chem. Fabrik 1, 373, 390 (1928).
[2] JANTZEN u. SCHMALFUSS: Chem. Fabrik 1, 701 (1928).
[3] Hersteller: Greiner & Friedrichs, G. m. b. H., Stützerbach i.
Thür.

Badtemperatur), 13,5 mm Hg unter Verwendung von 10° warmem Kühlwasser. Lösungen sehr empfindlicher Substanzen können bei noch viel tieferer Temperatur verdampft werden (Leistungsfähigkeit 2 l Wasser pro Stunde bei 0,8° Flüssigkeitstemperatur in der Blase).

Zur schonenden Verdampfung wäßriger Lösungen sind besonders die *Vakuum-Umlaufverdampfer*, die im technischen Maßstab bereits seit längerer Zeit bekannt sind, zu empfehlen[1]. Eine handliche Form wurde jüngst von Schott & Gen. entwickelt[2] (vgl. Abb. 86). Die Apparatur besteht ganz aus Glas. Zur Heizung dient ein Dampfentwickler, falls keine Dampfleitung vorhanden ist. Für viele Zwecke empfiehlt sich das Arbeiten mit Unterdruckdampf unter Benützung einer einfachen Anordnung aus Glas (Schott & Gen.) oder eines sogenannten Dampftransformators[3]. Die zu verdampfende Flüssigkeit zirkuliert im Verdampfersystem und wird im Heizkörper durch Dampf erwärmt. Das Destillat wird im Kühler kondensiert und sammelt sich in der Vorlage. Die Verbindung zwischen dem Verdampfersystem und dem Kühler erfolgt durch ein weites Übergangsstück (den „Krümmer"), das mittels Kugelschliffen angeschlossen wird. Durch den Hahn kann Flüssigkeit nachgesaugt wie auch Konzentrat entnommen werden. Die Leistungsfähigkeit beträgt beim Normaltyp etwa 2,5 l Wasser pro Stunde bei 23,5—70 mm Hg und normaler Temperatur des Kühlwassers der Wasserleitung. Dies entspricht etwa dem Fünffachen gegenüber der ruhenden Verdampfung in einer Schale. Zwecks *Verdampfung stark schäumender Flüssigkeiten* füllt man zunächst nur mit Wasser und saugt erst, nachdem die Verdampfung in Gang ist, die einzuengende Lösung nach (auch Saponinlösungen konnten so eingedampft werden). Der Apparat ist z. B. zur Konzentrierung vitaminhaltiger Flüssigkeiten bestens geeignet, zur schonenden Gewinnung von Pflanzensaftkonzentraten, Enzymkonzentraten u. a. Zweckmäßigerweise verwendet man erforderlichenfalls im Vakuum reduzierten Dampf von passender tieferer Temperatur (vgl. oben).

Außer dem beschriebenen Eindampfen von Lösungen zur Sirupkonsistenz läßt sich der Vakuumumlaufverdampfer gemäß der neuen Umkonstruktion des Jenaer Glaswerkes auch für folgende Arbeiten verwenden: Zum Umkrystallisieren bzw. zur Krystallabscheidung,

---

[1] Das erste derartige Gerät für Laboratoriumszwecke wurde von SAUER [Chemiker-Ztg. **49**, 870 (1925)] angegeben, ein weiterer Apparat wurde sodann von Greiner & Friedrichs herausgebracht.

[2] Chemische Fabrik E. Merck gemeinsam mit dem Jenaer Glaswerk Schott & Gen. — Vgl. Kolloid-Z. **86**, 62 (1939) und H. PANZER: Pharmaz. Ind. **1940**, 243. — Druckschriften des Jenaer Glaswerkes Schott & Gen.

[3] Hergestellt von der Fa. Kurt Herbert, Lahr (Schwarzwald).

zur Rückgewinnung von Lösungsmitteln, zur Bereitung alkoholischer Essenzen, in gewissem Ausmaße auch zur fraktionierten Destillation, zur Wasserdampfdestillation von mit Wasser nicht mischbaren Flüssigkeiten und schließlich zur Extraktion fester Stoffe im Vakuum. Alle diese Arbeiten gehen infolge Anwendung des Umlaufprinzips sehr rasch vor sich und, da im Vakuum gearbeitet wird, zugleich sehr schonend. Natürlich sind für die mannigfaltigen Zwecke verschiedenartige Bauelemente des Apparates erforderlich, die aber infolge Anwendung der Kugelkupplungen durch wenige Handgriffe miteinander austauschbar sind. So wird zur *Krystallabscheidung* das

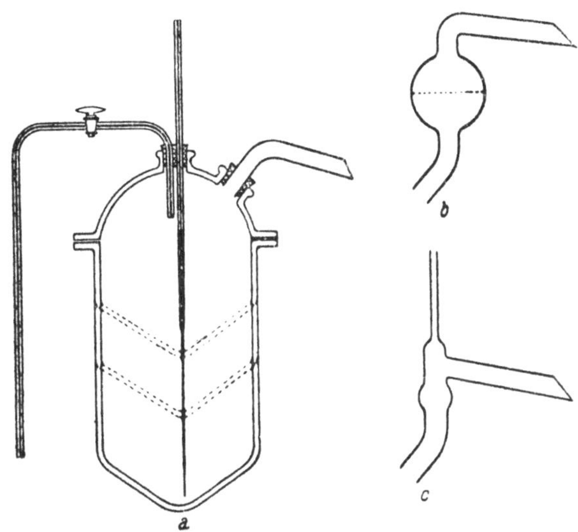

Abb. 87. Vakuumverdampfungsgefäß (a) mit Zubehör; M = 1:4,5.
b) Schaumfänger, c) Destillieraufsatz.

Mittelstück mit einer anderen Schaltung versehen (statt des Gabelrohres), und zwar mit Einrichtungen zur Aufnahme der festen Stoffe sowie zum Nachsaugen der Rohflüssigkeit und zum Entleeren. — Zwecks *Eindampfen zur Trockne* wird der Mittelteil *A* gegen einen einfachen Schalenverdampfer passender Konstruktion ausgetauscht, unter Dazwischenkupplung eines Schaumzerstörers nach EDDY (vgl. S. 146). Hinsichtlich aller Einzelheiten sei auf die Druckschriften des Jenaer Glaswerkes verwiesen.

Halbtechnische Geräte zur Vakuum-Umlauf-Verdampfung kommen z. B. für Versuchsbetriebe oder größere Laboratoriumsarbeiten in Frage. Verwiesen sei z. B. auf den Hochvakuum-Schnellumlauf-Verdampfer mit Dampftransformator der Fa. K. Herbert (Lahr in Baden).

Für kleinere Flüssigkeitsmengen (100 ccm bis etwa 2 l) kann das Mikromodell des Vakuumumlaufverdampfers empfohlen

werden (die Flüssigkeit ist in demselben bis auf etwa 50 ccm ein-
engbar). — Für viele Zwecke sind aber die einfachen exsiccator-
artigen Vakuumverdampfer z. B. gemäß Abb. 87 nicht zu umgehen,
vor allem dann, wenn dichte Krystallisationen erfolgen, die zu
einem plötzlichen Erstarren des ganzen Gefäßinhaltes führen.
Zweckmäßigerweise verdampft man stark verdünnte Lösungen zunächst im Vakuumumlaufverdampfer und füllt dann das Konzentrat in einen solchen einfachen Vakuumverdampfer um, in dem
man bis zur Krystallisation oder zur Trockne verdampfen kann,
da in diesem Fall die weitere Verarbeitung des Krystallbreies einfach ist. Derartige Verdampfungsgefäße bestehen ganz aus Glas,
die Dichtung erfolgt mittels eines Glasschliffes unter Verwendung
eines Schmiermittels. Die Apparate sind mit einer Siedecapillare,
einem capillaren Zulaufrohr mit Hahn zum Nachsaugen der Flüssigkeit und einem Tubus versehen, in den das Destillierrohr eingedichtet wird; dieses soll entsprechend weit sein, damit der
Dampfstrom ungehindert passieren kann. Die Gefäße sind nor-
malisiert, so daß jeweils ein Deckel für Unterteile von verschiedener
Tiefe verwendbar ist (für 1 l, $\frac{1}{2}$ l und $\frac{1}{4}$ l Inhalt); in Abb. 87a
durch Strichlierung angedeutet. Das Kondensrohr wird zweckmäßigerweise an einen gut wirkenden Kühler angeschlossen, da
bei direktem Absaugen des Dampfes in die Wasserstrahlpumpe
die Leistung verringert ist[1].

Die Verdampfung erfolgt unter dauerndem Sieden der Flüssigkeit;
Verwendung eines geeigneten Topfes als Wasserbad. Falls Stoßen
der Flüssigkeit eintritt (beim Verstopfen der Capillare durch Aus-
scheiden fester Substanz) geht man so vor, daß man die Flüssigkeitsmenge im Gefäß klein hält und frische Lösung durch entsprechende
Einstellung des Capillarhahnes in das Gefäß versprühen läßt, wobei
sofortige Verdampfung stattfindet. Bei schäumenden Flüssigkeiten
tauscht man das Destillierrohr gegen einen *Schaumfänger* aus: eine
Glaskugel, in der ein Drahtnetz (Abb. 87b) oder eine Glasspirale
eingesetzt ist oder ein Aufsatz mit Schaumrückführung (vgl.
S. 146). Ferner kann man sich durch Darüberleiten von CO_2 zu
helfen suchen (vgl. S. 151) oder bei wäßrigen Flüssigkeiten durch
Zusatz von Paraffinöl oder höheren Alkoholen oder durch Zusatz
von etwas Äther, wodurch der Schaum zusammenfällt; oder man
verdampft durch Versprühen (zweckmäßigerweise wird dabei die zu
versprühende Flüssigkeit entsprechend vorgewärmt). Die beschriebenen Verdampfungsgefäße können auch bequem zum Abdestillieren
des Lösungsmittels unter Auffangung desselben verwendet werden.

Hat man häufig Vakuumverdampfungen kleinerer Flüssigkeitsmengen zur gleichen Zeit vorzunehmen, so ist es zweckmäßig, eine
eigene *Vakuumverdampfungsanlage* zu benützen, besonders für die
Verdampfung wäßriger Lösungen: ein Rohrsystem mit einer Anzahl
weiter Glashähne (etwa 10 mm Bohrung) angeschlossen an einen

---

[1] Vgl. dazu JANTZEN u. SCHMALFUSS: Chem. Fabrik **2**, 387 (1929).

leistungsfähigen Metallkühler und zwei Wasserstrahlpumpenanlagen (vgl. S. 28) oder eine Ölpumpe. Im ganzen System sollen nur weite Rohre verwendet werden (etwa 15 mm Durchmesser), so daß die Verdampfung rasch vonstatten geht. Auch die Wasserstrahlpumpen sollen mit weiten Ansatzröhren versehen sein. Die einzelnen Teilstücke sind durch kurze weite Gummischläuche miteinander zu verbinden. Der Anschluß der Verdampfungsgefäße an die Glashähne erfolgt mittels weiter Gummischläuche, die innen mit einer Drahtspirale versehen werden, so daß sie beim Evakuieren nicht zusammengedrückt werden. Das ganze Hahnsystem wird in sinngemäßer Weise am besten auf passenden Holzklötzen montiert, die am Arbeitstisch angeschraubt sind.

Eine Vakuumverdampfungsanlage mit zentraler Anordnung unter Benützung von Kolben als Verdampfungsgefäße haben RAISTRICK und SMITH[1] beschrieben.

Verdampfen kleiner Flüssigkeitsmengen (etwa 10 bis 100 ccm). Verwendung von kleinen breiten Gefäßen von 50 bis 150 ccm Inhalt (Füllung bis zu $^1/_3$ des Gefäßes), versehen mit Gummistöpsel. Siedecapillare, Zulaufcapillare mit Hahn sowie Anschlußrohr für das Vakuum (Abb. 88).

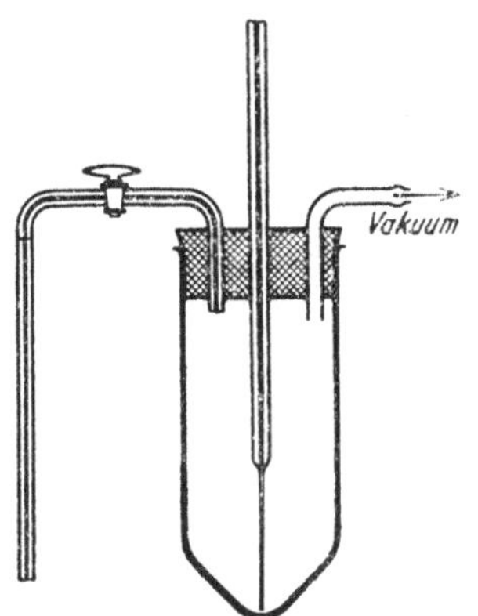

Abb. 88. Kleiner Vakuumverdampfungsapparat. M = 1 : 3

Auch hier ist es zweckmäßig, längere und kürzere Gefäße von gleicher Weite zu verwenden. In Abb. 88 ist eine Zwischengröße (von etwa 100 ccm Inhalt) wiedergegeben. Im übrigen gilt das gleiche wie bei den größeren Verdampfungsgefäßen. Statt des Gummistöpsels kann natürlich auch ein aufgeschliffener Glasdeckel (am besten mit Flanschenschliff) verwendet werden, der zugleich die betreffenden Ansatzstücke trägt. Diese Verdampfungsgefäße haben sich insbesondere zur raschen Entfernung kleiner Mengen organischer Lösungsmittel bei Zimmertemperatur bestens bewährt. Durch Verwendung eines Heizbades können natürlich auch höher siedende Lösungsmittel auf diese Weise entfernt werden. Zur gleichzeitigen Benützung einiger derartiger Verdampfungsgefäße verwendet man am besten gleichfalls ein kleines Hahnsystem, das an eine Wasserstrahlpumpenanlage angeschlossen wird. Dieses Hahnsystem wird am besten auf einer stärkeren Holzleiste (mit Löchern für die Hähne) montiert.

Sonstige Vakuumverdampfer. Ein Apparat, bei dem die Lösung versprüht wird, beschreiben GÄDE und STRAUB[2]. Zur besonders schonenden Verdampfung kleinerer Flüssigkeitsmengen bei niederen Temperaturen sei auf die Anordnung von JANTZEN und

---

[1] RAISTRICK u. SMITH: Biochemic. J. **27**, 96 (1933).
[2] GÄDE u. STRAUB: Biochem. Z. **165**, 247 (1925).

Schmalfuss[1] verwiesen, die aus üblichen Laboratoriumsmitteln zusammengestellt werden kann und bei der die Dämpfe direkt auf Eis kondensiert werden.

Schaumzerstörung bei Vakuumdestillationen und -verdampfungen. Gut bewährte sich der Schaumzerstörer von Eddy[2] (Abb. 89). Zur Regelung der Schaumrückleitung dient das in der Düse angebrachte und mit Gummischlauch und Schraubenquetschhahn versehene Capillarrohr. Das Schaumrückleitungsrohr muß in die destillierende Flüssigkeit eintauchen. — Auch andere einfache Schaumzerstörer wurden beschrieben[3]. Zum schonenden Schnellverdampfen stärkst schäumender Lösungen beschrieben Jantzen und Schmalfuss[4] einen Vakuumapparat[5], bei dem die Schaumzerstörung durch einen mechanisch angetriebenen Kreisel erfolgt.

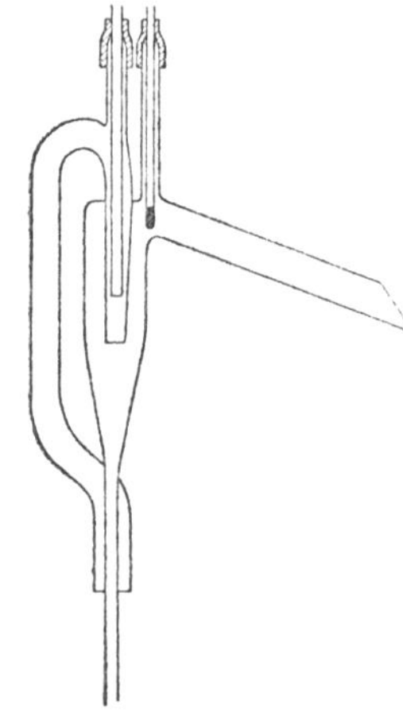

Abb. 89. Schaumzerstörer nach Eddy.

β) **Verdunstung im Vakuum;** im Prinzip analog wie unter Atmosphärendruck. Verwendung von Exsiccatoren (vgl. S. 69). Die abzudunstende Flüssigkeit wird am besten in Bechergläsern aufgestellt.

Für Flüssigkeiten, die im Vakuum bei gewöhnlicher Temperatur bereits sieden, darf diese Anordnung nicht verwendet werden, da infolge Siedeverzuges sehr leicht Verspritzen der Flüssigkeit stattfinden kann (vor allem bei Abscheidung fester Substanzen). Vorzuziehen sind dann auf jeden Fall die oben beschriebenen kleinen Verdampfungsgefäße. — Zweckmäßigerweise nimmt man die Verdunstung im Vakuum in Gegenwart eines Absorptionsmittels vor. Man arbeitet dabei sinngemäß in analoger Weise, wie bei der Durchführung derselben Operation unter Atmosphärendruck (vgl. S. 139).

5. Wasserdampfdestillation.

Eine Substanz wird mit Hilfe von Wasserdampf verflüchtigt und durch Kühlung wieder kondensiert. Substanzen, die einen auch

---

[1] Jantzen u. Schmalfuss: Chem. Fabrik **2**, 387· (1929).

[2] Eddy: Ind. Engng. Chem., analyt. Edit. **4**, 198 (1932); vgl. Chem. Fabrik **5**, 359 (1932).

[3] Rask u. Waterman: Ind. Engng. Chem., analyt. Edit. **6**, 299 (1934); Chem. Fabrik **7**, 386 (1934). — Hinsichtlich eines weiteren Modells vgl. auch Chem. Fabrik **14**, 240 (1941).

[4] Jantzen u. Schmalfuss: Chem. Fabrik **7**, 61 (1934).

[5] Hersteller: Greiner & Friedrichs, G.m.b.H., Stützerbach i. Thür.

wesentlich höheren Siedepunkt als Wasser haben, gehen dabei also zugleich mit dem Wasserdampf über. Diese Methode gehört zu den wertvollsten Reinigungsverfahren der organischen Chemie und führt vielfach zum Ziel, wenn andere Methoden versagen (z. B. Isolierung von Substanzen aus Schmieren oder harzartigen Produkten, Gewinnung von ätherischen Ölen oder anderen Naturprodukten, Trennung von Isomeren u. v. a.).

Theorie der Wasserdampfdestillation. Jede Substanz besitzt — abhängig von Druck und Temperatur — einen gewissen Dampfdruck; der oberhalb der Substanz befindliche Dampf kann durch einen Gasstrom bei Temperaturen unterhalb des Siedepunktes entfernt werden, wodurch ziemlich rasche Verdampfung erreichbar ist. Als Gasstrom verwendet man dabei insbesondere Wasserdampf, doch wurde vielfach auch die Destillation in einem anderen indifferenten Gasstrom empfohlen[1]. Im letztgenannten Fall beruht jedoch die Schwierigkeit auf der schweren Kondensierbarkeit der verflüchtigten Substanz, während dies bei Anwendung von Wasserdampf leicht erreichbar ist. Manchmal kann an Stelle von Wasserdampf auch Alkohol- oder Ätherdampf verwendet werden (in der Petroleumindustrie bekanntlich Benzindampf). Während theoretisch alle Substanzen, die einen gewissen Dampfdruck bei einer bestimmten Temperatur aufweisen, mit Wasserdampf flüchtig sein müßten, wird man praktisch von dieser Reinigungsoperation besonders dann Gebrauch machen, wenn die betreffenden Substanzen mit Wasserdampf leicht überzutreiben sind.

Es sind vor allem zwei Arten der Wasserdampfdestillation zu unterscheiden, nämlich einerseits die Destillation mit gesättigtem (sogenanntem nassen) Wasserdampf und andererseits die Destillation mit überhitztem (sogenanntem trockenen) Wasserdampf. In beiden Fällen kann weiterhin sowohl bei Atmosphärendruck als auch im Vakuum gearbeitet werden.

a) Destillation mit gesättigtem Wasserdampf.

Man geht hier entweder so vor, daß die betreffende Substanz zugleich mit Wasser destilliert wird oder in der Weise, daß in die in einem Kolben befindliche Substanz Wasserdampf eingeleitet wird. In beiden Fällen kann auch Vakuum angewendet werden.

α) Destillation einer Substanz mit Wasser. Benützung eines einfachen Kolbens, der mit einem mit Tropftrichter versehenen Destillieraufsatz verbunden wird (vgl. Abb. 4). Das verdampfende Wasser wird aus dem Tropftrichter stets wieder ersetzt, bis die Destillation beendet ist. Kondensation der übergehenden Dämpfe durch Kühlung. Diese Art der Dampfdestillation ist mit Vorteil vor allem dann anzuwenden, wenn eine relativ geringe Menge Substanz in einem großen Wasservolumen gelöst ist und angereichert werden soll. Ein weiterer Wasserzusatz ist dann natürlich überflüssig. Wenn zugleich *im Vakuum* gearbeitet werden soll, so

---

[1] LIBINSON u. PACKSCHWER (Chem. Zbl. **1929** I, 3019) weisen auf Vorteile der Destillation im Gasstrom hin.

verwendet man einen Kolben, in den eine Siedecapillare eingesetzt werden kann, und verfährt sinngemäß ebenso wie bei der gewöhnlichen Vakuumdestillation.

β) **Destillation mit strömendem Wasserdampf.** Benützung eines einfachen Kolbens, versehen mit Dampfeinleitungsrohr und -ableitungsrohr; übliche Art der Anordnung in Abb. 90a wiedergegeben. Es kann auch ein aufrechtstehender Kolben mit einem

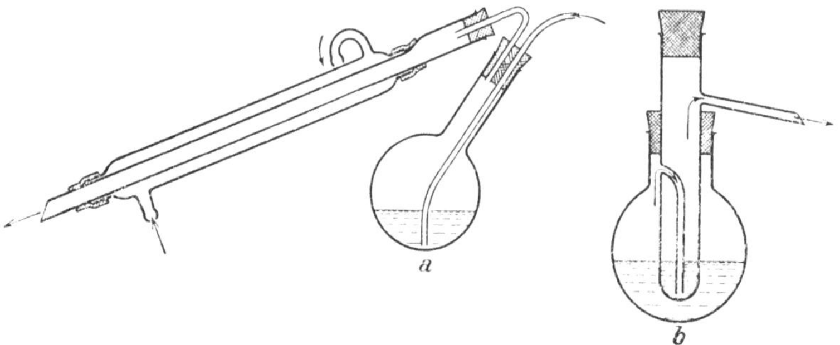

Abb. 90. Anordnungen zur Wasserdampfdestillation.

passenden Aufsatz (KJELDAHL-Aufsatz) verwendet werden. Sehr zweckmäßig ist die Benützung von Vakuumdestillierkolben (CLAISEN-Kolben u. a., vgl. Abb. 60), bei denen anstatt der Siedecapillare ein Dampfeinleitungsrohr eingesetzt wird.

Dampfentwickler. Am einfachsten ein Blechgefäß (wie es zum Aufbewahren der verschiedenen organischen Lösungsmittel verwendet wird); dasselbe wird mit einem bis zum Boden des Gefäßes reichenden Sicherheitsrohr (Steigrohr) und einem T-Rohr versehen, aus dessen einer Mündung man den Dampf entnimmt, während das andere Ende durch einen Schlauch mit Quetschhahn verschlossen wird; dieser dient zur Entlüftung beim Abstellen. Auch besonders ausgeführte, mit Wasserstandsglas usw. versehene Wasserdampfentwickler sind in Gebrauch.

Der einem Dampfentwickler oder einer Dampfleitung entnommene Dampf führt stets größere Wassermengen mit, die zweckmäßigerweise durch Zwischenschaltung eines Kondenswasserabscheiders entfernt werden. Empfehlenswert ist das auch bei der KJELDAHL-Methode verwendete Gerät (vgl. Abb. 91).

Um eine möglichst gute Durchmischung von Dampf und Flüssigkeit zu erzielen, kann das Dampfeinleitungsrohr mit mehreren Löchern versehen oder das von STOLZENBERG[1] empfohlene Einleitungsrohr benützt werden. Zweckmäßig erscheint die Anwendung eines Gasverteilungsrohres mit Glasfritte (von Schott & Gen., Jena), doch muß dieselbe die größte Porenweite besitzen.

---

[1] STOLZENBERG: Chemiker-Ztg. **32**, 770 (1908).

Wasserdampfdestillation kleiner Substanzmengen. Apparat von
POZZI-ESCOT[1] (Abb. 90b). Vorteilhafterweise dient dabei der
Dampfentwickler zugleich als Heizbad, so daß sich der Dampf
nicht in der zu destillierenden Flüssigkeit kondensieren kann. Es
muß dabei für sehr konstante Heizung gesorgt werden, damit nicht
ein Rücksaugen der im Innenrohr befindlichen Flüssigkeit statt-
findet. Aus diesem Gerät entwickelten ERDŐS und LÁSZLO[2] eine
Apparatur zur *Mikrowasserdampfdestillation* für präparative
Zwecke (für leicht wie für schwer flüchtige
Substanzen). Besonders geeignet erscheint
nach DADIEU und KOPPER[3] die zunächst
für Makro- und Mikrokjeldahl bestimmte
Apparatur von FIFE[4] bei Wahl entsprechender Größenverhältnisse. Nach PFEIL[5]
ist noch besser geeignet das Gerät von
PARNASS und WAGNER[6], bei dem das
Destillationsgefäß von einem evakuierten
Mantel umgeben ist.

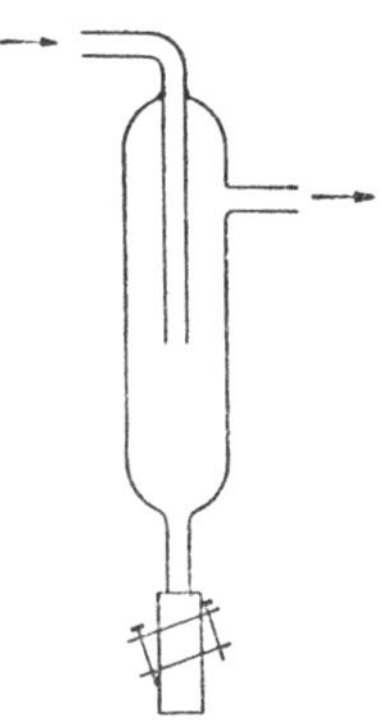

Abb. 91. Kondens-
wasserabscheider.

Wasserdampfdestillation im Vakuum. Entweder befindet sich das Dampfentwicklungsgefäß unter Atmosphärendruck (oder geringem Überdruck) oder dasselbe wird gleichfalls evakuiert. Im ersten Fall wird nur
der Verbindungsschlauch zwischen Dampfentwickler und Dampfeinleitungsrohr mit einem Schraubenquetschhahn (Drosselventil) zur Regulierung der Dampfzufuhr
versehen. Auf diese Weise kann die gewünschte Dampfmenge
leicht in den Apparat eingesaugt werden. Der Dampfüberschuß
entweicht durch den am T-Rohr des Dampfentwicklers angebrachten Entlüftungsquetschhahn. — Im zweiten Fall ist das
Dampfentwicklungsgefäß direkt mit dem Destillierkolben durch
ein Einleitungsrohr verbunden und wird auch evakuiert; dabei
verwendet man zur Dampfentwicklung am besten einen Destillierkolben, der mit Dampfableitungsrohr und Siedecapillare versehen
ist und in einem Wasserbad angeheizt wird. Für kleine Substanzmengen kann dabei der Apparat von POZZI in sinngemäßer Weise
benützt werden.

[1] Bull. Soc. chim. France (3) **31**, 932 (1904).
[2] Mikrochim Acta [Wien] **3**, 304 (1938).
[3] DADIEU u. KOPPER: Angew. Chem. **50**, 367 (1937).
[4] J. M. FIFE: Ind. Engng. Chem., analyt. Edit. **8**, 316 (1936).
[5] PFEIL: Angew. Chem. **54**, 161 (1941).
[6] PARNASS u. WAGNER: Biochem. Z. **125**, 253 (1921).

b) Destillation mit überhitztem Wasserdampf.

Nur die Destillation im Dampfstrom ist hier anwendbar. Der Dampf wird vor dem Einleiten in das Destillationsgefäß durch einen *Überhitzer* geleitet und so auf die gewünschte Temperatur gebracht.

Überhitzer: Ein spiralig gewundenes Metallrohr (am besten aus Kupfer), das direkt oder in einem geeigneten Bad (Ölbad, Luftbad usw.) angeheizt wird. Sehr praktisch ist der Dampfüberhitzer von TROPSCH[1] (Hersteller: Andreas Hofer, Mülheim-Ruhr), der direkt angeheizt wird und aus einem Aluminiumstück besteht, in dem der Dampf einen Zickzackweg beschreiten muß; vor der Austrittsstelle des Dampfes ist ein Rohr zur Messung der Dampftemperatur angebracht. — Bei längerer Destillationsdauer mit überhitztem Wasserdampf halten die Schlauchverbindungen nicht lange aus. Man benützt daher zweckmäßigerweise Korkverbindungen (durchbohrte Topeten) oder ein eigenes Dampfeinleitungsrohr[2] mit Metallkugelschliff und Anschlußgewinde für den Dampfüberhitzer.

Der Kolben, in dem sich die zu destillierende Flüssigkeit befindet, wird in einem Bad auf der gewünschten Temperatur gehalten. Mit Vorteil wird die *Destillation mit überhitztem Wasserdampf im Vakuum* vorgenommen. Sie erfolgt analog der Vakuumdestillation mit gesättigtem Dampf; das Drosselventil, das die Dampfzufuhr reguliert, ist vor dem Dampfüberhitzer anzubringen.

c) Technik der Wasserdampfdestillation.

Das Prinzipielle über die Durchführung der Wasserdampfdestillation geht bereits aus dem bisher Gesagten hervor. Von Wichtigkeit ist bei allen Arten der Dampfdestillation die Verhinderung der Ansammlung von Kondenswasser im Destillationsgefäß, da sich dieses sonst zu sehr füllt, was dann zum Überspritzen Anlaß geben kann. Der Kolben ist daher entweder direkt oder besser in einem Bad anzuheizen; bei Verwendung von überhitztem Dampf ist die Badtemperatur gemäß der Temperatur des Dampfes einzustellen.

Bei Substanzen, die in Wasser löslich sind, kann durch Zusatz von anorganischen Salzen oder sinngemäß von nichtflüchtigen Basen oder Säuren (je nach Art der Substanz) eine leichtere Verdampfung erzielt werden. Zugleich wird dabei die Siedetemperatur des Gemisches erhöht. Falls diese Temperaturerhöhung nicht ausreicht, wendet man sodann überhitzten Wasserdampf an; ebenso bei wasserunlöslichen Substanzen, wenn deren Dampfspannung bei der Temperatur des gesättigten Wasserdampfes zu gering ist (also bei relativ schwer flüchtigen Substanzen). Unter vermindertem Druck wird man vor allem bei temperaturempfindlichen Substanzen arbeiten. Die Vakuumdestillation mit überhitztem Wasserdampf bietet vielfach große Vorteile und findet insbesondere in der Technik mannigfache

---

[1] TROPSCH: Z. angew. Chem. **37**, 256 (1924).
[2] HEIN, F., u. H. SCHWEDLER: Chem. Fabrik **9**, 26 (1936).

Anwendung. Bei der Wasserdampfdestillation fester Substanzen verhindert man ein Verstopfen des Kühlrohres durch zeitweises Abstellen der Wasserkühlung (Herausschmelzen der Substanz).

Die Beendigung der Destillation ist bei wasserunlöslichen Substanzen daran zu erkennen, daß keine Öltröpfchen (bzw. feste Anteile) mehr übergehen; bei wasserlöslichen Körpern wird man sich durch besondere Proben zu überzeugen haben, ob die zu verdampfende Substanz bereits völlig übergegangen ist. Die Gewinnung dieser Stoffe aus dem Destillat kann in vielen Fällen durch Extraktion erfolgen. Oft ist es aber zweckmäßiger, nach Abtrennung des festen oder flüssigen Hauptanteils auszusalzen, den abgeschiedenen Anteil wieder abzutrennen und dann nochmals zu destillieren. Mit dem Destillat ist analog zu verfahren. Dieser Prozeß empfiehlt sich namentlich bei großen Mengen eines stark verdünnten Destillates.

Bei stark schäumenden Substanzen geht man so vor wie bei der Verdampfung beschrieben (statt CO_2 leitet man hier besser Wasserdampf über die Flüssigkeit).

E. Sublimation.

Ein fester Körper wird durch Erhitzen in den gasförmigen und sodann wieder in den festen Zustand übergeführt (fest $\longrightarrow$ gasförmig $\longrightarrow$ fest). Die Sublimation geht unterhalb der Schmelztemperatur des betreffenden Körpers und naturgemäß (zum Unterschied von der Destillation, aber analog der Abdunstung) unterhalb des Siedepunktes vor sich. Sublimation in weiterem Sinne: wenn die Verflüchtigung der geschmolzenen Substanz unterhalb des Siedepunktes erfolgt, wobei dieselbe aus dem gasförmigen Zustand gleich in den festen übergeht (also: fest $\longrightarrow$ flüssig $\longrightarrow$ gasförmig $\longrightarrow$ fest).

Anwendung insbesondere dann, wenn sich ein Körper bereits beim Schmelzpunkt bzw. Siedepunkt zersetzt und derselbe daher nicht durch Destillation gereinigt werden kann oder wenn eine Substanz durch harzartige Bestandteile stark verunreinigt ist, die sich durch Krystallisation nicht oder nur schwer entfernen lassen. Vielfach gelingt es sogar auf diese Weise, aus Substanzen, die völlig harzartig erscheinen, ein schön krystallisiertes Sublimat zu gewinnen. Weiterhin kann man oft durch einmaliges Sublimieren eines Rohproduktes den gleichen Reinheitsgrad erzielen, wie durch mehrmaliges Umkrystallisieren. Insbesondere bei der Reinigung relativ kleiner Substanzmengen (Zehntelgramme und beliebig darunter) bietet die Sublimation außerordentliche Vorteile und ist mit wesentlich geringeren Substanzverlusten durchführbar als das Umkrystallisieren[1]. Die Sublimation kann entweder unter Atmosphärendruck oder im Vakuum vorgenommen werden; vor allem die zweite Art bietet große Vorteile.

1. Sublimieren unter Atmosphärendruck.

Im einfachsten Fall benützt man zwei Uhrgläser, deren Rand aufeinander geschliffen ist, und zwischen die gegebenenfalls ein

---

[1] Hinsichtlich der Vorzüge der Sublimationsmethode vgl. insbesondere KEMPF in HOUBEN-WEYL Bd. 1, S. 671.

Stück Filtrierpapier (manchmal Asbestpapier) gelegt wird (eventuell mit einer Anzahl kleiner Löcher versehen). Das untere Uhrglas enthält die Substanz und liegt auf einer Asbestscheibe mit kreisrundem Loch; es wird entweder direkt mit einer Mikroflamme erhitzt, oder aber mittels eines passenden Luft- oder Sandbades. Vorteilhafterweise kann an Stelle des oberen Uhrglases ein passender Trichter aufgesetzt werden, durch dessen Rohr man ein Thermometer einführt; statt des unteren Uhrglases kann auch eine Porzellanschale oder ein Porzellantiegel verwendet werden.

Sublimation im indifferenten Gasstrom; dadurch wird einerseits der Sublimationsvorgang beschleunigt und andererseits die sublimierende Substanz rascher aus dem erhitzten Raum weggeführt. Man benützt ein Rohr oder eine tubulierte Retorte. Nach BAYER[1] kann auch ein Becherglas verwendet werden, auf dessen Boden sich die Substanz befindet, darüber ein Glasgestell mit Filtrierpapierscheibe; auf dem Becherglas liegt ein zweites Filtrierpapier und ein umgekehrter Trichter; ein Glasrohr führt hindurch bis auf den Boden, CO_2-Strom hindurchleiten, Anheizen im Sandbad. Die Hauptmenge des Sublimates sammelt sich zwischen den beiden Filtrierpapierscheiben.

Sublimationsapparate mit Wasserkühlung zur Reinigung größerer Substanzmengen, z. B. von LANDOLT[2], HERTKORN[3] u. a. Prinzip: In ein Becherglas oder einen weithalsigen Rundkolben (auf dessen Boden sich die Substanz befindet) ist ein einseitig geschlossenes Rohr oder ein Rundkolben eingebaut; diese Gefäße werden mit Wasser gefüllt, oder nach dem Prinzip der Einhängekühler (vgl. S. 20) Wasser durch dieselben hindurchgeleitet.

Mikrosublimation unter Atmosphärendruck. Nach PREGL[4] benützt man ein etwa 200 mm langes, einseitig geschlossenes Rohr von etwa 7 mm äußerem Durchmesser, dessen geschlossenes Ende in den mit Thermometer versehenen sogenannten Regenerierungsblock eingelegt wird. Erhitzung mittels eines Mikrobrenners.

Bei der Sublimation in einem indifferenten Gasstrom verwendet man ein ebensolches Glasrohr, an dessen Ende aber ein Capillarrohr angeschmolzen ist. Vor dem Einfüllen der Substanz wird zunächst etwas Asbestwolle vorgelegt. Durch das Capillarrohr wird während des Erhitzens im Regenerierungsblock ein indifferenter Gasstrom durchgeleitet, der durch das weite Glasrohrende entweicht. Zur Gewinnung des Sublimates wird am besten das betreffende Rohrstück herausgeschnitten und die Substanz abgeschabt.

---

[1] BAYER: Liebigs Ann. Chem. **202**, 164 (1880).
[2] LANDOLT: Ber. dtsch. chem. Ges. **18**, 57 (1885).
[3] HERTKORN: Chemiker-Ztg. **16**, 795 (1892).
[4] PREGL: Mikroanalyse, S. 247. Berlin: Springer 1930.

Sublimieren unter dem Mikroskop. Die Sublimation erfolgt z. B. zwischen zwei Objektträgern, die durch einen kleinen Glasring oder in anderer Weise in der erforderlichen Entfernung voneinander gehalten werden. Für das Anheizen mit einer Mikroflamme wurde die Verwendung von Objektträgern aus Jenaer Duranglas empfohlen[1].

2. Vakuumsublimation.

Im einfachsten Fall verwendet man ein einseitig geschlossenes Rohr, das in horizontaler Lage in einem Trockenschrank angeheizt wird. Am herausragenden Rohrteil wird evakuiert. Die Substanz befindet sich in einem Porzellanschiffchen oder einem passenden kurzen Glasröhrchen innerhalb des erhitzten Rohrteiles. Das Sublimat sammelt sich im herausragenden Teil des Rohres an. Nach PREGL[2] ist diese Anordnung auch für die Mikrosublimation im Vakuum unter Benützung des Regenerierungsblockes geeignet.

Apparat von KEMPF[3]: ein dreiteiliges, durch Glasschliff (am besten Flanschenschliff) verbundenes Rohr.

Der erste Teil ist birnenförmig erweitert und nach unten etwas abgebogen (etwa retortenförmig), dient zur Aufnahme der Substanz und wird in einem Luftbad (Trockenschrank) erhitzt. Der mittlere Teil ist ein einfaches Glasrohr, befindet sich außerhalb des Luftbades und dient zur Aufnahme des Sublimates. Der dritte Teil ist mit Hahn versehen und dient zum Anschluß an das Vakuum.

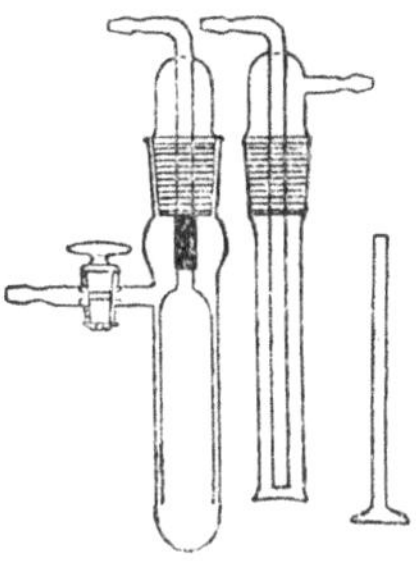

Der Apparat von DIEPOLDER[4]. Wir verwenden eine, auch für sogenanntes Hochvakuum (vgl. dazu S. 117) brauchbare Ausführungsform[5] gemäß Abb. 92.

a   b

Abb. 92. Vakuumsublimationsapparat. M = 1:4.

Man benützt verschiedene Einsatzstücke je nach der Menge und der Art der zu sublimierenden Substanz. Die Einsatzstücke nach *a* werden mittels eines Stückchens Schlauch angeschlossen; sie entsprechen dem DIEPOLDERschen Apparat und ermöglichen zugleich die Verwendung eines Gasstromes. Das Ansatzstück *c* besteht aus einem abgeplatteten Glasstab, der mittels eines Schlauchstückchens an dem Glasrohr des Aufsatzes befestigt wird. Dieses Ansatzstück benützt man besonders bei der Sublimation kleiner Substanzmengen. Will man zugleich unter Wasserkühlung arbeiten, so verwendet man das gleiche Außengefäß mit einem Kühler gemäß Abb. 92b, der zur

---

[1] UBRIG: Apotheker-Ztg. **1934**, Nr. 19.
[2] PREGL: a. a. O. S. 248.
[3] KEMPF: J. prakt. Chem. (2) **78**, 201 (1908).
[4] DIEPOLDER: Chemiker-Ztg. **35**, 4 (1911).
[5] Hersteller: Glaswerk Greiner & Friedrichs, Stützerbach i. Thür.

Aufnahme des Sublimates am unteren Ende einen kleinen Hohlraum besitzt. — Das Einfüllen der Substanz in das Sublimationsgefäß erfolgt stets mittels eines weiten Einfülltrichters (oder es wird die Substanz in einem passenden Glasnäpfchen untergebracht). Der untere Teil des Apparates befindet sich in einem Öl- oder Paraffinbad, das mit einem Thermometer versehen wird. An dem seitlichen Entlüftungshahn kann bei Verwendung des Ansatzstückes *a* eine Capillare angeschlossen oder ein schwacher Strom eines indifferenten Gases hindurchgeleitet werden. Bei Verwendung des Kühlers *b* oder des Ansatzstückes dient der seitliche Hahn zum Evakuieren.

Es wurde auch empfohlen[1], die Vakuumtrockenpistole (vgl. S. 105) mit einigen Zusatzstücken zu versehen und dann als Vakuumsublimationsapparat zu verwenden.

Mikrosublimationsapparate. Diesbezügliche Geräte sind analog der Anordnung in Abb. 92, aber entsprechend kleiner. Es sei auf die Konstruktion von KLEIN und WERNER[2] hingewiesen (eine Verbesserung des EDERschen Apparates[3]; das Sublimat wird auf einem Deckgläschen aufgefangen und dann mikroskopisch untersucht. Vor allem für qualitativ-analytische Zwecke. Sehr zweckmäßig ist nach DADIEU und KOPPER[4] die Anordnung zur Mikrosublimation von SOLTYS[5], wobei ein mit Glasfritte und Kühlung versehenes Rohr in einem PREGLschen Heizblock verwendet wird. — Für etwas größere Substanzmengen (bis etwa 0,1 g) sei der Vakuumsublimationsapparat von MARBERG[6] empfohlen, bei dem vorteilhafterweise

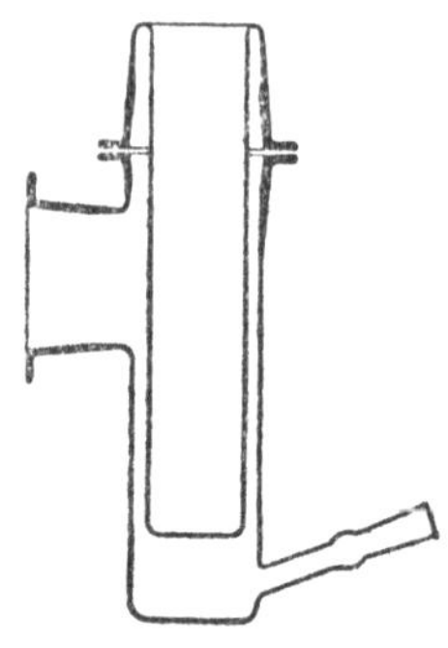

Abb. 93.　Gerät zur Molekularsublimation.

(ebenso wie bei dem unten beschriebenen Gerät zur Molekularsublimation) mit Äther-Kohlensäure, flüssigem Ammoniak oder flüssiger Luft gekühlt werden kann. — Zur fraktionierten Mikrosublimation wurde der Apparat von SOLTYS durch HURKA[7] etwas umgestaltet.

Molekularsublimation[8]. Man geht dabei ganz analog vor wie bei der Molekulardestillation von Einzelproben (vgl S. 135) unter

[1] Vgl. F. ADICKES: Chem. Technik 15, 173 (1942).

[2] KLEIN u. WERNER: Hoppe-Seyler's Z. physiol. Chem. **143**, 141 (1925).

[3] EDER: Dissertation Zürich 1912.

[4] DADIEU u. KOPPER: Angew. Chem. **50**, 367 (1937).

[5] SOLTYS, A.: Mikrochem., EMICH-Festschrift, S. 276 (1930).

[6] MARBERG: J. Amer. chem. Soc. **60**, 1509 (1938).

[7] HURKA, W.: Mikrochem. **30**, 193 (1942).

[8] Vgl. FAWCETT: Kolloid-Z. **86**, 34 (1939).

Benützung des in Abb. 93 wiedergegebenen Apparates. Derselbe wird oben durch Flanschenschliff an die Ausfriertasche, den Vorentgaser und die Pumpenanlage angeschlossen, unten wird ein Thermometer oder Thermoelement eingesetzt. Im übrigen gilt das gleiche wie für die Molekulardestillation.

3. Sublimationstechnik.

Die Sublimation verläuft langsam, da es sich dabei gewissermaßen um einen Verdunstungsvorgang handelt. Die Badtemperatur ist so zu regeln, daß die Substanz noch nicht schmilzt; allerdings findet in manchen Fällen (besonders bei sehr harzigen Substanzen) Sublimation erst nach dem Schmelzen statt. Wichtig für einen einheitlichen Verlauf der Sublimation ist eine möglichst gute Zerkleinerung des Materials durch Pulverisieren, vor allem, wenn es sich um krystallisierte Substanzen handelt, die bei der Sublimationstemperatur nicht schmelzen.

Die *fraktionierte Sublimation* ist bei Substanzgemischen anzuwenden. Nach KEMPF[1] verwendet man dann röhrenförmige Sublimationsapparate in horizontaler Lage und führt dieselben zunächst so tief ins Heizbad (Trockenschrank) ein, daß sich nur ein kurzes Rohrstück außen befindet. Für jede Fraktion (die eventuell unter Erhöhung der Temperatur zu erzielen ist) zieht man das Rohr ein Stück heraus, so daß sich die einzelnen Fraktionen in Form von Ringen im Rohr ansetzen. Dieselben können dann durch Herauskratzen (nach eventuellem Zerschneiden des Rohres) gewonnen werden. Hinsichtlich der fraktionierten Vakuumsublimation kleiner Substanzmengen (unterhalb 5 mg) vgl. KLEIN und WERNER (a. a. O.), hinsichtlich etwas größerer Substanzmengen vgl. KLEIN und LINSER[2] (Benützung eines besonderen Apparates für Substanzmengen über 5 mg).

Beispiele für die Leistungsfähigkeit der Sublimationsmethode. Anwendung zum mikrochemischen Nachweis verschiedener Stoffe in Nahrungsmitteln (Heraussublimieren von Saccharin, Salicylsäure, Tein usw.), Bedeutung für die Alkaloidchemie. Vgl. ferner die Trennung von Pflanzensäuren und anderen Stoffen durch Mikrovakuumsublimation[2].

F. Reinigung und Trennung organischer Substanzen durch Adsorption.

Es sind *zwei Ausführungsarten der Adsorption* zu unterscheiden, und zwar je nach deren Anwendung für wohl definierte organische Substanzen oder zur Reinigung von Enzymen, Toxinen u. dgl.

---

[1] KEMPF in HOUBEN-WEYL Bd. 1, S. 670.

[2] KLEIN u. LINSER: Mikrochemie, PREGL-Festschrift, S. 214 (1929).

Prinzipielle Unterschiede der beiden Ausführungsarten:

Methode I. Man geht von einem chemisch wohl definierbaren Substanzgemisch (in der Regel krystallisierter Stoffe) aus, löst dasselbe und trennt die Bestandteile durch Adsorption in Adsorptionsröhren.

Methode II. Man geht von einer in der Regel wäßrigen, aus tierischen oder pflanzlichen Rohprodukten durch Extraktion gewonnenen Lösung aus und sucht die gewünschten Stoffe durch Eintragen von Adsorptionsmitteln unter Rühren oder Schütteln zur Adsorption zu bringen.

Die Adsorptionsmethode hat vor allem in der Enzymchemie große Bedeutung erlangt; und zwar handelt es sich dabei um eine auswählende Adsorption und Elution auf Grund des ungleichartigen Verhaltens der einzelnen Enzyme gegenüber den verschiedenen Adsorbenzien sowie auch Elutionsmitteln. Die Bedeutung der Adsorptionsmethode zur Reinigung wohl definierter chemischer Substanzen auf Grund desselben Prinzips, vor allem zur Trennung von Farbstoffen (aber auch von farblosen Substanzen), wurde jedoch erst in jüngster Zeit voll erkannt, wenn auch die gelegentliche Anwendung der Methode bereits einige Zeit zurückreicht.

1. Anwendung der Adsorptionsmethode für wohl definierte organische Substanzen[1]

(chromatographische Adsorptionsmethode).

Die Adsorptionsmethode gewährleistet eine weitgehende Schonung der Substanzen, da ohne jede Temperaturerhöhung gearbeitet werden kann. Sie ist auch zur Reinigung geringer Substanzmengen sowie weiterhin zur Zerlegung von Substanzgemischen, bestehend aus einigen Komponenten (in erster Linie Farbstoffen, in jüngster Zeit aber auch von farblosen Substanzen) vorzüglich geeignet. Die Methode stellt vielfach den einzigen Weg zur Trennung nahe verwandter Stoffe dar. In der Zukunft dürfte deren Anwendbarkeit noch eine Erweiterung erfahren, insbesondere dort, wo durch frak-

---

[1] Vgl. ZECHMEISTER u. CHOLNOKY: Die chromatographische Adsorptionsmethode, 2. Aufl. Wien: Springer 1938. — A. WINTERSTEIN: Fraktionierung und Reinigung von Pflanzenstoffen nach dem Prinzip der chromatographischen Adsorptionsanalyse, in G. KLEIN: Handbuch der Pflanzenanalyse Bd. 4, S. 1403. Wien: Springer 1933. — Zusammenfassende Beschreibungen von Wesen, Anwendungsmöglichkeiten und Ausführung der chromatographischen Adsorptionsmethode vgl. ferner: WINTERSTEIN u. STEIN: Hoppe-Seyler's Z. physiol. Chem. **220**, 247, 263 (1933). — HESSE: Angew. Chem. **49**, 315 (1936). — KOSCHARA: Chemiker-Ztg. **61**, 185 (1937). — COOK: J. Soc. chem. Ind., Chem. & Ind. **55**, 724 (1936). — COFFARI: Chim. e Ind. [Milano] **19**, 255 (1937). — BROCKMANN: Angew. Chem. **53**, 384 (1940). — GRUNDMANN in BAMANN u. MYRBÄCK: Die Methoden der Fermentforschung, S. 1452. Leipzig: Thieme 1940. — Theorie der Chromatographie vgl. WILSON: J. Amer. chem. Soc. **62**, 1583 (1940).

tionierte Krystallisation oder andere Operationen eine Trennung oder Reinigung nur sehr mühsam und verlustreich ist oder überhaupt nicht erzielt werden kann.

a) Methodik.

Prinzip der Methode: Das Substanzgemisch wird in einem geeigneten Solvens gelöst und die Lösung sodann durch das in einem Rohr befindliche Adsorptionsmittel hindurchgesaugt. Die einzelnen Substanzen werden beim Nachwaschen mit dem Lösungsmittel je nach ihrer Adsorbierbarkeit in verschiedenen Schichten des Adsorptionsmittels festgehalten, und sodann aus den einzelnen, mechanisch voneinander getrennten Anteilen durch Elution mit Hilfe eines anderen Lösungsmittels wiedergewonnen. — Die Überlegenheit der chromatographischen Verfahren gegenüber der einfachen Adsorption kann mit dem Vorteil der Fraktionierkolonne gegenüber der einfachen Destillation verglichen und diese Analogie auch der theoretischen Behandlung zugrunde gelegt werden[1].

α) **Adsorptionsmittel.** Die richtige Wahl des Adsorptionsmittels ist für das Gelingen der Operation von entscheidender Bedeutung. Adsorptionsmittel: Salze, Oxyde, Zuckerarten usw., so z. B. Fasertonerde, Aluminiumoxyd[2], Magnesiumoxyd (verschiedene Wirkung je nach der Art der Herstellung), Calciumoxyd, -hydroxyd, -carbonat, Zucker, Bleicherden (wie Frankonit, Floridin, verschiedene Sorten), Fullererden. Seltener anwendbar sind folgende Adsorptionsmittel (die sich aber gleichfalls oft bewährt haben): Natriumsulfat, Bleisulfid, Kaolin, Kieselgur, Silicagel, Talkum, ferner manche Kohlesorten wie Carboraffin, Norit u. a. Holzkohlen, eventuell auch Blutkohle usw. Manchmal empfiehlt sich auch die Anwendung von zwei oder mehr Adsorptionsmitteln,

---

[1] Vgl. dazu H. J. B. MARTIN: Biochemic. J. **36**, Proc. XX, 1942; Chem. Zbl. **1943** I, 2711.

[2] Die Darstellung von 6 Sorten aktiven Aluminiumoxyds beschreiben HOLMES und Mitarbeiter [J. biol. Chem. **99**, 417 (1933)]; die betreffenden Präparate zeigen gegenüber verschiedenen Substanzen wesentliche Unterschiede in ihrem Adsorptionsvermögen. — Ein nach H. BROCKMANN aktiviertes und standardisiertes Aluminiumoxyd wird von E. Merck hergestellt. — Einen wesentlichen Fortschritt brachte ein Kunstgriff zur Aktivierung von RUGGLI u. JENSEN [Helv. chim. Acta **18**, 624 (1935); **19**, 64 (1936)], bestehend in der Bespülung des Oxyds mit Leitungswasser (Beladung mit einer Spur Kalk) und eventuellem starkem Erhitzen. — Hinsichtlich der Herstellung von Aluminiumoxyd mit abgestuftem Adsorptionsvermögen aus käuflichem Produkt vgl. H. BROCKMANN u. H. SCHODDER: Ber. dtsch. chem. Ges. **74**, 73 (1941).

entweder in homogener Mischung oder in Schichten übereinander, z. B. im ersten Fall: Zucker-Talkum, Aluminiumoxyd-Fasertonerde usw., im zweiten Fall: Calciumcarbonat-Aluminiumoxyd, Zucker-Calciumcarbonat-Aluminiumoxyd usw. Wirksamkeit der Adsorptionsmittel wesentlich von deren Trockenheit abhängig.

So verwendet man z. B. gefälltes Calciumcarbonat, das 2 Stunden bei 150⁰ getrocknet und in gut schließenden Flaschen oder im Vakuum über $CaCl_2$ aufbewahrt wird. Aluminiumoxyd aktiviert man durch zweistündiges Erhitzen auf etwa 200⁰ im CO_2-Strom. Ferner sollen die Adsorptionsmittel möglichst fein sein (Mahlen und Sieben derselben vor dem Aktivieren).

Das *Adsorptionsvermögen* der einzelnen Adsorptionsmittel wie auch die *Adsorptionsaffinität* der einzelnen Substanzen ist recht verschieden. Relativ schwache Adsorptionsmittel: z. B. Rohrzucker, Talkum, Calciumcarbonat; stärkere bzw. starke Adsorptionsmittel: Silicagel, Aluminiumoxyd, Fasertonerde. Die Adsorptionsaffinitäten der einzelnen Substanzen sind von der Konstitution viel mehr abhängig als die Löslichkeiten. Einige Richtlinien für die Wahl der Adsorptionsmittel in Abhängigkeit von der Konstitution der Substanzen werden noch später gegeben (vgl. S. 163).

β) **Vornahme der Adsorption.** *Adsorptionsröhren* sind längere Glasröhren zur Aufnahme des Adsorptionsmittels, oben mit einem Tropftrichter oder einem Einleitungsrohr (für ein indifferentes Gas) versehen; dieselben werden auf eine Saugflasche aufgesetzt. Länge und Breite sehr verschieden, je nach der Menge. Einige brauchbare Muster sind in den nachfolgenden Abbildungen wiedergegeben.

Abb. 94 zeigt eine Anordnung nach WINTERSTEIN u. STEIN *für mittlere Substanzmengen* (Maße des Rohres 15—35 × 1—8 cm). Dieselbe läßt sich mit Laboratoriumsmitteln leicht improvisieren. Abb. 95 (nach ZECHMEISTER u. CHOLNOKY) zeigt ein Modell mit Schliff und im unteren Vorstoß eine angeschmolzene Sinterglasplatte. Hinsichtlich eines gut durchgebildeten, mit Schliffverbindungen ausgestatteten Gerätes vgl. CARLSOHN und EICKE[1].

Für kleinere Mengen oder Vorproben kommen die Adsorptionsröhrchen nach Abb. 96 in Betracht; Form *a* nach SCHÖPF und BECKER[2], bestehend aus einem Glasrohr von 5 mm Durchmesser, das auf 0,5—1 mm verengt ist. Wegen der besonderen Einfachheit sei Form *b* nach WILLSTAEDT und WITH[3] empfohlen, mit der wir gute Erfahrungen machten: Ein Glasrohr von 5—10 mm. Durchmesser, innen versehen mit einem passenden Glasstab oder einem Capillarrohr, das am Boden der Saugflasche aufsteht.

Mikroadsorptionsrohre (für $^1/_2$—1 γ Substanz) sind in Abb. 97 wiedergegeben [Form *a* nach HESSE (a. a. O.) mit den Innenmaßen 30 × 2 mm, Form *b* nach BECKER u. SCHÖPF[4], bestehend aus einer

---

[1] CARLSOHN u. EICKE: Angew. Chem. **54**, 520 (1941).
[2] Liebigs Ann. Chem. **524**, 49 (1936).
[3] Hoppe-Seyler's Z. physiol. Chem. **253**, 40 (1938).
[4] Liebigs Ann. Chem. **524**, 124 (1936).

dickwandigen Capillare (innen 1 mm weit), verschmolzen mit einem Glasrohr (lichte Weite 4—5 mm), mit der Fußplatte auf einem Glasfilterröhrchen aufruhend].

Ein *Mikroverfahren* zur chromatographischen Adsorption hat CROWE[1] beschrieben. Es genügen dazu wenige Tropfen eines Lösungsgemisches unter

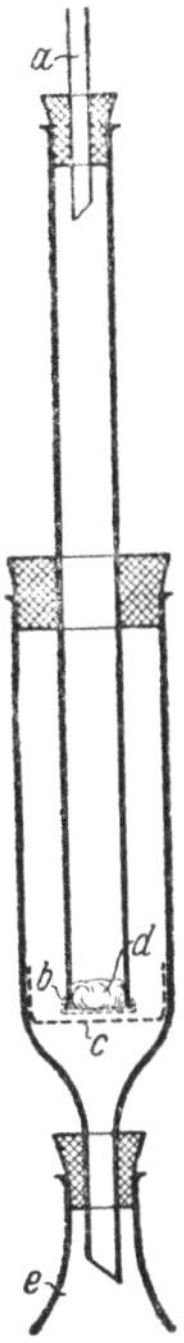

Abb. 94.
Adsorptionsrohr
nach
WINTERSTEIN
und STEIN.
a = Tropftrichter.
b — Engmaschiges
Kupferdrahtnetz.
c = Weitmaschiges
Kupferdrahtnetz.
d = Watte.
e = Saugflasche.
M = 1:5.

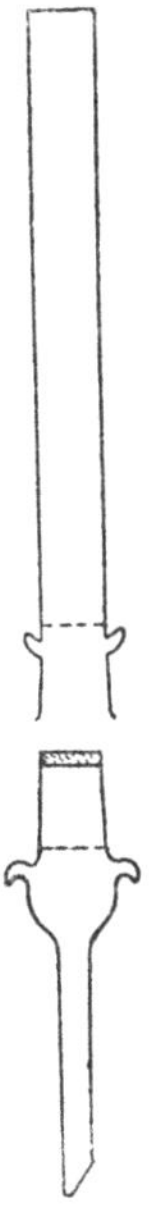

Abb. 95. Ad-
sorptionsrohr
nach
ZECHMEISTER
und CHOLNOKY.

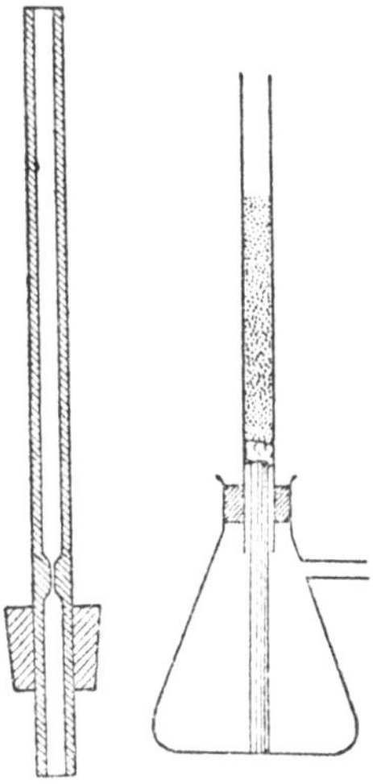

Abb. 96. Adsorptions-
proberöhrchen.

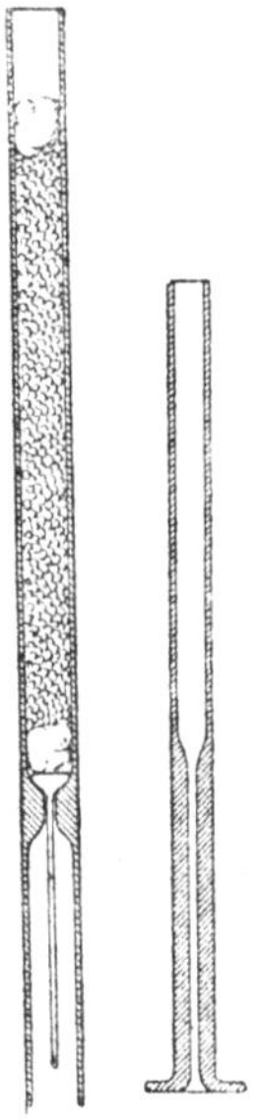

Abb. 97. Mikro-
adsorptions-
röhrchen.

Verwendung verschiedener Adsorbenzien, mit Hilfe von Tüpfelplatten oder PETRI-Schalen.

Große Adsorptionsgeräte für mehrere Kilogramm Pulver haben WINTERSTEIN u. SCHÖN[2] beschrieben; in Abb. 98a ist ein größeres, in Abb. 98b ein kleineres Modell wiedergegeben[3]; beide besitzen Porolithfilterplatten, die mit Gummiringen eingedichtet sind. In diesem Zusammenhang sei auch auf die großen zerlegbaren Nutschen von SCHOTT verwiesen, enthaltend eine mit Gummidichtungen versehene Filterplatte.

[1] CROWE, M. O'L.: Ind. Engng. Chem., analyt. Edit. **13**, 845 (1941).

[2] WINTERSTEIN u. SCHÖN: Hoppe-Seyler's Z. physiol. Chem. **230**, 139 (1934). — Vgl. auch WINTERSTEIN u. STEIN: Ebenda **220**, 263 (1934).

[3] Hersteller: L. Hormuth, Heidelberg.

Eine zerlegbare flache Küvette zur chromatographischen Adsorption wurde von N. v. Békésy[1] beschrieben, auch für mikrochromatographische Zwecke wurde eine kleine flache Adsorptionsküvette entwickelt.

Beschickung der Adsorptionsröhren. Möglichst gleichmäßiges Einfüllen des Adsorptionsmittels und Feststampfen desselben mittels eines breitgedrückten Glasstabes, bei größeren Geräten mit einem passenden Holzpistill. Bei Röhren, die über 20 cm lang und über 3 cm breit sind, empfiehlt WINTERSTEIN als unumgänglich notwendig, das Adsorptionsmittel in einem indifferenten Lösungsmittel wie Benzin zu suspendieren, und die Füllung des Rohres im Vakuum vorzunehmen, da sonst die Zonen nicht parallel

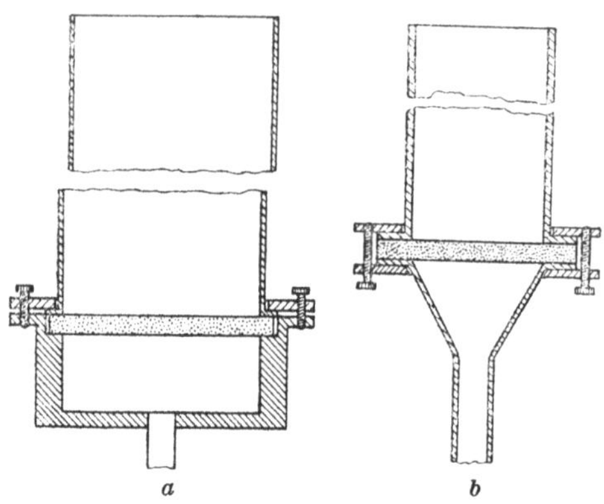

Abb. 98.   Adsorptionsapparate nach WINTERSTEIN und SCHÖN.

verlaufen, sondern vielfach stark gewellt sind, was die Ausbildung und Abtrennung der einzelnen Fraktionsschichten erschwert.

Herstellung des Chromatogramms (bzw. Durchführung der Adsorption überhaupt). Lösungsmittel für das Substanzgemisch: vor allem Benzin, Benzol, Schwefelkohlenstoff oder Gemische derselben. Bei einem Vakuum von etwa 60 mm wird die ganze Säule mit Petroläther usw. getränkt; sobald nur noch eine Schicht von 2 bis 3 mm Lösungsmittel über der Adsorptionsschicht steht, läßt man die Lösung des Substanzgemisches zufließen. Bevor der letzte Rest der Lösung eingesickert ist, gießt man Petroläther (usw.) nach, wodurch das Chromatogramm entwickelt wird. Durch Waschen wird der Abstand zwischen den einzelnen Zonen vergrößert. Das Lösungsmittel wird sodann möglichst vollständig, eventuell in indifferenter Gasatmosphäre abgesaugt.

Adsorption in wäßriger Lösung[2]. Als Adsorptionsmittel kommen besonders Bleicherden in Betracht; von großer Wichtigkeit ist dabei

---

[1] BÉKÉSY, N. v.: Biochem. Z. **312**, 100 (1942).

[2] Mit dieser Frage hat sich besonders KOSCHARA beschäftigt: Hoppe-Seyler's Z. physiol. Chem. **239**, 89 (1936); **240**, 127 (1936); Ber. dtsch. chem. Ges. **67**, 761 (1934). — Vgl. auch RUDI: Biochem. Z. **253**, 204 (1932).

die Einstellung eines geeigneten p_H-Wertes, wozu verschiedene Puffergemische dienen können (vorbereitendes Waschen der Adsorptionssäulen mit der Pufferlösung). — Zur Analyse biologischer wäßriger Lösungen bewährten sich ionenaustauschende Adsorptionsmittel, so z. B. Mischungen aus einem kohlenstoffhaltigen Zeolith (als stark Kationen austauschend) und einem m-Phenylendiaminkunstharz (als stark Anionen austauschend)[1].

γ) Trennung der Adsorbate und Eluierung derselben. Bei gefärbten Substanzen ist die Lage der einzelnen Adsorbatschichten leicht zu erkennen; dieselben werden mechanisch getrennt, indem das Adsorptionsmittel fraktionsweise aus dem Rohr herausgestoßen bzw. herausgekratzt oder bei größeren Röhren mittels geeigneter Schaufeln herausgehoben wird. Die einzelnen Fraktionen werden sodann der Elution unterworfen.

Chromatographie farbloser oder schwach gefärbter Substanzen. Man zerlegt die Adsorptionssäule in drei oder mehr Teile und prüft die einzelnen Anteile. Auf Grund der gemachten Erfahrungen kann man dann bei weiteren Adsorptionen systematisch vorgehen. Vielfach wird es aber von Vorteil sein, das betreffende Substanzgemisch zunächst in gefärbte Stoffe umzuwandeln und dann erst zu chromatographieren (z. B. Umwandlung von Carbonylverbindungen in Hydrazone[2]). Es gibt jedoch auch einige Methoden, die eine unmittelbare Beobachtung ermöglichen, und zwar 1. Markierung einer farblosen Zone durch Beimengung kleiner Mengen eines Indicators, dessen Adsorptionsaffinitäten genau bekannt sind[3]. 2. Sichtbarmachung des Chromatogramms mittels Farbreaktionen; entweder prüft man nach der Eluierung, praktischer aber vor dieser mittels der Pinselmethode nach dem Herauspressen der Säule und Bestreichen dieser mit einem geeigneten Reagens, das eine Farbreaktion liefert[4]. 3. Am elegantesten erscheint die Sichtbarmachung des Chromatogramms im ultravioletten Licht (Ultra-chromatographie[5] oder Fluorescenzchromatographie[6]); man benützt dabei eine Analysenquarzlampe, unter der die erforderlichen Operationen vorgenommen werden. In wäßrigem Medium ist die Leuchterscheinung weitgehend vom p_H abhängig[7].

Elution. Dieselbe beruht auf Adsorptionsverdrängung; man verwendet dazu insbesondere Methanol, das zu Petroläther oder

---

[1] Vgl. dazu B. S. PLATT u. G. E. GLOCK: Biochemic. J. **36**, Proc. XVIII—XIX (1942).

[2] STRAIN: J. Amer. chem. Soc. **57**, 758 (1935).

[3] WINTERSTEIN u. STEIN: a. a. O. — BROCKMANN: Hoppe-Seyler's Z. physiol. Chem. **241**, 104 (1936).

[4] ZECHMEISTER, CHOLNOKY u. UJHELYI: Bull. Soc. Chim. biol. **18** (1936).

[5] WINTERSTEIN u. SCHÖN: a. a. O. — KARRER u. SCHÖPP: Helv. chim. Acta **17**, 693 (1934).

[6] GRASSMANN u. LANG: Collegium [Darmstadt] **9**, 114 (1935).

[7] KOSCHARA: Hoppe-Seyler's Z. physiol. Chem. **240**, 127 (1936).

Benzin zugesetzt wird. Digerieren der einzelnen Fraktionen in Kölbchen mit dem Eluierungsgemisch in der Kälte oder eventuell in der Wärme. Sodann wird auf einer Nutsche abgesaugt und mit Petroläther nachgewaschen. Häufig bewährt sich dabei sehr gut die Perkolation (vgl. S. 75).

Flüssiges Chromatogramm. Nach KOSCHARA[1] kann die Trennung der Adsorbate zugleich mit deren Eluierung vorgenommen werden, indem man unter Benützung eines einfachen Adsorptionsrohres (vgl. S. 159) die einzelnen Adsorbatfraktionen mit einem starken Entwickler (z. B. wäßrige Pyridinlösung bei der Adsorptionsanalyse wäßriger Farbstofflösungen) zugleich eluiert und in den Saugkolben austreibt, wo die einzelnen Eluate getrennt aufgefangen werden.

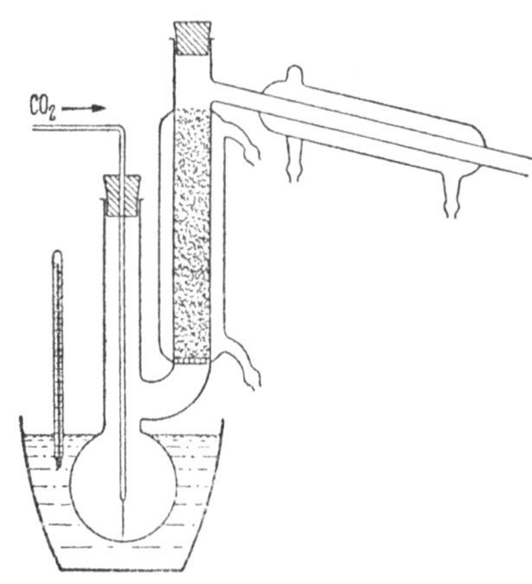

Abb. 99. Vorrichtung zur chromatographischen Trennung in der Gasphase bei präparativen Arbeiten.

Falls man durch einmalige Adsorption keine genügende Trennung erzielt, so wird die weitere Trennung mit den einzelnen Fraktionen in entsprechend kleineren Adsorptionsröhren durchgeführt. Bei Substanzgemischen von sehr verschiedener Adsorptionsaffinität verwendet man einige Adsorptionsmittel, die in Schichten übereinander eingefüllt werden (vgl. auch Abb. 100). Auch die Chromatographie mit *fraktionierter Elution* kommt für manche Zwecke in Frage[2].

δ) *Anhangsweise* sei auch noch auf die **chromatographische Adsorption in der Gasphase** kurz verwiesen[3]. Es handelt sich dabei um eine Destillation durch eine Adsorptionssäule. Das betreffende Gemisch wird in einem Kolben verdampft und mit einem Trägergas, das das Lösungsmittel vertritt, durch die mittels eines Mantels beheizte Adsorptionssäule geleitet. Die schwerer adsorbierbare Komponente geht über und wird in Vorlagen aufgefangen. Der im Adsorptionsrohr verbleibende Bestandteil kann durch Elution mit einem stark adsorbierbaren Gas, durch Verdrängung mit dem Dampf einer stärker adsorbierbaren Substanz, durch Temperaturerhöhung der Adsorptionssäule oder durch Anlegung von Vakuum gewonnen werden. Als Adsorptionsmittel erwies sich vor allem Silicagel geeignet

[1] KOSCHARA: Ber. dtsch. chem. Ges. **67**, 765 (1934).

[2] Hinsichtlich der theoretischen Grundlagen vgl. H. WEIL-MALHERBE: Biochemic. J. **36**, Proc. XX—XXI; Chem. Zbl. **1943** I, 2711.

[3] HESSE, G., u. B. TSCHACHOTIN: Naturwiss. **30**, 387 (1942); Chem. Technik **16**, 43 (1943).

(vgl. dazu S. 56). Die Trägergase nehmen in ihrem Trenneffekt in folgender Reihe ab (also bei zunehmender Affinität zum Adsorbens): H_2, N_2, CO_2, N_2O, NH_3. — Ein Gerät für präparative chromatographische Trennungen in der Gasphase ist in Abb. 99 wiedergegeben[1].

b) Anwendbarkeit der Adsorptionsmethode.

α) Beziehungen zwischen Adsorptionsvermögen und Konstitution. Die im folgenden angeführten Gesetzmäßigkeiten sind auch für die Wahl der Adsorptionsmittel von Wichtigkeit. Die *Adsorptionsaffinität* der verschiedenen Substanzen nimmt in folgender Reihe ab: Alkohole > Ketone > Ester > Kohlenwasserstoffe. Ferner nimmt die Adsorbierbarkeit mit der Anzahl der OH-Gruppen sowie der Doppelbindungen zu.

Bei den Carotinoidalkoholen daher folgende Reihe: Fucoxanthin ($C_{40}H_{56}O_6$) > Violaxanthin und Taraxanthin ($C_{40}H_{56}O_4$) > Flavoxanthin ($C_{40}H_{54}O_3$) > Zeaxanthin und Lutein ($C_{40}H_{56}O_2$). Bei den Kohlenwasserstoffen in Abhängigkeit von der Anzahl der Doppelbindungen folgende Reihe: Lycopin (13 $|\!=\!$) > γ-Carotin (12 $|\!=\!$) > β- und α-Carotin (11 $|\!=\!$). Es zeigen jedoch auch noch Substanzen mit sehr geringen konstitutionellen Unterschieden eine verschiedene Adsorptionsaffinität und lassen sich auf Grund derselben trennen (Beispiele weiter unten).

In Übereinstimmung mit dem Adsorptionsvermögen der einzelnen Adsorptionsmittel (vgl. S. 157) und der Adsorptionsaffinität steht, daß z. B. Kohlenwasserstoffe oder zumeist auch Alkohole von Zucker wenig adsorbiert werden und Kohlenwasserstoffe auch kaum von $CaCO_3$. Sogar von starken Adsorptionsmitteln wie Aluminiumoxyd werden dieselben bei genügendem Nachwaschen schwer oder kaum festgehalten. Auf Grund dessen lassen sich z. B. Gemische von Kohlenwasserstoffen mit Alkoholen oder Ketonen glatt trennen, indem nur die letzteren adsorbiert bleiben (Beispiele weiter unten).

β) Leistungsfähigkeit der Methode. Aus der außerordentlichen Fülle von Beispielen[2], durch die die Leistungsfähigkeit der Methode zur Trennung und Reinigung von Substanzen demonstriert wird, seien einige wenige herausgegriffen:

Bei Farbstoffen. Zerlegung von Carotinoiden: z. B. Trennung von Lycopin, α-, β- und γ-Carotin, wobei das Mengenverhältnis der Komponenten sehr verschieden sein kann (z. B. 1 Teil γ-Carotin gegenüber 1000 Teilen β- und α-Carotin[3]. Trennung von α- und β-Carotin mittels CaO oder $Ca(OH)_2$ als Adsorptionsmittel[4]. Zerlegung von cis-trans-Isomeren: Trennung von cis- und trans-

---

[1] HESSE, G., H. EILBRACHT u. F. REICHENEDER: Liebigs Ann. Chem. **546**, 251 (1941).

[2] Vgl. dazu ZECHMEISTER u. CHOLNOKY: Die chromatographische Adsorptionsmethode, 2. Aufl. Wien: Springer 1938.

[3] WINTERSTEIN u. EHRENBERG: Hoppe-Seyler's Z. physiol. Chem. **207**, 25 (1932). — KUHN u. BROCKMANN: Ber. dtsch. chem. Ges. **66**, 407 (1933).

[4] KARRER u. WALKER: Helv. chim. Acta **16**, 641 (1933).

Bixin oder von cis- und trans-Crocetin[1]. — Trennung von Blatt-farbstoffen[2]: Ein sehr instruktives Bild erhält man, wenn man den Benzinextrakt frischer Blätter der chromatographischen Analyse unterwirft (Benützung von Adsorptionsmitteln von verschiedenem Adsorptionsvermögen in Schichten übereinander [Abb. 100]).

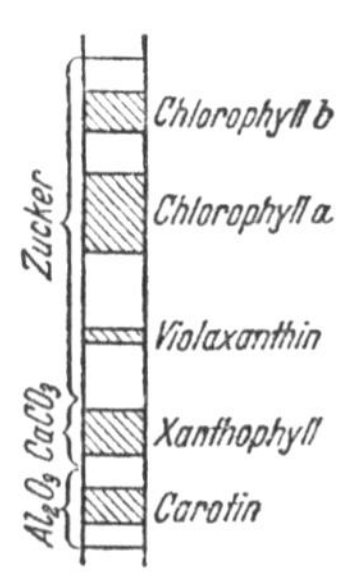

Abb. 100. Chromatogramm der Blattfarbstoffe (schematisch).

Bei farblosen Substanzen. Reinigung des Vitamins A mittels $Ca(OH)_2$ als Adsorptionsmittel[3]. Trennung von Kohlenwasserstoff-Alkohol-Gemischen mit Hilfe von Aluminium-oxyd; der Kohlenwasserstoff wird nicht adsorbiert und findet sich im Filtrat, der Alkohol im Adsorbat (bzw. Eluat): Trennung von Oleanol und Oleanylen oder von Geraniol und Limonen[4]. Zerlegung von Kohlenwasserstoff-Keton-Gemischen: Abtrennung von kleinsten Mengen Dipalmitylketon (2 mg) aus Hentriakontan[4] (das gemäß der Elementaranalyse bereits als „analysenrein" anzusehen war!). Auch in der Pharmazie erwies sich die Chromatographie von Bedeutung[5] und in neuerer Zeit besonders auch in der Fettchemie[6] zur Trennung von Steroiden[7], von Amino-säuren[8] von Kohlehydraten[9] u. a.

[1] KUHN u. WINTERSTEIN: Ber. dtsch. chem. Ges. **64**, 326 (1931); **66**, 209 (1933).

[2] WINTERSTEIN u. STEIN: Hoppe-Seyler's Z. physiol. Chem. **220**, 263 (1934).

[3] KARRER und Mitarbeiter: Helv. chim. Acta **16**, 625 (1933).

[4] WINTERSTEIN u. STEIN: Hoppe-Seyler's Z. physiol. Chem. **220**, 247, 263 (1933).

[5] VALENTIN u. FRANCK: Pharmaz. Ztg. **81**, 943 (1936). — FRANCK: Arch. Pharmaz. Ber. dtsch. pharmaz. Ges. **275**, 125, 345 (1937). — VALENTIN: Pharmaz. Ztg. **82**, 527 (1937).

[6] THALER: Fette u. Seifen **44**, 38 (1937). — BOEKENOOGEN: Recueil Trav. chim. Pays-Bas **56**, 351 (1937). — KAUFMANN: Fette u. Seifen **46**, 268 (1939); Angew. Chemie **53**, 98 (1940).

[7] Vgl. z. B. N. H. CALLOW: Biochemic. J. **36**, Proc. XIX (1942).

[8] MASHINO u. SHIKAZONO: J. Soc. Chem. Ind. Japan (Suppl.) **39**, 54 B, 88 B, 136 B (1936). — ACKERMANN u. FUCHS: Hoppe-Seyler's Z. physiol. Chem. **240**, 198 (1936); **246**, 278 (1937). — WALDSCHMIDT-LEITZ, E., u. FR. TURBA: J. prakt. Chem. (2) **156**, 55 (1940); WALD-SCHMIDT-LEITZ, E., J. RATZER u. FR. TURBA: Ebenda **158**, 72 (1941); TURBA, FR.: Ber. dtsch. chem. Ges. **74**, 1829 (1941). — MARTIN, A. J. P., u. R. L. M. SYNGE: Biochemic. J. **35**, 1358 (1941); GORDON, A. A., A. J. P. MARTIN u. R. L. M. SYNGE: Ebenda **36**, Proc. XXI (1942). — T. WIELAND: Chemie **56**, 213 (1943); T. WIELAND u. L. WIRTH: Ber. dtsch. chem. Ges. **76**, 823 (1943).

[9] TISELIUS u. HAHN: Kolloid-Z. **105**, 177 (1943).

Zur Trennung und Reindarstellung von Enzymen ist in jüngster Zeit die chromatographische Adsorptionsanalyse gleichfalls von Bedeutung geworden[1], so zur Zerlegung von Emulsinfermenten, zur Trennung von Cozymase und Codehydrase, von Peptidgemischen, zur Reindarstellung von Cozymase, des Labferments usw.

Auch zur *Trennung von Gasen und Dämpfen* wurde die Adsorptionsmethode kürzlich herangezogen[2], vor allem für Stoffe, die durch fraktionierte Destillation nicht oder nur schwer trennbar sind, z. B. Benzol (Kp. 79,5°)-Cyclohexan (Kp. 80°), Benzol-Tetrachlorkohlenstoff (Kp. 76,7°), Isopropylalkohol (Kp. 83,9°)-tert. Butylalkohol (Kp. 82,9°), cis- und trans-Dichloräthylen u. a.

2. Benützung der Adsorptionsmethode zur Enzymreinigung u. dgl.[3].

Zur Isolierung und Reinigung von Enzymen, ferner von Toxinen und anderen chemisch in der Regel noch nicht definierbaren organischen Stoffen pflanzlichen sowie tierischen Ursprungs, aber auch für manche chemisch definierbare Substanzen erwies sich die Verwendung von Adsorptionsvorgängen in der früher bereits erwähnten zweiten Ausführungsform (vgl. S. 156) als einzige entwicklungsfähige und brauchbare Methode.

Die nachfolgende Darstellung dieser Methode beschränkt sich allerdings nur auf das Grundsätzliche, ist also nicht als Anleitung für den Anfänger gedacht. Es kann daher lediglich eine Vorstellung über das Wesen dieser Methode vermittelt werden; im übrigen muß auf die diesbezüglichen ausführlichen Arbeitsvorschriften verwiesen werden[3].

a) Methodik.

Allgemeiner Vorgang. Extraktion der Enzyme (nach eventueller Freilegung derselben) durch Behandlung des Ausgangsmaterials (pflanzlichen oder tierischen Ursprungs) mit geeigneten Lösungsmitteln; Klärung und Vorreinigung der Rohenzymlösungen; Adsorption der Enzyme durch Hinzufügen von Adsorptionsmitteln, Isolierung der Adsorbate, Elution der Adsorbate durch

---

[1] Vgl. dazu Grundmann in Bamann u. Myrbäck: Die Methoden der Fermentforschung, S. 1452. Leipzig: Thieme 1940.

[2] Vgl. G. Hesse u. B. Tschachotin: Naturwiss. **30**, 387 (1942). — S. auch Chem. Technik **16**, 43 (1943).

[3] Zusammenfassende Darstellungen: Bauer, E., in Bamann u. Myrbäck: Die Methoden der Fermentforschung, S. 1443. Leipzig: Thieme 1940. — Kraut, H.: Methoden der Adsorption und Elution, in Oppenheimer-Pinkussen: Methodik der Fermente, S. 445. Leipzig: Thieme 1929. — Grassmann, W.: Neue Methoden und Ergebnisse der Enzymforschung. Erg. Physiol. biol. Chem. exp. Pharmakol. **27**, 407 (1928).

geeignete Elutionsmittel. Da organisch-chemische bzw. physika-lisch-chemische Methoden zur Prüfung auf die Enzyme fehlen, ist zur Verfolgung des Reinigungsprozesses die quantitative Be-stimmung der Enzyme auf Grund ihrer Wirkung erforderlich (dazu dienen Maßeinheiten, und zwar wird die Enzymmenge durch die „Enzymeinheiten" ausgedrückt, die Enzymkonzentration durch die „Enzymwerte".

α) **Die Adsorbenzien und ihre prinzipielle Anwendung.** In Betracht kommen verschiedene anorganische Hydroxyde, Car-bonate, Salze, Tonerde, Eisenhydroxyd, Zinkhydroxyd, Zinn-säure, Kieselsäure, Kaolin, Calcium- oder Bleiphosphat, Barium-sulfat, Asbest, Bolus alba, Talkum usw.; organische Stoffe wie Tristearin, Cholesterin, Casein, Fibrin, Wolle, Seide usw. Von be-sonderer Bedeutung ist die Anwendung gut definierter und exakt dosierbarer Kolloidgele: Tonerdesorten ($Al_2O_3 \cdot 3H_2O$) von bestimmter Zusammensetzung, z. B. die Polyaluminium-hydroxyde A und B, Orthohydroxyde Cα, Cβ und Cγ, Meta-hydroxyde (AlOOH) usw. von verschiedener saurer oder basischer Natur.

Die Anwendbarkeit der Adsorptionsmittel ist sehr mannig-faltig. Vielfach hat sich auch bewährt, nach der Benützung eines elektropositiven Adsorbens ein elektronegatives anzuwenden und umgekehrt. Als Maß der Adsorption dient der „Adsorptions-wert" (A. W.), der die von 1 g Adsorbens aufgenommene Zahl der Enzymeinheiten ausdrückt. Feststellung der Enzymeinheiten durch Ermittlung der Enzymwirkung; dabei kann das Enzym im Adsorbat selbst seine Wirksamkeit beibehalten oder nicht (falls die aktive Gruppe des Enzyms an der Adsorption beteiligt ist); im letzten Falle muß zunächst eine Elution vorgenommen werden.

β) **Die Freilegung und Extraktion der Enzyme** (Gewinnung der Rohenzymlösungen) bildet die Voraussetzung für die Vor-nahme der Adsorption. *Freilegung der Enzyme* durch Lockerung bzw. Zerstörung der Zellstruktur; verschiedene Methoden an-wendbar: 1. Entwässerung durch Vakuumtrocknung oder durch Behandlung mit wasserentziehenden organischen Lösungsmitteln (Alkohol, Aceton usw.), 2. Herstellung von Preßsäften nach Ver-reiben des Ausgangsmaterials mit Quarzsand usw. und Auspressen in einer hydraulischen Presse. 3. Zerstörung der Zellstruktur durch Plasmolyse oder Einfrieren zwecks Sprengung der Zell-wände. 4. Auflockerung des Zellgefüges auf enzymchemischem Wege durch Autolyse, in Gegenwart von narkotischen Zellgiften, nach ursprünglicher Zerstörung der Zellstruktur. — *Extraktion der*

Enzyme durch Digerieren des aufgeschlossenen Materials mit verdünnten wäßrigen Säuren oder Alkalien oder Salzlösungen oder mit Glycerin usw. *Vorreinigung der Enzymlösungen:* Klärung mittels Kieselgur usw. und Abzentrifugieren, Umfällen der Enzyme (z. B. mit Alkohol, Aceton u. a.), Entfernung von Begleitstoffen durch Dialyse und andere Methoden. Eventuelle Zusätze von Alkohol oder Aceton usw. vor der Adsorption.

γ) **Ausführung der Adsorption.** Eintragung des Adsorbens in die Rohenzymlösung und innige Mischung (durch Schütteln oder Rühren) bis zur Einstellung des Adsorptionsgleichgewichtes (zu meist mehrere Minuten, manchmal auch länger). Es kann das Adsorbens aber auch unmittelbar in der Lösung erzeugt werden (z. B. Niederschläge von Bleiphosphat usw.). Trennung der Lösung vom Adsorbat in der Regel mittels einer Zentrifuge (mit mindestens 3000 Touren pro Minute); vielfach sind Salzzusätze empfehlenswert. Manchmal ist Absaugen durch gehärtete Filter notwendig, eventuell auch durch Glassinternutschen. Ermittlung des geeignetsten *Verdünnungsgrades* sowie der *Wasserstoffionenkonzentration* vor der Durchführung der Adsorption. Genaue *Dosierung des Adsorbens,* um die Adsorption von Begleitstoffen möglichst einzuschränken, wobei allerdings ein Teil des Enzyms nicht mehr adsorbiert wird und verlorengeht; Feststellung der Adsorptionskurve durch Vorversuche. *Fraktionierte Adsorption:* Portionsweiser Zusatz des Adsorbens und jeweilige Isolierung der Adsorbatfraktionen; die ersten und letzten Anteile an Adsorbens nehmen dabei vielfach größere Mengen an Begleitstoffen auf als die Mittelfraktionen (Hauptadsorption nach Durchführung der Voradsorption).

δ) **Die Elution der Adsorbate.** Das Adsorbat wird mit dem Elutionsmittel eine Zeitlang unter Rühren oder Schütteln bei Zimmertemperatur oder unter Kühlung behandelt; Gewinnung des Eluates durch Zentrifugieren oder Absaugen. Die Elution ist vielfach in erheblichem Umfange durch Wasser allein durchführbar. Meist ist eine zweckmäßige Veränderung der Reaktion der Lösung erforderlich: man benützt schwach alkalische Mittel, z. B. Ammoniak, Alkalicarbonate und Bicarbonate, alkalisch reagierende Salze (Alkaliphosphate, Citrate usw.) oder auch schwache Säuren wie Essigsäure. Wirkung der Elutionsmittel: Verschiebung des Adsorptionsgleichgewichtes bzw. Adsorptionsverdrängung oder Umsetzung mit dem Adsorptionsmittel. *Auswählende Elution:* Anwendung von Elutionsmitteln, die aus einem Adsorbat, das einige Enzyme enthält, nur ein einziges herauslösen, während die anderen zurückbleiben; es werden dabei spezifische enzymatische Affinitäten ausgenützt.

Effekt der Adsorption und Elution. Anreicherung des Enzyms gegenüber den Begleitstoffen, ohne daß eine vollkommene Entfernung dieser erreichbar ist. Daher muß die Operation des öfteren wiederholt werden. Vielfach ist ein Wechsel des Adsorbens sowie des Elutionsmittels erforderlich, um eine weitere Anreicherung zu erzielen. Die Wirkung ist besonders stark, wenn sich die aufeinanderfolgenden Adsorbenzien durch ihre elektrische Ladung unterscheiden.

b) Anwendbarkeit der Adsorptionsmethode.

α) **Enzymreinigung durch Abtrennung von Begleitstoffen.** Zu unterscheiden sind Begleitstoffe, die vom Enzym unabhängig sind und solche, die mit dem Fermentmolekül zu Aggregaten vereinigt zu sein scheinen. Begleitstoffe der ersten Art sind im allgemeinen leichter abtrennbar, während im zweiten Falle erst die verknüpfenden Adsorptionskräfte überwunden werden müssen. Die damit meist verbundenen Schwierigkeiten und ferner die Unbeständigkeit der hochgereinigten Enzympräparate setzen der Enzymreinigung durch Adsorption gewisse Grenzen.

β) **Zerlegung von Enzymgemischen.** Das Ziel ist hier die Gewinnung von Präparaten im Zustand „enzymatischer Einheitlichkeit" unter Verzicht auf die chemische Reindarstellung. Hier hat sich die Adsorptionsmethode als sehr fruchtbar erwiesen: *auswählende Adsorption* auf Grund der unterschiedlichen Adsorbierbarkeit der einzelnen Enzyme aus einem natürlichen Gemisch mit Hilfe der verschiedenen Adsorptionsmittel und auswählende Elution auf Grund der Herauslösbarkeit eines einzelnen Enzymes aus einem Adsorbatgemisch.

γ) **Isolierung und Reinigung chemisch definierbarer Stoffe.** Gewinnung von Stoffen in krystallisierter Form aus meist wäßrigen Lösungen neben zahlreichen sonstigen Stoffen. Die Extraktion der gewünschten Stoffe mit organischen Lösungsmitteln ist dabei wegen der Unlöslichkeit der zu gewinnenden Substanzen in diesen nicht anwendbar, wogegen die Adsorption zum Ziel führt. Anwendung z. B. zur Isolierung wasserlöslicher Vitamine (z. B. der Flavine[1] aus Molke, Harn u. dgl.).

---

[1] Vgl. R. KUHN, P. GYÖRGYI u. TH. WAGNER-JAUREGG: Ber. dtsch. chem. Ges. **66**, 317, 576, 1034 (1933). — Hoppe-Seyler's Z. physiol. Chem. **223**, 27 (1934). — ELLINGER u. KOSCHARA: Ber. dtsch. chem. Ges. **66**, 315, 808, 1411 (1933). — KOSCHARA: Ber. dtsch. chem. Ges. **67**, 761 (1934).

Anhang I.
Die chemischen Geräte und Hilfsmittel im allgemeinen.
1. Glasgeräte.

α) **Allgemeine Eigenschaften des Glases.** Besonders wegen seiner Durchsichtigkeit ist das Glas das bevorzugte Material des Laboratoriums. Die Anforderungen an dasselbe betreffen vor allem seine chemische, thermische und mechanische Widerstandsfähigkeit.

Chemische Widerstandsfähigkeit. Vor allem interessiert die Beständigkeit gegenüber Wasser, Laugen und Säuren. Heiße konzentrierte Laugen und schmelzende Alkalien wirken bei allen Sorten zerstörend. Auch Wasser wirkt bei höherer Temperatur (unter Druck) stark lösend. Einteilung der Sorten in hydrolytische Klassen je nach der Alkaliabgabe. Zu den beständigsten Sorten gehört das Jenaer Geräteglas 20 (Klasse 1). Entglasung beim Lagern tritt besonders bei schlechteren Sorten ein. Am beständigsten ist natürlich Quarzglas; es ist vor allem dort zu verwenden, wo auch die geringsten Alkalispuren vermieden werden müssen.

Thermische Widerstandsfähigkeit. Von Wichtigkeit für die Beurteilung ist hier einerseits die Erweichungstemperatur und andererseits der Ausdehnungskoeffizient; im folgenden werden einige Beispiele angeführt[1]:

Glassorte	Erweichungstemperatur °C.	Ausdehnungskoeffizient
Gewöhnliches Geräteglas	400	$6{-}9 \cdot 10^{-6}$
Jenaer Geräteglas	570	$4,8 \cdot 10^{-6}$
Jenaer Duranglas................	540	$3,6 \cdot 10^{-6}$
Jenaer Supremaxglas	gegen 800	$10,4 \cdot 10^{-6}$
Quarzglas......................	1400	$0,59 \cdot 10^{-6}$

Quarzglas verträgt daher plötzliche Temperaturdifferenzen von mehreren hundert Grad.

Mechanische Widerstandsfähigkeit. Bruchfestigkeit erfordert eine größere Wandstärke; dazu müssen daher Sorten mit besonders kleinem Ausdehnungskoeffizienten verwendet werden, besonders wenn sie schroffem Temperaturwechsel ausgesetzt werden sollen. Am geeignetsten ist das Jenaer Duranglas und Felsenglas.

β) **Die Normung der chemischen Laboratoriumsgeräte aus Glas**[2] wird seit dem Jahre 1926 von der *Dechema* (Deutsche Gesellschaft

---

[1] Ausführliche Angaben über die Konstanten verschiedener Glassorten sowie Verschmelzbarkeit mit anderen Gläsern, Metallen und keramischen Stoffen vgl. G. MÖNCH: Glas und Apparat **24**, 70 (1943).

[2] Vgl. dazu U. EHRHARDT: Chem. Fabrik **3**, 224 (1930). — HILDEBRANDT: Chemiker-Ztg. **59**, 241 (1935). — Hinsichtlich der internationalen Geltung der deutschen Normen für chemisches Laboratoriumsglas bzw. diesbezügliche Abweichungen vgl. F. FRIEDRICHS: Glas u. Apparat **22**, Heft 10 (1941); dort auch vollständige Literatur. — Vgl. ferner den Artikel: 25 Jahre Deutsche Normung. Chemiker-Ztg. **66**, 478 (1942).

für chemisches Apparatewesen) betrieben, die diesbezügliche *Normblätter* herausbringt (DIN DENOG). Die Normung bezweckt die Vereinheitlichung der Laboratoriumsglasgeräte hinsichtlich Zahl, Form und Größe. Die Unzahl der verschiedensten Typen soll dadurch auf ein Minimum reduziert werden. Das Normungsschema betrifft Rohrweiten, Stutzen, Hälse, Stopfen, Schliffe und sonstige Anschlüsse, ferner die mannigfachen Laboratoriumsgeräte, wie Kolben, Kühler, Waschflaschen, Thermometer, Aräometer, Pipetten, Büretten, Bechergläser, Glasschalen, Uhrgläser, Flaschen u. v. a. — Die Vorteile der ausschließlichen Verwendung genormter Geräte ergeben sich von selbst, da die verschiedensten Bestandteile von Geräten sofort zueinander passen (in der Rohrweite, Höhe usw.); dies gilt auch für Kork-, Glasund Gummistopfen, für Schläuche usw. Die Folge ist dann auch ein befriedigendes ästhetisches Bild der aufgebauten Apparaturen, wogegen ja arg gesündigt wird, wenn keine genormten Geräte vorhanden sind. — Bei der Neueinrichtung von Laboratorien sollten daher ausschließlich genormte Geräte angeschafft werden, in bestehenden Laboratorien sollte man bestrebt sein, nur genormte Geräte anzuschaffen, um so einen allmählichen Austausch des vorhandenen Glasbestandes vorzunehmen.

γ) **Glasblasen**[1]. Mit den Grundzügen desselben muß sich jeder Chemiker unter direkter Anleitung vertraut machen; besonders mit den einfachsten Manipulationen, wie Schneiden und Absprengen von Glasröhren, Rundschmelzen scharfer Ränder (Glasstäbe und Glasröhren sollen stets nur in abgeschmolzenem Zustand verwendet werden), Biegen von Glasröhren und Glasstäben, Ausziehen von Glasröhren (Herstellung von Siedecapillaren und Schmelzpunktcapillaren), Zuschmelzen von Glasröhren (vor allem von Bombenröhren), Zusammenschmelzen von Glasröhren, Verengung und Erweiterung von Glasröhren, Herstellung von T-Stücken, Ansetzen von Glasröhren, Kugelblasen, ferner Schneiden von Glasplatten (mit Diamanten, manchmal genügt auch Schneiden unter Wasser mit einer gewöhnlichen Schere) usw.

δ) **Benützung von Normalschliffen.** Dieselben sind sehr zu empfehlen, da sie ein rasches und bequemes Zusammenstellen von Apparaturen ermöglichen, und da bei deren Benützung

---

[1] Anleitung zur Ausführung der einfachsten glasbläserischen Arbeiten: W. WITTENBERGER: Chemische Laboratoriumstechnik, S. 20ff. Wien: Springer 1942. — Ausführliche Beschreibung des Glasblasens: C. WOYTACEK: Lehrbuch der Glasbläserei. Berlin: Springer 1932. — H. VIGREUX: Das Glasblasen im wissenschaftlichen Laboratorium und in der Industrie. Paris 1920.

die einzelnen Apparaturteile leicht auswechselbar sind. Insbesondere für alle Arbeiten im Vakuum bieten die Normalschliffe außerordentliche Vorteile. Auch im organisch-chemischen Praktikum sollten Normalschliffgeräte mehr als bisher Verwendung finden[1]. — Besonders wichtig erscheint aber die *Normierung der Normalschliffe*[2], wie sie zunächst im Normblatt DIN DENOG 25 festgelegt wurde. Die weitere Entwicklung führte schließlich zur Bevorzugung der verkürzten Normschliffe (unter Fortfall der bisher üblichen voll-langen Typen), wobei zur Vereinfachung als Grundnorm nur drei Schliffe festgelegt wurden (Dreischliffsystem)[3].

Diese Typen sollen für Kolben u. a. allgemeine chemische Laboratoriumsgeräte Verwendung finden; es handelt sich dabei um folgende Dimensionen (in Millimetern):

Oberer Durchmesser .. 19   29   45
Höhe 21   26   35

Die sonstigen Normschliffe (Normblatt DIN 12242) sollen nur im Bedarfsfall verwendet werden, sobald also das Dreischliffsystem nicht ausreicht. — Wichtig sind auch die *Verbindungsschliffe*, bei denen meist ein kleinerer Mantelkonus mit einem größeren Innenkonus verschmolzen ist, so daß z. B. ein kleinerer Fraktionieraufsatz unter Dazwischenschaltung eines Verbindungsschliffes auch auf einen größeren Kolben aufgesetzt werden kann usw.

In den Abbildungen 40, 41, 54, 57, 73, 77, 92 u. v. a. sind Normalschliffe eingezeichnet, doch sind naturgemäß fast überall dort, wo bei anderen Abbildungen Gummistöpsel oder Schlauchstücke zur Verbindung eingezeichnet sind, Normalschliffe verwendbar, also z. B. in den Abbildungen 72, 75, 77 usw. — Ferner sind Thermometer mit Normalschliff für Destillationen im Vakuum sehr zu empfehlen. Die Hälse der zu benützenden Aufsätze müssen dann natürlich bis zum Abflußrohr alle gleiche Länge haben.

Hingewiesen sei auch auf die *Normalschliffketten* (Greiner & Friedrichs), die für Verbindungen verschiedener Länge geeignet sind (vgl. z. B. in Abb. 38 oder 39), sowie die *Kugelschliffe* (W. K. Heinz, Stützerbach), die eine bewegliche Verbindung ermöglichen und besonders für Vakuumleitungen in Frage kommen. Für *Rohrleitungen aus Glas* sind vor allem die Kugelschliffverbindungen aus Duranglas von Schott zu empfehlen[4], die mit sphärischen Schliffen versehen sind und durch eine elastische Aluminium- oder Kunststoffschale mit einer einzigen Schraube zusammengehalten

---

[1] Vgl. W. SIEDEL: Chem. Technik **16**, 3 (1943).

[2] FRIEDRICHS: Chemiker-Ztg. **65**, 322 (1941). — THIEME: Ebenda **65**, 211, 323 (1941).

[3] Vgl. dazu U. EHRHARDT: Chem. Fabrik **16**, 122 (1943).

[4] Vgl. SIEPER: Chem. Fabrik **11**, 545 (1938). — PRAUSNITZ: Schweiz. Arch. angew. Wiss. Techn. **6**, 253 (1940); dort auch Angaben über die Verwendung von Jenaer Glas für technische Zwecke.

werden (vgl. z. B. in Abb. 35, 42, 86). Sie sind sowohl für Vakuumleitungen wie für Druckleitungen geeignet.

ε) **Behandlung von Glasschliffen und Glashähnen.** Dieselben werden meist unter Anwendung von Schmiermitteln benützt. Bei Schliffen, die ohne solche verwendet werden (insbesondere bei Glasstöpselflaschen), aber auch sonst kommt es vielfach zum Festsitzen der Schliffstelle.

Lockerung festsitzender Glasschliffe. Nach Friedrichs[1] ist das Festsitzen von Glasschliffen auf ein mechanisches Verklemmen, auf Verquellen unter der Einwirkung von Wasserdampf, Alkali, Phosphorsäure usw. sowie schließlich auf Verkitten zurückzuführen. Im ersten Fall gelingt meist durch kurzes Erwärmen der Hülse eine Lösung der Verklemmung. In den beiden anderen Fällen führt Erwärmen in der Regel nicht zum Ziel. Meist gelingt die Lösung durch Einwirkung capillaraktiver Flüssigkeiten, wie Petroleum oder der Bredemannschen Lösung (10 Teile Chloralhydrat, 5 Teile Glycerin, 5 Teile Wasser, 3 Teile 25proz. Salzsäure)[2], wozu allerdings manchmal mehrere Tage erforderlich sind. In hartnäckigen Fällen führt bei Stopfenschliffen oder Hähnen einer der hierfür konstruierten Apparate zum Ziel[1, 3]. Glasstopfen von Flaschen können, falls sie nur verklebt sind, oft leicht durch Klopfen mit Holz gelöst werden, ebenso können festsitzende Hahnküken meist leicht herausgeklopft werden, wenn der Hahn in eine passende Holzunterlage eingelegt wird. Festgebackene Schliffe an Kolben lassen sich in hartnäckigen Fällen in der Weise lockern, daß man in dem Kolben Eisessig zum Sieden bringt[4].

Zusammenhalten von Glasschliffen. Beide Schliffteile sind mit Glashäkchen zu versehen, die mit Stahlfedern (Spiralen) oder Gummibändchen verbunden werden.

Schmiermittel für Glashähne und Glasschliffe[5]. Zu beachten ist dabei besonders, bei welcher Arbeitstemperatur die Schliffe und Hähne verwendet werden, ferner ob im Vakuum oder Hochvakuum (Dampfdruck der Schmiermittel) und schließlich ob eine rasche, langsame oder keine Drehung der Hähne und Schliffe während der Arbeit erfolgt. Die Wahl eines geeigneten Schmiermittels wird daher von diesen Faktoren abhängen. Reine *Vaseline* ist nur beschränkt anwendbar, geeigneter sind Mischungen aus *Paraffin* und Vaseline. Wasserfreies *Lanolin* ist gleichfalls für höhere Temperaturen zu weich; je nach der in Betracht kommenden Arbeitstemperatur wird es mit steigenden Mengen *Bienenwachs* gemischt (5 : 1 bis 1 : 2)[6];

---

[1] Chem. Fabrik **6**, 40 (1933).

[2] Kinzel: Chemiker-Ztg. **50**, 383 (1926).

[3] Bailey: Ind. Engng. Chem., analyt. Edit. **4**, 324 (1932); Chem. Fabrik **6**, 109 (1933).

[4] Siedel, W.: Chem. Techn. **16**, 3 (1943).

[5] Vgl. dazu die eingehende Zusammenstellung von Wagner [Österr. Chemiker-Ztg. **43**, 229 (1940)]; dort auch weitere Literaturangaben.

[6] Siehe Hansen in Houben-Weyl Bd. 1, S. 604. — Vgl. auch Stock: Ber. dtsch. chem. Ges. **47**, 3124 (1914).

auch für Hochvakuum brauchbar, da die Dampfspannung sehr gering ist. Auch Mischungen von Bienenwachs, Lanolin und Vaseline kommen in Frage[1]. Sehr brauchbar ist ein Hochvakuumfett aus 4 Teilen Kolophonium, 3 Teilen Bienenwachs und 6 Teilen Vaseline (in einer Porzellanschale über freier Flamme zusammengeschmolzen)[2]. Durch Verminderung oder Erhöhung der Vaselinemenge kann die Konsistenz nach Wunsch geändert werden.

Für Hochvakuum eignen sich im übrigen besonders Apiezonfette infolge ihrer außerordentlich geringen Dampfspannung (Apiezonfett L; ebensogut ist das Leybold-Fett P). *Gummifett* (Ramsay-Fett) enthält neben Paraffin, Vaseline oder Lanolin auch Parakautschuk. Es wird in weicherer oder zäherer Konsistenz hergestellt[3]. Die Zähigkeit kann durch Beimengung von Kolophonium noch erhöht werden. Durch Zusatz von Bienenwachs kann die Konsistenz gleichfalls geändert werden. — Besonders zäh sind auch Gemische von Aluminiumoleat mit Bienenwachs. Für manche Zwecke wurde auch sirupöse Phosphorsäure empfohlen.

Ein *fettfreies Schmiermittel* ist eine Mischung von Dextrin mit Glycerin. Herstellung nach KAPSENBERG[4]: 25—30 g Dextrinum puriss. in einer Porzellanschale allmählich mit 35 g konzentriertem Glycerin verrieben. Dann erwärmt, schließlich zweimal kurz aufgekocht und die honigartige Schmiere noch heiß durch einen Wattebausch gesaugt. Gut verschlossen aufbewahren, da hygroskopisch. — Ein ähnliches Schmiermittel (z. B. zum Schmieren von KPG-Rührwellen) bereitet man wie folgt[5]: 10 g „lösliche“ Stärke werden in einer Porzellanschale mit 40 g Glycerin verrieben und unter ständigem weiteren Reiben so lange auf 160° erhitzt, bis die Masse völlig gleichmäßig und klar durchsichtig geworden ist. Das erkaltete Präparat ist nur leicht getrübt und besitzt eine für KPG-Rührer geeignete Konsistenz.

Schliffstellen für hohe Temperaturen dichtet man nach KEMPF[6] durch Einreiben mit Graphit (z. B. durch Bestreichen mit einem mittelharten Bleistift (Nr. 2). Auch eine Mischung aus feinstem Graphit und Paraffin wurde vorgeschlagen oder eine kolloidale Graphitlösung in Wasser[7].

Als Dichtungsmittel für unbewegliche Schliffe kommen verschiedene Kitte in Frage, so Picein, weißer Siegellack, Grönigscher Glaskitt: Bienenwachs + Kolophonium (1 : 1) werden in einer Eisenschale zusammengeschmolzen; die Mischung erstarrt bei 47°, wird

---

[1] Vgl. Ber. dtsch. chem. Ges. **55**, 780 (1922).

[2] SCHMALFUSS u. WERNER: J. prakt. Chem. (2) **109**, 345 (1924).

[3] Angaben über Zusammensetzung und Herstellung vgl. PETZOLD: Chem. Fabrik 1, 667 (1928). — BRUNS, SSADOWNIKOW u. KOLESSNIKOW (Chem. Zbl. **1938** II, 1089) empfehlen Zusammenschmelzen von 6 Teilen Parakautschuk, 6 Teilen Vaseline und 1 Teil Paraffin (für Hochvakuumzwecke Entfernung flüchtiger Stoffe durch 200 stündiges Erhitzen im Hochvakuum auf 140—150°).

[4] KAPSENBERG, G.: Chem. Weekbl. **34**, 403 (1937). — Zu beziehen von E. Merck, Darmstadt.

[5] WEYGAND, C.: Chem. Techn. **16**, 64 (1943).

[6] KEMPF: J. prakt. Chem. (2) **78**, 207 (1908).

[7] MARTEL: Chem. Zbl. **1937** II, 3349.

bei 55° dünnflüssig; löslich in Tetrachlorkohlenstoff-Spiritus; auch gut geeignet zum Aneinanderkitten von Metall und Holz (für nicht zu hohe Temperaturen).

Durchführung der Schmierung (besonders für Vakuumapparaturen). Die Schliffstelle wird mit nicht zuviel Fett bestrichen und dieses durch vorsichtiges Erwärmen über der Flamme gleichmäßig verteilt; die Schliffteile müssen völlig durchsichtig sein. Zuviel Schmiermittel ist stets zu vermeiden.

Verbindung von Glasröhren. Statt mit Schliffen kann man bei Hochvakuumapparaten die Glasröhren auch in der Weise miteinander verbinden, daß ein passendes Glasrohr über die beiden Teile gezogen und das Ganze sodann mit *Picein* eingedichtet wird (unter leichtem Anwärmen). Dasselbe ist nicht spröde und haftet auch auf Metall, Holz usw.[1].

ζ) **Reinigung von Glasgeräten.** *Mechanische Reinigung.* Die Glaswände sind zu schonen, daher ist Auskratzen mit Metalldrähten usw. nach Möglichkeit zu vermeiden. Anwendung von Röhrenbürsten verschiedener Länge, Größe und Konstruktion, ferner von Federn, Holzstäben, die mit Tuchresten oder Baumwolle umhüllt sind, usw., unter Spülung mit warmem Wasser. Die in der Küche viel benützten Präparate Imi, Ata usw. eignen sich sehr gut auch zum Reinigen der Glas- und Porzellangeräte[2]. — Reinigung von Glasröhren (z. B. vor der glastechnischen Verarbeitung): Durchstoßen eines befeuchteten Tuchrestes oder Wattebausches; bei engen Röhren wird ein an einen Bindfaden befestigter Wattebausch mehrmals durchgezogen. — Entfernen festhaftender Verunreinigungen aus starkwandigen Flaschen: Schütteln mit kleinen Bleikugeln (Schrot) und Wasser.

Chemische Reinigung. Bei fettigen Gefäßen: Lauge, Chromschwefelsäure oder organische Lösungsmittel (man hält zu diesem Zweck gebrauchte Lösungsmittel bereit, die des öfteren benützt werden können und eventuell auch wieder regenerierbar sind). Bei Gefäßen, die mit anorganischen und auch manchen organischen Substanzen belegt sind: Salzsäure, Salpetersäure, Schwefelsäure. Bei Gefäßen, an denen harzartige Substanzen haften: organische Lösungsmittel sowie Chromschwefelsäure; bei besonders hartnäckigen Harzen: Auskochen mit einem organischen Lösungsmittel unter Rückflußkühlung oder mit Chromschwefelsäure. Reinigung der Gefäße von außen gleichfalls von Wichtigkeit. Zum Schluß Nachspülen mit destilliertem Wasser und Aufhängen auf besonderen Trockengestellen, die auch in großen Trockenschränken untergebracht werden können.

η) **Sonstiges.** Ankleben von Etiketten auf Glasgefäßen: Dextrinoder Gummilösung; zweckmäßigerweise wird die Außenfläche nach

---

[1] Hinsichtlich verschiedener Kitte für Hochvakuum vgl. ANGERER: Technische Kunstgriffe bei physikalischen Untersuchungen, 3. Aufl., S. 74. Braunschweig: Vieweg 1936 und MÖNCH: Vakuumtechnik im Laboratorium, S. 27. Weimar: Wagner & Sohn 1937.

[2] Vgl. E. LEHMANN: Chemiker-Ztg. **66**, 368 (1942); dort auch andere Angaben über Erleichterungen bei der Arbeit im chemischen Laboratorium.

der Beschreibung mit Dammarharz oder Schellacklösung (in Spiritus) bestrichen oder mit einer Lösung von 10 g Paraffin in 100 ccm Gasolin[1]. — *Schreiben auf Glas:* Fettstifte; die betreffende Glasstelle soll gut entfettet sein und wird zuerst erwärmt. — Zum *Ätzen von Glas:* Glastinte (Flußsäure mit Zusätzen, die ein Auslaufen der Schrift verhindern sollen; z. B. von Merck, Darmstadt); die gut entfettete und sodann mit einem Holzspan beschriebene Stelle wird in der Flamme erwärmt. Auch das Schreiben mit Wasserglaslösung und Behandlung mit Silbernitrat und Kochsalz wurde empfohlen[2]. Es kommt dabei stets sehr auf die chemische Widerstandsfähigkeit der verwendeten Glassorte an. — *Mattieren von Glasscheiben:* Eine Mischung von 100 g Bariumsulfat, 10 g Ammoniumfluorid und 12 g Flußsäure wird mittels eines Pinsels aufgestrichen und eintrocknen gelassen (nur für gewöhnliches Glas brauchbar).

2. Porzellangeräte.

Dieselben bieten im organischen Laboratorium gegenüber Glas wenig Vorteile und haben den Nachteil, daß sie undurchsichtig sind. Verwendet wird Hartporzellan; Ausdehnungskoeffizient $3{,}5 \cdot 10^{-6}$ (also etwa wie Duranglas), Erweichungstemperatur etwa 1400°. Verwendungsgrenze für glasiertes Laboratoriumsporzellan 1200°, für unglasiertes etwa 1300°. Sowohl glasiertes wie unglasiertes Porzellan wird durch heiße, hochprozentige Alkalilaugen angegriffen, ebenfalls von Phosphorsäure und Flußsäure.

Von Wichtigkeit erscheint das *Kitten* gebrochener Porzellangeräte (Pistille oder Nutschen usw.). Bleiglätte (die zuvor in einer Eisenschale eine Zeitlang auf etwa 300° erhitzt wurde) wird mit so viel Glycerin gemischt, daß eine weiche plastische Masse entsteht; damit werden die zuvor mit etwas Glycerin befeuchteten Bruchstellen bestrichen; der Kitt erstarrt innerhalb $1/_2$ Stunde (er hält Temperaturen bis 260° aus und wird durch alle Alkalien, Chlordämpfe und die meisten Säuren nicht angegriffen). Dichtung mit dem Universalkitt: 4 Teile Alabastergips und 1 Teil feinpulverisiertes arabisches Gummi in einer kalt gesättigten Boraxlösung zu einem dicken Brei angerührt (erhärtet erst nach $1-1^1/_2$ Tagen). Ist auch zum Kitten anderer Materialien (Bein, Horn, Steingut, Holz usw.) geeignet, verträgt aber keine Nässe[3]. — Ein anderer Kitt besteht aus einer Mischung von carbonatfreiem Zinkoxyd mit einer 60proz. Chlorzinklösung (erhärtet nach wenigen Minuten). — Von *säurefesten Kitten*[4] sei auf einige im Handel befindliche Sorten verwiesen: Asplite (auf Kunstharzbasis), Säurekitte „Höchst" (Wasserglaskitte), Feuerkitt „Höchst" u. a.

---

[1] KIRLIGAN, P. I.: Chem. Zbl. 1942 II, 2392.

[2] Vgl. Chem. Zbl. 1937 II, 2399.

[3] Hinsichtlich verschiedener Kitte, Klebmittel usw. vgl. ARENDT-DOERMER: a. a. O., S. 433; vor allem O. LANGE: Chemisch-technische Vorschriften. Leipzig: Spamer.

[4] Vgl. Chem. Technik 15, 21 (1942).

3. Behandlung von Kork und Kautschuk.

Kork benützt man (außer zum Verschließen von Flaschen) nach dem Bohren entweder in Form konischer Stopfen zur Verbindung kolbenartiger Gefäße mit Glasröhren oder in Form längerer zylindrischer Stücke (sogenannter Topeten) zur Verbindung von Glasröhren (in Fällen, in denen Kautschukschläuche nicht genügend beständig sind; z. B. für überhitzten Wasserdampf, Ozon usw.). Außen werden diese Verbindungskorke dann erforderlichenfalls noch durch einige Lagen Isolierband gedichtet[1].

Vor der Benützung eines Korkes (auch vor dem Bohren desselben) muß derselbe weich gemacht werden durch Walzen desselben am Laboratoriumstisch mit Hilfe eines Brettchens unter genügend starkem Druck oder mittels einer Korkpresse; falls bei dieser nicht zugleich ein Walzen des Korkes erfolgt, muß vorsichtig gepreßt und der Kork gedreht werden. Zu große Korkstopfen werden mittels einer Flachfeile kleiner gemacht (nicht mit einem Messer bearbeitet!).

Korkbohren. Verwendung eines Korkbohrersatzes; eventuell Korkbohrmaschine. Der Korkbohrer wird mit Natronlauge oder Glycerin befeuchtet (oder auch in der Flamme erwärmt); sodann wird auf einer festen Unterlage senkrecht unter dauerndem Drehen gebohrt; am besten von beiden Seiten. Kleine Bohrlöcher: Durchbrennen mittels eines glühenden Stahldrahtes. Erweiterung von Bohrlöchern mittels einer Rundfeile. Sehr wichtig ist, stets scharfe Korkbohrer zu verwenden (Benützung der bekannten Korkbohrerschärfer).

Abdichten von Korken gegen das Entweichen von Gasen und Dämpfen (z. B. organischer Lösungsmittel, wie Äther usw.) erfolgt mittels Chromgelatine[2]. Man löst 4 Teile Gelatine in 52 Teilen kochenden Wassers, filtriert und setzt 1 Teil Ammoniumbichromat zu; Aufstreichen mittels eines Pinsels auf die abzudichtenden Stellen, die dann zwei Tage dem Lichte ausgesetzt werden. — Man kann auch eine Mischung von Wasserglas mit aufgeschlemmtem Asbest verwenden, die man aufträgt und eintrocknen läßt. — Abdichten gegen wäßrige Flüssigkeiten: Aufstreichen von geschmolzenem Paraffin (von nicht zu hohem Schmelzpunkt). Kollodiumlösung (gelöst in etwas Alkohol unter nachträglichem Zusatz von Äther) oder Acetonlack (Acetylcellulose in Aceton gelöst).

Kautschukstopfen werden im Prinzip ebenso wie Korkstopfen angewendet, doch vor allem dann, wenn dieselben nicht unmittelbar mit organischen Lösungsmitteln oder deren Dämpfen

---

[1] Auch in vielen anderen Fällen kann Isolierband als Dichtungsbehelf im Laboratorium empfohlen werden; vgl. LEHMANN: Chemiker-Ztg. **65**, 384 (1941). — Überall dort, wo Isolierband als Hilfsmittel nicht in Frage kommt (z. B. beim Arbeiten mit organischen Lösungsmitteln oder ihren Dämpfen), empfiehlt A. ROLLET [Chemiker-Ztg. **66**, 413 (1942)] Papierklebstreifen, die auch für mancherlei andere Zwecke im Laboratorium verwendbar sind.

[2] Nach NEUMANN: Ber. dtsch. chem. Ges. **18**, 3061 (1885).

in Berührung kommen, und weiterhin, wenn auf besonders gutes Dichten Wert zu legen ist (wie z. B. beim Arbeiten im Vakuum).

Das *Bohren von Gummistopfen* erfolgt am besten auf einer Drehbank. Die Bohrröhren müssen sehr scharf sein und werden am besten mit Glycerin befeuchtet[1]. Während des Bohrens wird der Gummistöpsel festgehalten und allmählich nachgeschoben. Kleine Bohrlöcher werden auch hier durchgebrannt. Beim Einsetzen von Glasröhren usw. in die Bohrlöcher sowie beim Einsetzen der Gummistöpsel selbst soll stets mit etwas Glycerin geschmiert werden. Der Praktikant mache sich dies möglichst bald zur selbstverständlichen Gewohnheit. — Zum Ablösen festsitzender Thermometer und Glasröhren aus Gummistopfen wird ein genau passender Korkbohrer empfohlen, der mit Glycerin befeuchtet und mit sanftem Druck in den Stopfen eingepreßt wird[2].

Kautschukschläuche. In verschiedenster Stärke und Ausführung zu verwenden[3]. Vakuumschläuche besitzen eine besonders starke Wandung und meist nur relativ enges Lumen. Druckschläuche sind mit einer Stoffeinlage versehen.

Zur Verbindung mit Glasröhren sollen die Schläuche stets mit Glycerin befeuchtet werden (insbesondere die Vakuumschläuche). Die meisten organischen Lösungsmittel wirken auf Kautschuk quellend, wodurch die Festigkeit stark herabgesetzt wird; gegen Alkalien ist Kautschuk beständig, dagegen wird er hart bzw. brüchig durch Einwirkung von stark sauren Stoffen sowie durch Oxydationsmittel: kurzwelliges Licht, Ozon, Peroxyde, Halogene, Stickoxyde usw. — *Aufbewahren von Gummischläuchen* (und Gummistopfen usw.) vor Licht und Luft geschützt, unter destilliertem Wasser oder auch mit Glycerin befeuchtet oder in einer Atmosphäre von Ammoniumcarbonat. Alte, hartgewordene Gummiwaren können häufig durch Erwärmen mit verdünnter Lauge wieder teilweise brauchbar gemacht werden.

Verschlüsse von Gummischläuchen. Quetschhähne, Schraubenquetschhähne oder Glaskugelverschlüsse (indem in einen passenden, meist relativ dünnen [unbenützten] Schlauch eine Glaskugel eingesetzt wird: durch Drücken an der Kugel erfolgt die Flüssigkeitsentnahme; insbesondere geeignet für Büretten oder Spritzflaschen; statt der Glaskugel kann auch ein ganz kurzes, abgeschmolzenes Stückchen Glasstab verwendet werden.

4. Metallgeräte.

Verwendung von Metallgeräten. Metallgefäße zur Durchführung gewisser chemischer Operationen: Schalen, Tiegel und Kolben aus Platin,

---

[1] Empfohlen wurde auch 50—100proz. Alkohol; KIME: Chemist-Analyst **26** (1937).

[2] Ind. Engng. Chem., analyt. Edit. **12**, 224 (1940).

[3] GRAEFE [Chem. Technik **15**, 54 (1942)] empfiehlt aus Gründen der Materialersparnis die Anwendung dünner Gummischläuche oder Bleirohre, wodurch auch der Aufbau der Apparate übersichtlicher wird.

Silber, Kupfer, Nickel usw., Kupfergeräte meist in verzinntem Zustand. Hilfsgerätschaften, wie insbesondere Klammern usw., aus Eisen.

Anwendbarkeit der verschiedenen Metalle: Platin wird geschädigt durch: rußende Flamme, schmelzende Ätzalkalien, leicht reduzierbare Verbindungen. — Silber darf nicht mit direkter Bunsenflamme erhitzt werden (Schmp. 950⁰), es ist widerstandsfähig gegen Alkalien wie auch gegen Salzsäure. — Nickel ist widerstandsfähig gegen Alkalien. — Blei ist schwefelsäurebeständig. — V2A-Stahl besitzt hohe chemische Widerstandsfähigkeit (enthält neben Eisen z. B. 0,25% Kohlenstoff, 20% Chrom und 7% Nickel).

Vorteilhaft wäre, wenn es ein komplettes *Chemikerbesteck für organisch-präparative Arbeiten* im Handel gäbe, enthaltend Spateln verschiedener Form und Größe aus Platin oder Nickel, Substanzlöffel, Pinzetten usw.

Hilfsgeräte zum Aufbau von Apparaturen bestehen meist aus Eisen: Stative (mit Platte oder Dreifuß), Ringe (meist mit Muffe, seltener aber auch nur aus Ring mit Querstab bestehend), Dreifüße, Muffen (als Doppelmuffen ausgebildet, zwecks Verbindung von Stativ mit Klemme, Ring usw.), einfache Klemmen (Röhrenklammern, auch für schmale Kolbenhälse usw.), Kolbenklammern und Kühlerklammern; zu beachten ist hierbei, daß diese Geräte stets nur dann benutzt werden sollen, wenn sie mit Korkplatten oder Schlauchstücken versehen sind, um Glasbruch zu vermeiden. Gute Ölung der Gewinde soll nie versäumt werden, um auch dadurch die Bruchgefahr für die Glasgeräte zu vermindern.

Reinigung verrosteter Gegenstände. Mechanisches Abbürsten mit einer Drahtbürste oder Benützung eines Sandstrahlgebläses, Einlegen in Petroleum und Abreiben mit Schmirgelpapier. Lockerung festsitzender Schraubengewinde durch Einlegen in Petroleum, Erhitzen der festsitzenden Stelle, Verwendung eines Schraubstocks.

Rostschutzmittel. 5 Teile Paraffinöl und 8 Teile Lanolin (wasserfrei) gut verrieben und mittels eines Lappens aufgetragen — Anstreichen mit Eisenlack, Asphaltlack, Aluminiumbronze (angerührt mit Firnis oder Terpentinöl) oder anderen Rostschutzmitteln. Ein völliger Schutz ist hierdurch allerdings nicht gewährleistet. — Hinsichtlich der für das atmosphärische Rosten des Eisens in chemischen Laboratorien maßgebenden Faktoren vgl. SCHIKORR u. SCHALLER[1]. — Am besten ist natürlich die Benützung von Geräten aus V2A-Stahl oder anderen rostsicheren Stahlsorten.

Kitten von Metall an andere Materialien. Zum Einkitten von Glasröhren in Metallröhren dient am besten Bleiglätte-Glycerin (vgl. Kitten von Porzellan); man läßt die gekitteten Röhren bis zum völligen Trocknen ruhig liegen. — Wasserglaskitt: dickflüssiges Natronwasserglas, vermischt mit Gips, Kreide, Kalk, Zinkoxyd oder Talkum. — Zinkoxychloridkitt; Mischung von 60proz. Chlorzinklösung mit feingepulvertem carbonatfreiem Zinkoxyd (erstarrt in wenigen Minuten)[2].

---

[1] SCHIKORR, G., u. J. E. SCHALLER: Österr. Chemiker-Ztg. **45**, 135 (1942).

[2] Hinsichtlich Silicat- und Glycerin-Bleiglätte-Kitten für chemische Apparaturen vgl. auch BORODULIN u. TAMARKINA: Chem. Zbl. **1938 I**, 1525.

Einschmelzen von Metall in Glas: Unter den in Betracht kommenden Metallen läßt sich nur Platin vollkommen in gewöhnlichem Glas einschmelzen, Chrom-Nickel-Draht in Bleiglas (vgl. dazu Note 1, S. 169).

5. Sonstiges.

Anwendung von Asbest. Asbestschnüre dienen z. B. als Dichtungsmaterial für Stopfbüchsen (z. B. für Rührautoklaven) oder als Isoliermaterial für Kolonnen u. a. Geräte. Asbestpapier verwendet man z. B. zum Umhüllen von Glaskolben oder Retorten, die mit direkter Flamme erhitzt werden sollen. Dabei wird das angefeuchtete Asbestpapier mit der Hand aufgedrückt; nach dem Trocknen im Trockenschrank haftet dasselbe fest am Glas. Asbeststopfen werden entweder durch Einrollen von angefeuchtetem Asbestpapier hergestellt oder durch Pressen und Formen von angefeuchtetem feinfasrigem Asbest. Ferner wird Asbest als Filtermaterial benützt (vgl. S. 63).

Schwarzfärben von Tischen sowie Holzgeräten (säurefest). Lösung I (86 g Kupferchlorid, 67 g Kaliumchlorat, 33 g Ammoniumchlorid in 1 Liter Wasser gelöst) und Lösung II (600 g Anilinchlorhydrat in 4 Liter Wasser) werden kurz vor Gebrauch gemischt und etwa viermal mit eintägigen Pausen aufgestrichen; dann läßt man einige Tage im Licht stehen, wäscht mit lauwarmem Wasser ab und reibt nach dem Trocknen mit einem Gemisch von 1 Vol. Terpentinöl und 1 Vol. Leinfirnis ein, bis das Holz mit Leinöl gesättigt ist. Nach einigen Tagen reibt man den Ölüberschuß ab. (Weitere Rezepte vgl. VANINO[1].)

Anhang II.

Handhabung ätzender, giftiger und leicht brennbarer chemischer Stoffe usw.

1. Ätzende Substanzen.

Schutz des Gesichtes (vor allem der Augen) und Hände gegen das Verspritzen von Substanzen. Vornahme der betreffenden Operation im Abzug, dessen vordere Scheibe herabgezogen ist, die Hände sind bei der Manipulation mit Handschuhen zu schützen. Kalischmelze, Arbeiten mit Oleum usw. Bei Verätzungen mit starken Säuren oder kaustischen Alkalien wasche man zunächst stets gründlich mit Wasser, dann mit Bicarbonatlösung bzw. sehr verdünnter Essigsäure. Bei Verätzungen mit organischen Substanzen suche man dieselben mit reichlichen Mengen eines organischen Lösungsmittels, besser noch mit Öl, zu entfernen[2].

---

[1] VANINO, L.: Handbuch der präparativen Chemie Bd. 1. Stuttgart: Enke.

[2] Zusammenstellung der wichtigsten chemischen Stoffe mit gefährlichen Eigenschaften sowie der Schutz- und Gegenmittel vgl. W. WITTENBERGER: Chemische Laboratoriumstechnik, S. 4. Wien: Springer 1942.

Zum Pipettieren ätzender und giftiger Stoffe dienen eigene Sicherheitspipetten[1].

2. Giftige Stoffe.

Falls man mit solchen *in fester oder flüssiger Form* umzugehen hat, wird nach Durchführung der Operation besonders auf die Säuberung der Hände sowie des Arbeitsplatzes zu achten sein. Stoffe, die bereits bei Berührung der Haut giftig wirken (wie Dimethylsulfat), müssen sofort mit einem geeigneten Lösungsmittel (Alkohol usw.) entfernt werden. Falls man mit giftigen oder stark reizenden *Gasen* (Reizung der Luftwege oder der Augen) zu tun hat, muß unter einem guten Abzug oder im Freien gearbeitet werden (eventuell Schutz durch Gasmasken): Chlor, Brom, Stickoxyde, Kohlenoxyd, Blausäure, Phosgen usw. Bei Unfällen ist ärztliche Behandlung erforderlich. Hinsichtlich der gesundheitsschädigenden Wirkung verschiedener Lösungsmittel und Gase vgl. S. 44 ff. u. 56.

3. Explosible Stoffe und Arbeiten im Vakuum sowie unter Druck.

Schutz der Augen durch Brillen mit starken Gläsern. Beim Evakuieren noch nicht benützter Exsiccatoren, beim Arbeiten mit Einschmelzröhren, Druckflaschen usw. Explosive Substanzen sind zunächst stets in kleinsten Mengen zu prüfen.

4. Leicht entzündliche Stoffe.

Die üblichen Vorsichtsmaßregeln sind streng einzuhalten. Lösungsmittel usw. sollen nie in der Nähe einer Flamme stehen. Insbesondere größere Vorratsflaschen sollen nie auf den Arbeitstischen herumstehen. Zum Erhitzen leicht entzündlicher Stoffe (vor allem niedrig siedender Lösungsmittel, wie Äther, Petroläther, Schwefelkohlenstoff usw.) verwendet man vorteilhafterweise elektrische Heizvorrichtungen (vgl. S. 11) oder gut überprüfte Sicherheitsbrenner. Zu beachten ist, daß sich die Dämpfe solcher Lösungsmittel häufig nicht sofort in der Atmosphäre verteilen, sondern zu Boden sinken und dort weiterstreichen („kriechen"); es ist daher notwendig, daß beim Destillieren von Äther, Petroläther usw. das Auffanggefäß (angeschlossene Saugflasche) mit einem Schlauch verbunden wird, der die Dämpfe zum Fußboden führt, so daß sie nicht auf den Laboratoriumstisch gelangen. Vorsicht beim Umfüllen von Äther: Trichter mit langem und engem Hals dürfen nicht verwendet werden (Reibung an

---

[1] Vgl. Chem. Technik **16**, 141 (1943).

den Glaswänden bedingt Entzündungsgefahr, Ätherperoxyd). Vorsicht beim Arbeiten mit Natrium oder Kalium (oder auch Natriumamid), besonders beim Zersetzen von Reaktionsgemischen, bei denen dieselben verwendet wurden, mit Wasser (gegebenenfalls unter CO_2 vorzunehmen).

Laboratoriumsbrände. Bei Entzündung kleinerer Mengen Lösungsmittel in einem Gefäß: Darüberdecken einer Holzplatte oder Porzellanschale usw. führt in der Regel zum raschen Ersticken der Flamme. Falls das Gefäß springt oder in anderer Weise brennendes Lösungsmittel sich über den Arbeitsplatz ergießt, verwendet man kleine Löschapparate, und zwar entweder kleine CO_2-Bomben oder Geräte, die mit niedrigen chlorierten Kohlenwasserstoffen gefüllt sind[1]. Bei größeren Bränden: Ersticken mit Kohlensäure, ferner Sand, Asbestmatten. Die üblichen größeren Feuerlöschapparate sind nur im Notfall zu verwenden. Falls mit Wasser nicht mischbare Lösungsmittel sich entzündet haben, führt natürlich Spritzen mit Wasser nicht zum Ziel. Nach dem Löschen mit chlorierten Kohlenwasserstoffen ist wegen eventueller Phosgenbildung gründlich zu lüften. Erste Maßregel bei Bränden: Gashähne schließen und eventuell herumstehende Lösungsmittel entfernen, Ruhe bewahren.

Verbrennungen. Bestreichen mit Leinöl (gegebenenfalls auch mit anderen Ölen) oder Brandsalbe. Entfernung von Verunreinigungen (z. B. aus Ölbädern) durch Waschen mit Leinöl.

Anhang III.

Allgemeine Laboratoriums-Einrichtungen und -Anordnungen.

1. Bau und Anlage chemischer Laboratorien.

Es kann diesbezüglich auf die Darstellung von A. BEHRE[2] verwiesen werden. Eingehend besprochen werden dort u. a. die baulichen Einrichtungen, wie Raumverteilung, Fenster, Türen, Fußböden,

---

[1] MACURA empfiehlt zu diesem Zweck eine gewöhnliche Syphonflasche zu $^3/_4$ mit Tetrachlorkohlenstoff zu füllen und aus einer CO_2-Bombe Kohlensäure mittels eines Reduzierventiles unter etwa 2 at Druck einzupressen. An das Mundstück mittels Druckschlauches und Ligatur eine Metall- oder Glasdüse ansetzen. Syphonmäßige Verwendung.

[2] BEHRE, A.: Chemische Laboratorien. Ihre neuzeitliche Einrichtung und Leitung. Leipzig: Akad. Verlagsges. m. b. H. 1928; dort auch ausführliche Literaturangaben.

Wandanstriche, Abzüge, Lüftungs- und Heizungsanlagen, Waren-
aufzüge, Anlagen für Gas, Wasser, Dampf, Vakuum, Druckluft,
elektrische Einrichtungen, Ausstattung von Nebenräumen (Waagen-
raum, Titrierraum, Dunkelkammer, Mikroskopierzimmer, physikalisch-
chemische Räume, Kühlraum, Schwefelwasserstoffkammer, Spülraum, Sammlungsräume, Werkstätten, Tierställe), Sicherungs-
einrichtungen, Bücherei- und Büroräume sowie die speziellen Laboratoriumseinrichtungen.

Der Bau und die Ausstattung eines modernen Forschungslabora-
toriums der Industrie wurde kürzlich von LIEBSCHER[1] beschrieben.
Dabei wurde berücksichtigt die Konstruktion und Ausstattung des
Gebäudes, Beleuchtung, Heizung, Lüftung, sanitäre Einrichtung,
Feuerschutz, Energieversorgung, bauliche und apparative Einrichtung
der einzelnen Abteilungen (Normalarbeitsplatz, Speziallaboratorien,
Hilfsräume u. a.). — Hinsichtlich der Einrichtung eines chemisch-
biologischen Laboratoriums vgl. RAUEN[2].

2. Allgemeine Einrichtung organisch-präparativer Laboratorien.

Die Laboratoriumsräume für organisch-präparative Zwecke müssen
vor allem gute Abzüge (mit Exhaustoren) besitzen, die mit allen
erforderlichen Einrichtungen reichlich ausgestattet sind (Wasser,
Gas, Strom, Druckluft, Dampf, Vakuum u. a.). Die Arbeitstische
müssen gleichfalls mit diesen Einrichtungen reichlich versehen sein.
Dazu kommen unterm Abzug oder auf den Arbeitsplätzen Rühr-
werkseinrichtungen sowie Transmissionen für den Anschluß von
Schütteleinrichtungen, Mühlen usw. — Von Apparaturen, die ständig
betriebsfertig aufgebaut bleiben können, sind folgende vorzusehen:

Destilliereinrichtungen für Operationen unter Atmosphärendruck.
Liebigkühler für gewöhnliche Destillation zum sofortigen Anschluß
von passenden Kolben bereit. Apparatur zur Dampfdestillation.

Vakuumeinrichtungen. Gewöhnliche Vakuumanlagen mit Wasserstrahlpumpen. Vakuumverdampfungsanlagen. Größere Apparatur
zur Fraktionierung im Vakuum, bestehend aus Liebigkühler und
Fraktioniervorstoß, die übrigen Apparaturteile (Fraktionierkolonne,
Kolben) sind dann je nach dem beabsichtigten Zweck leicht anzu-
setzen. Hochvakuumanlage mit Öl- und Quecksilberpumpe, Ausfriertaschen und den sonstigen erforderlichen Einrichtungen, betriebsfertig zum Ansetzen der betreffenden Vakuumapparatur (vgl. Abb. 14).

Einrichtungen zum Umkrystallisieren (auf einem allgemeinen
Arbeitsplatz). Kleine Flaschen mit den erforderlichen Lösungsmitteln (diese dürfen niemals in dünnwandigen Kolben aufbewahrt
werden). Geräte zum Umkrystallisieren in Laden zur sofortigen
Verwendung bereit halten (kleine Trichter, Bechergläser, Schalen,
Proberöhren, Saugtrichter mit Zubehör, passende Filter, Glasstäbe,
Tropfrohre, Abpreßstäbe, Tonstücke, Spateln, komplettes Zubehör
zum Mikroumkrystallisieren usw.); Dampftrichter; Vakuumanlage
zum Absaugen und kleine Vakuumverdampfungsanlage (vgl. S. 144,
145) samt Zubehör, Exsiccatoren und andere Trocknungseinrich-
tungen; Schmelzpunktapparat samt Zubehör und anderes.

[1] LIEBSCHER, E.: Chem. Technik 15, 175 (1942).
[2] RAUEN, H. M.: Chem. Technik 16, 167 (1943).

Sehr wichtig für organisch-präparative Laboratorien ist schließlich das Vorhandensein von *Verbandschränken* mit Einrichtungen für die erste Hilfeleistung (Verbrennungen, Verätzungen, Vergiftungen usw.) und zur Anlegung von Notverbänden.

Für *Brandfälle* sind ferner an passenden Stellen Wasserduschen vorzusehen. Selbstverständlich hat jedes Laboratorium Feuerlöschapparate zu enthalten (unmittelbar neben der Tür).

3. Einrichtung von Spezialräumen.

Organisch-präparative Spezialräume: Der *Autoklavenraum* dient zur Aufstellung der Autoklaven (Rührautoklaven verschiedener Größe mit Einzel- oder Transmissionsantrieb, Schüttelautoklaven u. a.) sowie der Bombenöfen (Schießraum) und ist sinngemäß einzurichten. — Der *Hydrierraum*, der für alle Arbeiten mit Wasserstoff dient, aber gegebenenfalls auch für andere Zwecke, so z. B. für Gasanalysen und anderes verwendbar ist. — Der *Ätherraum* dient für Arbeiten mit leicht brennbaren Lösungsmitteln; er besitzt keine Gasleitung und seine Leuchten; Motoren und Steckkontakte sollen explosionsgeschützt sein, falls in dem Raum auch mit größeren Mengen leicht brennbarer Lösungsmittel gearbeitet werden soll. Im Ätherraum sind Apparaturen zur Regenerierung von Lösungsmitteln aufzustellen (Ätherdestillation usw.), ferner die verschiedensten Extraktionseinrichtungen u. a. — Der *Kühlraum* dient zum Abstellen von Lösungen zwecks Krystallisation, zum Aufbewahren verderblicher oder hitzelabiler Stoffe und zum Arbeiten bei tieferen Temperaturen. — *Stinkräume* sind für viele organisch-präparative Arbeiten dringend erforderlich (Schwefelwasserstoff, Merkaptane u. v. a.). Vor allem sind hier passend eingerichtete Abzugsanlagen vorzusehen, gegebenenfalls auch für größere Apparaturen (begehbare Abzüge). — In *technischen Räumen*, die meist im Kellergeschoß unterzubringen sein werden, sind größere Apparaturen aufzustellen, so z. B. größere Zentrifugen (auf einem Betonfundament), größere Vakuumverdampfer, halbtechnische Trocknungsanlagen u. a. — Zweckmäßig ist das Vorhandensein eines *Dachlaboratoriums*, in dem im Freien gearbeitet werden kann. — Der *Nachtraum* soll gegen Brandgefahr gesichert sein (Arbeitstische, Schränke usw. nur aus nicht brennbaren Materialien; Alarmvorrichtungen usw.); derselbe soll die Durchführung von länger währenden Versuchen, gegebenenfalls auch ohne unmittelbare Aufsicht, ermöglichen.

Analytische Räume: Der *Titrierraum*. Auch für das organisch-präparative Arbeiten ist es sehr wichtig, daß alle maßanalytischen Einrichtungen ständig gebrauchsfertig vorhanden sind; vor allem sei auf die automatischen Büretten verwiesen. In vielen Fällen wird die Einrichtung eines Titrierplatzes ausreichen, vor allem wenn ein eigenes analytisches Laboratorium vorhanden ist. Hinsichtlich der Einrichtung eines Titrierarbeitstisches vgl. auch WINTER[1]. Bei ungenügender Tagesbeleuchtung ist für Tageslichtlampen zu sorgen. — *Wägezimmer.* Wichtig für dasselbe ist das Vorhandensein entsprechender Fundamente für die erschütterungsfreie Aufstellung der Waagen (Analysen-Dämpfungswaagen mit automatischer Gewichts-

---

[1] WINTER, K.: Chemiker-Ztg. **65**, 393 (1941).

auflegung, Halbmikro- und Mikrowaagen). — Der *Verbrennungsraum* enthält die Apparaturen für die verschiedenen Verbrennungsanalysen (Halbmikro- oder Mikrobestimmung von C-H, N usw.).

Physikalisch-chemische Räume: Sehr wichtig ist zunächst ein allgemeiner physikalisch-chemischer Raum, der die wichtigsten, auch beim organisch-präparativen Arbeiten benötigten Apparaturen und Geräte enthält (Refraktometer, Viskosimeter, Mikroskope, Elektrophoreseapparate u. v. a.); dazu gehören naturgemäß Dunkelkammern (für Polarisationsapparate, Stufenphotometer, Spektroskop, Spektrograph, Kolorimeter, Röntgengeräte u. a.). Hinzu kommen Dunkelkammern für photographische Zwecke (Mikrophotographie usw.).

Sonstige Räume: *Spülräume* zur Reinigung der Glasgeräte sind mit großen Steinzeugbecken zu versehen, die zweckmäßigerweise mit Bleiblech ausgekleidet werden, wodurch die Bruchgefahr für Glas wesentlich vermindert werden kann. Die Spülbecken sind zur Entfernung von Säuredämpfen unter einem Abzugsdach unterzubringen. Im übrigen enthalten die Spülräume eine Warmwasseranlage, Abtropfgestelle und Trockenschränke. — *Werkstätten* (Feinmechanische Werkstätte, Schlosserei, Tischlerei, Glasbläserei). — *Glasmagazin* mit Holzregalen für Glasgeräte und sonstigen Laboratoriumsbedarf (Metall- und Holzgeräte, Reinigungsmaterialien u. a.). — *Chemikalienmagazin* mit Regalen, Giftschrank, Abzug, Ausgabeschalter, Einrichtungen zur Lagerung von Stahlflaschen für Gase, Lüftungsanlagen usw. — *Lagerräume* für Säuren u. a. dämpfeentwickelnde Stoffe (Säurekammer), für größere Vorräte an verschiedenen Chemikalien, für Lösungsmittel (Brennstoffkammer) usw. Je nach dem Verwendungszweck ist für entsprechende Entlüftungsanlagen sowie Sicherheitseinrichtungen zu sorgen.

Anhang IV.

Leitlinien für die Protokollführung und Veröffentlichung.

1. Protokollführung.

Jeder Praktikant soll sogleich, sobald er mit der Arbeit im organisch-chemischen Laboratorium (ebenso natürlich bei der Durchführung experimental-wissenschaftlicher Untersuchungen überhaupt) beginnt, dazu angehalten werden, ein Tagebuch zu führen, in das die Versuche mit allen Beobachtungen, der Art der Aufarbeitung usw., am besten schlagwortartig eingetragen werden (Versuchsprotokolle; daneben in einem eigenen Heft Eintragung der zugehörigen Literaturangaben[1]).

Die Versuchsprotokolle sollen alle Einzelheiten bei der Durchführung eines Versuches oder einer chemischen Operation enthalten;

---

[1] Hinsichtlich einer Anleitung zur Benützung der organisch-chemischen Literatur vgl. GATTERMANN-WIELAND: Praxis des organischen Chemikers.

also z. B. bei der Durchführung einer Reaktion unter Erhitzen: Beginn des Anheizens, Zeitpunkt der Erreichung der Siedetemperatur, Dauer des weiteren Erhitzens, Dauer des Erkaltens, Badtemperatur, Beobachtungen, die auf den Reaktionsverlauf schließen lassen (wie Entwicklung von Gasen), Art der verwendeten Apparatur usw.; oder bei Destillationen in Form einer Tabelle mit folgendem Kopf:

Fraktion	Druck	Badtemperatur	Siedetemperatur (Intervalle)	Hauptsiedepunkte	Destillierdauer der Einzelfraktionen	Menge	Aussehen der Fraktionen usw.
Nr.	mmHg					g	

Dazu kommen ferner Angaben über die verwendete Apparatur usw. Ähnliche Protokollierung bei Sublimationen. Bei anderen Operationen analoge sinngemäße Notizen; auch z. B. beim Umkrystallisieren von großer Wichtigkeit. Alle diese Angaben können für die Wiederholung der betreffenden Versuche oder Operationen von größter Bedeutung sein. Die Protokollierungen sind während eines Versuches oder sofort nach Beendigung desselben vorzunehmen; man verlasse sich nie auf sein Gedächtnis. Dasselbe gilt für die Bezeichnung von Substanzen, Mutterlaugen, Fraktionen usw.

Es erscheint weiterhin sehr wichtig das Wesentliche aus den Versuchsprotokollen in gewissen Zeitabschnitten übersichtlich (in Form von Tabellen usw.) zusammenzustellen, um sich so einen Überblick über die bereits durchgeführten Versuche zu verschaffen. Auf diese Weise wird man auch zur Zeit auf Lücken in der Untersuchung aufmerksam.

2. Publikationstechnik.

Das Bestreben, eine möglichste Verbilligung der chemischen (und auch sonstigen naturwissenschaftlichen) Zeitschriften zu erzielen, macht eine kurze und prägnante Art der Veröffentlichung notwendig; es sind daher gewisse Anforderungen sachlicher sowie formeller Natur an eine Publikation zu stellen. Die des öfteren herausgegebenen Richtlinien für die Aufnahme wissenschaftlicher Arbeiten in Zeitschriften sollen daher streng eingehalten und durchgeführt werden, wie auch aus der Stellungnahme der Gesellschaft deutscher Naturforscher und Ärzte „zur Frage der medizinischen und naturwissenschaftlichen Zeitschriften" (August und November 1933) ersichtlich ist.

Inhalt der Publikationen (Anforderungen sachlicher Natur). Jeder Autor lege sich zunächst sehr gewissenhaft die Frage vor, ob die gewonnenen Ergebnisse tatsächlich publikationsreif sind und ob deren Veröffentlichung auch der Kritik der engeren Fachkollegen standzuhalten vermag. In diesem Sinne soll daher nur das publiziert werden, was eine wirkliche Bereicherung für die Wissenschaft darstellt und außerdem einen gewissen Abschluß erreicht hat. Es muß dabei berücksichtigt werden, daß nicht jedes Laboratoriumsergebnis, auch wenn es mit viel Arbeit und Mühe gewonnen wurde, zur Veröffentlichung geeignet ist. Vor allem sind Berichte über Arbeiten ohne positives wissenschaftliches Resultat zu vermeiden; gegebenenfalls wird ein gelegentlicher kurzer Hinweis im Rahmen einer ähnlichen Arbeit oder eine kurze „Notiz" von Vorteil sein, da sich dann andere Autoren die nochmalige Bearbeitung des betreffenden Themas ersparen können. Die Aufnahme von Monographien, Festschriften, umfangreichen Habilitationsschriften werden von den Redaktionen der Zeitschriften mit Recht abgelehnt (die letztgenannten können in stark gekürzter Form aufgenommen werden). Der Inhalt von Dissertationen kann in kurzer Form wiedergegeben werden, falls dieselben überhaupt wertvolle Ergebnisse enthalten. Ebenso sollen Arbeiten rein theoretischer oder spekulativer Natur in experimental-naturwissenschaftlichen Zeitschriften keine Aufnahme finden.

Abfassung der Publikationen (Anforderungen formeller Natur). In erster Linie sind weitschweifige Darstellungen unbedingt zu vermeiden[1]. Die Abfassung soll gemäß gewissen Leitlinien vorgenommen werden, wie im folgenden eingehender auseinandergesetzt wird.

a) Allgemeines.

Stilistisches. Die Vorwürfe, die gegenüber dem Stil wissenschaftlicher Publikationen gemacht werden, sind vielfach leider nur allzu berechtigt. Die Bemühungen O. v. LIPPMANNS gegen die Stilwidrigkeiten in wissenschaftlichen Zeitschriften sind daher sehr zu begrüßen. Es sei hier auf die zahlreichen, der Literatur

---

[1] Während die rein chemischen Zeitschriften diese Grundsätze zumeist schon seit längerer Zeit ziemlich weitgehend befolgen, findet sich (ganz abgesehen von rein deskriptiven Wissenschaften) in den Zeitschriften anderer Experimentalwissenschaften (also in biologischen, medizinischen, physiologischen Zeitschriften, vor allem auch in der botanischen und zoologischen Literatur) zum großen (manchmal sogar überwiegenden) Teil eine außerordentliche Weitschweifigkeit der Darstellung, und zwar sowohl bei der Schilderung der Versuche, als auch bei der Wiedergabe der Ergebnisse; daran werden meist ausführliche theoretische Erwägungen und Diskussionen angeknüpft, wobei vielfach die Breite der Darstellung zum Wert und zur Bedeutung der Ergebnisse in argem Gegensatz steht.

entnommenen Beispiele, die der genannte Autor zusammengestellt hat, hingewiesen[1]; im folgenden nur einige wenige den erwähnten Zusammenstellungen entnommene Beispiele:

1. **Wort-ungeheuer** („Ersparnis" an Bindestrichen usw.): Succinationen, Diesterreaktion, Hochtontone, Naßwegkohlenstoffbestimmung, Acidomischsalze, Orceineinkrystalle, Arsenatanionabspaltung, Kesselspeisewasseranalysendarstellungsmethode.

2. **Grobe grammatische Fehler:** Zinkblende läßt sich schwer in sein Oxyd überführen. — Die Verbindung wird jetzt auf seine Wirksamkeit geprüft. — Die Angabe stammt von N., eines sonst zuverlässigen Forschers. — N. war sicher einer der ersten Fachgrößen.

3. **Falsche und absonderliche Wortbildungen:** Ein Abführmittel für die Lösung erübrigt sich, das vorhandene Rohr genügt. — Bei der sauren Zuendedestillation erhält man ... — Rühmlich ist die gute Verträglichkeit des Mittels. — Der Verstorbene, auch vielfach patentierte Chemiker ... — Die emulgierte Synthese verläuft aber ganz anders.

4. **Falsche Bilder und Vergleiche:** Hier ergibt sich der verborgene Pferdefuß der Methode.

5. **Falscher oder unlogischer Wortausdruck:** Das Chlor leiteten wir unter lebhafter Rührung ein. — Unsere radioaktiven Überlegungen zeigen ... — Diese neue Theorie erklärt die unerklärbaren Vorgänge. — Unsere Temperatur ist 50^0, wo andere Pilze schwer fortkommen. — Das aus den Hoden von N. isolierte Spermin. — Der unter dem Insulin aufgespeicherte Zucker.

6. **Falsche und verworrene Beschreibungen:** Die Ausbeute war größer, als sie in Wirklichkeit gefunden wurde. — Wir stellten diese Studien im Säuglingsalter an. — Die Amylose ist ein Mehl in unlöslicher Form, aus dem die lösliche entsteht. — Dabei erfolgt Energiezuwachs in Form oxydativer Synthese.

Sonstiges. Wiedergabe von Analysen und Messungsergebnissen sowie Darstellung von Ergebnissen in Tabellen und Kurven vgl. unten. *Literaturangaben* werden am zweckmäßigsten in Form von Fußnoten gegeben, unter Anführung des Autors (falls derselbe nicht schon im Text genannt ist), ohne Titel der Arbeit, mit Angabe der Band-, Seiten- und Jahreszahl. Nur bei Büchern ist Titelangabe notwendig. Zur Anführung der Zeitschriften sollten einheitlich die genormten Abkürzungen benützt werden[2], wie dies auch bereits bei den meisten chemischen Verlagsanstalten üblich ist. Bei schwerer zugänglichen Literaturstellen

---

[1] Lippmann, O. v.: Z. angew. Chem. **36**, 306 (1923); **38**, 547 (1925); **40**, 925 (1927); **41**, 159 (1928); **42**, 156 (1929); **43**, 349 (1930); Naturwiss. **22**, 235 (1934).

[2] Deutsche chemische Gesellschaft (H. Pflücke): Periodica chimica, Verzeichnis der im Chemischen Zentralblatt referierten Zeitschriften mit den entsprechenden genormten Titelabkürzungen. Berlin: Verlag Chemie 1940.

ist die Anfügung des zugehörigen Zitates aus dem Chemischen Zentralblatt oft von großem Nutzen. — Über das chemische Zeitschriftenwesen kann man sich bei HARFF[1] näher unterrichten.

Die *Formelschreibung* soll zweckmäßig sein und zugleich der Forderung nach Raumersparnis Rechnung tragen. Seitenketten werden daher nicht herausgestellt, sondern in Klammer gesetzt. Ferner werden häufiger angeführte Verbindungen mit einer römischen Zahl bezeichnet, auf die Bezug genommen wird, ohne daß also der Name oder die Formel der betreffenden Verbindung nochmals genannt zu werden braucht. Die Namen chemischer Verbindungen sind sinngemäß mit Bindestrichen zu versehen, wodurch dieselben besser lesbar werden (vgl. oben).

b) Art der Abfassung von Veröffentlichungen in Zeitschriften.

Jeder Autor muß sich dessen bewußt sein, daß seine Veröffentlichung in erster Linie für die Fachleute auf dem betreffenden engeren Forschungsgebiet geschrieben sein soll. Bei genügender Beherzigung dieses Grundsatzes wird jede Weitschweifigkeit leicht zu vermeiden sein. Sowohl im theoretischen Teil als auch bei der Wiedergabe der Versuche und experimentellen Tatsachen ist eine knappe Formulierung anzustreben.

Insbesondere bei der Veröffentlichung chemischer Arbeiten hat sich seit langem eine bestimmte Art der Anordnung entwickelt und bewährt, die eine übersichtliche und klare Darstellung ermöglicht, nämlich eine scharfe Trennung in einen allgemeinen und einen experimentellen Teil. Der erstgenannte enthält die Problemstellung, den Anschluß an die Literatur, die Wiedergabe der gewonnenen Ergebnisse sowie eine kurze und klare Skizzierung des Weges, auf dem dieselben gewonnen wurden. Im experimentellen Teil sind die Versuche, deren Aufarbeitung, die Analysen, physikalisch-chemischen Messungen usw. kurz anzuführen. Eventuell ist zum Schluß eine kurze Zusammenfassung der Ergebnisse anzufügen.

Allgemeiner Teil. Historische Einleitungen sind unbedingt zu vermeiden, da diese in Büchern, Monographien usw. zur Darstellung gelangen. Die *Fragestellung* ist durch wenige Sätze klarzulegen. Zum Anschluß an frühere Bearbeitungen des Themas

---

[1] HARFF, H.: Die Entwicklung der deutschen chemischen Fachzeitschrift. Berlin: Verlag Chemie 1941.

(eigene sowie anderer Autoren) genügt ein kurzer Hinweis mit der Charakterisierung der Art der Fortsetzung des Themas; ferner wird auf die letzten zusammenfassenden Literaturzusammenstellungen (in Monographien, Handbüchern, „Ergebnissen" usw.) zu verweisen sein. Sodann schildert man in knapper Form die bei der betreffenden Untersuchung gewonnenen *Ergebnisse* und bringt dieselben in übersichtlicher Weise zur Darstellung, so daß die gewonnenen *neuen* Befunde dem Leser sofort klar werden. Die Zusammenfassung der Hauptergebnisse in Tabellen oder Kurven ist dabei zweckmäßig; zu vermeiden ist jedoch die mehrfache Darstellung im Text *oder* in Form von Tabellen *oder* Kurven. Einzelheiten der Versuchsanordnung gehören in den Versuchsteil. Die Beschreibung von Derivaten, die zur Identifizierung neuer Verbindungen dargestellt wurden, ist stark einzuschränken; das gleiche gilt für verschiedene andere Einzelangaben, z. B. über die Fraktionierung von Gemischen und die Eigenschaften von Fraktionen usw. Die ausführliche Entwicklung von Arbeitsprogrammen usw. ist zu vermeiden; gegebenenfalls hat ein kurzer Hinweis zu genügen.

Versuchsteil. Für diesen ist entweder gänzlich oder zum großen Teil Kleindruck zu verwenden, insbesondere für Methodik, Protokolle und andere weniger wichtige Teile. Das Wesentliche erscheint dann durch normalen Druck hervorgehoben. Eine ausführliche Darstellung der *Methodik* wird nur dann von Wert sein, wenn sie wesentlich Neues enthält. Im übrigen genügt völlig ein kurzer Hinweis. Weitschweifige Angaben über selbstverständliche präparative Arbeitsmethoden (Filtrieren, Destillieren, Krystallisieren, Trocknen, Trennen von Flüssigkeiten, Anwendung von Gefäßen usw.) sind zu vermeiden. Die *Schilderung der Versuche* hat möglichst knapp zu erfolgen, am besten im Telegrammstil. Von jeder Versuchsart bzw. jedem Tatsachenbefund braucht nur ein Beispiel angeführt zu werden. Die Ergebnisse anderer analoger Versuche sind in knapper Form in Tabellen oder Kurven wiederzugeben. Natürlich wird man für jede Versuchsart, jedes Präparat usw. nur ein gleichartiges Bild, bzw. eine Kurve usw. anwenden. Neue *wichtige* Vorschriften sind dagegen unbedingt so wiederzugeben, daß danach tatsächlich gearbeitet werden kann. In vielen Fällen wird aber die Angabe des Prinzips der Darstellung oder des Verfahrens genügen. Bei Abbildungen wird eine kurze, aber erschöpfende Unterschrift die nochmalige Beschreibung im Text erübrigen. Ferner ist eine weitschweifige Diskussion von Ergebnissen, die aus Tabellen oder Kurven für den Fachmann ohne weiteres ersichtlich sind, unbedingt zu vermeiden; gegebenenfalls genügt ein kurzer Hinweis auf gewisse Einzelergebnisse. Über die knappe Art, in der die Beschreibung chemischer Substanzen zu erfolgen hat, und in welcher Weise die Analysen und physikalischen Messungsergebnisse wiederzugeben sind, orientiere man sich an Hand der Originalliteratur (vor allem die Berichte der Deutschen Chemischen Gesellschaft sind hier richtunggebend).

Zusammenfassung der Ergebnisse. Ist bei kurzen Arbeiten überflüssig, bei längeren Arbeiten (solche über $1^1/_2$ Druckbogen werden bei chemischen oder biochemischen Zeitschriften wohl kaum noch aufgenommen), insbesondere solchen mehr biologischer oder physiologischer Natur, zweckmäßig. Dieselbe soll möglichst kurz sein (allerhöchstens eine Druckseite) und nur die wirklich wichtigen und wesentlichen Ergebnisse enthalten. Es ist eine bekannte Erfahrungstatsache, daß der Wert einer Arbeit in der Regel um so größer ist, je kürzer und präziser man die Ergebnisse zusammenfassen kann, während halbe oder weniger wichtige Ergebnisse eine ausführliche Zusammenfassung als „notwendig" erscheinen lassen.

Nachtrag.

Zu S. 23. Hinsichtlich Laboratoriums-Pumpen aus Kunststoff vgl. Chemie-Arbeit in Werk u. Labor **67**, 108 (1944).

Zu S. 47. Ein einfaches Laboratoriumsverfahren zur Entwässerung von Alkohol mittels Chlorcalzium wurde von P. BRAUER und O. LUTZ beschrieben (Dtsch. Apotheker-Ztg. **59**, 202, 1944); aus stark verdünntem Alkohol erhält man dabei die praktisch theoretische Ausbeute an 90—96%igem Alkohol (vgl. Chem. Ztg. 1945, I, 69).

Hinsichtlich der Beseitigung von Peroxyd aus Äther vgl. auch W. LEPPER: Chemiker-Ztg. **68**, 210 (1944).

Zu S. 57. Ein Gerät zur Messung kleinster Strömungsgeschwindigkeiten von Gasen beschrieb auch H. ANDREE: Oel und Kohle **40**, 117 (1944); vgl. auch Chem. Techn. **17**, 58 (1944).

Zu S. 61. Hinsichtlich der Vibrations-Kolloidmühlen vgl. auch W. GÜNTHER: Progressus, Große Messenummer 1939.

Zu S. 64. Ein automatischer Niveau-Regler für Filtrationen, Verdampfungen und Destillationen wurde von F. BERGER beschrieben: Chem. Techn. **18**, 12 (1945).

Zu S. 81. Hinsichtlich einer Kolonne zur Flüssigkeitsextraktion vgl. W. O. NEY u. H. L. LOCHTA: Ind. Engng. Chem., Ind. Edit. **33**, 825 (1941).

Zu S. 124. Hinsichtlich Auffanggefäßen mit Kühlmantel für Vakuum-destillationen vgl. J. B. CLOKE: Ind. Engng. Chem., Anal. Edit. **12**, 329 (1940).

Zu S. 133, Note 1. Vgl. auch die Übersicht von W. F. WITHERS: Austr. Chem. Inst., J. and Proc., Mai 1942 (Referat s. Chemiker-Ztg. **68**, 148 (1944), über Prinzip, Apparaturen, techn. Anwendung und Möglichkeiten der Molekulardestillation.

Zu S. 142. Zur Vakuum-Verdampfung empfindlicher Lösungen vgl. auch KRAUT, LOBINGER und POLLITZER. Ber. dtsch. chem. Ges. **62**, 1939 (1929).

Zu S. 156, Note 1. G. HESSE: Adsorptionsmethoden im chemischen Laboratorium, Berlin: W. de GRUYTER & Co. 1943.

Zu S. 170, Note 1. Angaben über die einfachsten Glasbläserarbeiten (Wiederinstandsetzung und Herstellung einfacher Glasgeräte) machte auch W. MERTENS: Chemie-Arbeit in Werk u. Labor **67**, 122 (1944).

Zu S. 172. Hinsichtlich Angaben über festsitzende Stopfen, Aufbewahrung von Kolben, Reinigen von Glas u. a. vgl. auch E. MÜLLER: Glas u. Apparat **25**, 56 (1944). — Hinsichtlich eines nichtverharzenden Hahnfettes, bestehend aus Eppanol B3 und Lupoten N vgl. Chemie-Arbeit in Werk u. Labor **67**, 232 (1944).

Zu S. 174. Zur Reinigung von Glassachen mit Chromschwefelsäure dient folgende Lösung: 100 g Kaliumbichromat in 1 l Wasser in der Wärme gelöst und nach dem Erkalten langsam unter Umrühren mit 100 ccm konz. Schwefelsäure versetzt. In dieser Lösung beläßt man die Glassachen 1—3 Tage, spült dann mit Wasser, taucht in verdünnte Kali- oder Natronlauge und wäscht schließlich gründlich in fließendem Wasser. Diese Art der Reinigung dient vor allem für Glas, das für analytische Zwecke benützt wird.

Zu S. 177. Hinsichtlich der Entfernung anhaftender Gummistöpsel vgl. auch A. J. BAILEY: Ind. Engng. Chem., Anal. Edit **12**, 52 (1940).

Zu S. 178. Hinsichtlich einer praktischen Anordnung von Bürettenklammern zum einfachen Höher- und Tieferstellen der Büretten (durch Verwendung von Rollen an den Klammern), vgl. Chem. Techn. **17**, 7 (1944).

Zu S. 179. Hinsichtlich Glas-Metall-Verschmelzungen vgl. auch G. MÖNCH: Glas u. Apparat **25, 27, 39, 53** (1944).

Zur Rationalisierung im chemischen Laboratorium in bezug auf Labor-Hilfsmittel, Energie-Verbrauch, Glaswaschen, Chemikalien-Rückgewinnung, Labor-Ordnung, Ausnützung der Arbeitszeit u. a. vgl. H. STADLINGER: Chemiker-Ztg. **68**, 224 (1944). vgl. auch W. MERTENS: Chemie-Arbeit in Werk u. Labor **67**, 9 (1944).

Zu S. 181, Note 2. Hinsichtlich der Einrichtung chemischer Industrielaboratorien vgl. auch E. ROLLER u. P. SCHINDLER: Chemie-Arbeit in Werk u. Labor **67**, 149 (1944). Hinsichtlich Laboratorien unter der Erde vgl. Chemie-Arbeit in Werk u. Labor **67**, 84 (1944).

Zu S. 186. Hinsichtlich der stilistischen Seite wissenschaftlicher Veröffentlichungen vgl. auch E. DINSLAGE: Chemie-Arbeit in Werk u. Labor **67**, 148 (1944).

Sachverzeichnis.

(N bedeutet Nachtrag S. 191 f.)

Abdichten 99.
Abdunsten 95.
Abpressen 66, 103.
Absaugen 98, 99 ff, 101, 102, 139.
— von Kristallen 100.
Absaugrohr 139
Absaugtrichter 101.
Absetztrichter 80.
Absorption, von Gasen 58 ff, 59.
— von Lösungsmitteln 139, 140.
Absorptionsmittel 51, 140.
Absorptionsspektrum 6, 7.
Acetal 89.
Aceton 42, 73, 88.
— lack 176.
Adsorbat, Elution 161, 162, 167.
— Trennung 161.
Adsorption 5.
— als Reinigungsmethode 155 ff.
— auswählende 168.
— chromatographische 156 ff.
— —, in der Gasphase 162.
— fraktionierte 167.
— von Gasen 21, 25, 54, 56.
Adsorptionsaffinität 158, 163.
Adsorptionsgleichgewicht 167.
Adsorptionsmethode, Anwend-
    barkeit 163, 165, 168, N.
— zur Enzymreinigung 165.
— zur Reinigung organischer
    Substanzen 156 ff, 165 ff.
— zur Vakuumerzeugung 25.
— zur Zerlegung von Substanz-
    gemischen 165.
Adsorptionsmittel, für Gase
    25, 54.
— ionenaustauschende 161.
Adsorptionsmittel, zur Ent-
    färbung 87, 90
— zur Trennung von Substanzen
    156, 162, 166
Adsorptionsrohr 158, 159
Adsorptionsverdrängung 161, 167

Adsorptionsvermögen 158, 163.
Adsorptionswert 166.
Äther 47, 72, 73.
— Absorption 140.
— als Extraktionsmittel 72, 73,
    82.
— Destillation 20, 47.
— Entfernung 131.
— Raum 183.
— Reinigung 47, N.
— Umfüllen 180.
— Verwendung 33.
— zum Umkristallisieren 87, 88.
Ätherdampfdestillation 147.
Ätzkalk 46, 53, 55, 140.
Aldehyde, Abtrennung 4.
Alkohol 42, 47.
Alkoholdampfdestillation 147.
Alkoholthermometer 7.
Alkohole, Abtrennung 46, 47.
— Absorption 140.
— als Extraktionsmittel 73.
— Dehydrierung 14.
— Entwässerung 46, 47, N.
— Lösungsvermögen 72, 73.
— zum Umkristallisieren 87, 88.
Aluminiumoxyd, als Adsorptions-
    mittel 91, 158, 163, 164, 166.
Aluminiumspäne, als Bad-
    füllung 10.
Ameisensäure 88.
Ammoniak 54, 55, 56, 100, 163.
Analyse, organ. Substanzen 7.
Analytischer Raum 183.
Anisol 48, 88.
Apiezonfett 173.
Apiezonöl 25, 135, 137.
Asbest 62, 179.
— als Adsorbens 166.
— als Dichtungsmittel 43, 176.
— als Filtermasse 93, 99.
— schnur, 99, 111.
Asplite 175.

Auskristallisieren 94 ff.
Auslaugen 74.
Aussalzen 74, 95.
Ausschütteln 80.
Auswaschen 98, 103.
Autoklav 33, 43, 60.
Autoklavenraum 183.

Baboscher Trichter 9, 10.
Bakterienfiltration 100.
Basen, Abtrennung 4.
Becherzentrifuge 67.
Benzin 45, 88.
Benzindampfdestillation 147.
Benzol 45, 70, 72, 73.
— als Extraktionsmittel 73, 82.
— zur Reinigung 45.
— zum Umkristallisieren 87, 88.
Beutelfilter 63.
Blasenzähler 57.
Bleicherde 91, 157, 160.
Bleiwolle 99.
Bodenkolonne 110, 112.
Bolus alba 91, 166.
Bombenröhren 31, 37.
Bombenwasserbad 32.
Brandfälle 183.
Brechungsvermögen 6.
Brennstoffkammer 184.
Büchner-Trichter 99.

Calciumcarbid 71.
Capillarhahn 30.
Capillarheber 80.
Chemikalienmagazin 184.
Chemikerbesteck 176.
Chlor 55, 56.
Chlorcalcium, als Trockenmittel
    46, 47, 48, 49, 50, 54, 64, 140.
— für Kältemischungen 16.
— Löslichkeit 71, 72.
— zum Aussalzen 96.
— zur Abtrennung von Alko-
    holen 4, 47.
Chloroform 49, 70, 72.
— als Extraktionsmittel 73, 84.
— zum Umkristallisieren 87, 88,
    89.
Chlorwasserstoff 56.
Chlorzinklösung 175.
Chromatogramm 160, 161.
— flüssiges 162.
Chromgelatine 176.
Claisen-Aufsatz 119.

Claisen-Kolben 118.
Colorimetrie 6.
Cyclohexan 88.

Dachlaboratorium 183.
Dampfautoklav 33.
Dampfbad 9.
Dampfeinleitung 148.
Dampfentwickler 9, 148.
Dampfstrahlpumpe 24.
Dampftransformator 142.
Dampftrichter 92.
Dampftrockenschrank 68, 92.
Dampfüberhitzer 150.
Dampfwalzentrockner 69.
Dampf-Wasserstrahl-Saugpumpe
    24.
Dehydrierungsapparat 15.
Dekantieren 62, 67.
Dekokt 75.
Dephlegmation 105, 109.
Derivate, Darstellung 2.
— funktionelle 1, 2.
— Substitutionsderivate 1, 2.
— zwecks Reinigung von Sub-
    stanzen 86, 97.
Desorption 54.
Destillation 180 ff.
— bei tiefer Temperatur 113.
— fraktionierte 113, 116.
— im Vakuum 116.
— Leistungsfähigkeit 132.
— mit gesättigtem Wasser-
    dampf 147.
— mit überhitztem Wasser-
    dampf 150.
— Protokollierung 185.
— Verlauf 115.
Destillationsgefäße 109, 117.
Destillationskurve 116.
Destillationstechnik 114, 116, 129.
Destillieraufsätze 109, 117, 118,
    119.
Destilliereinrichtungen 182.
Destillierkolben 109, 117, 123.
Destillierkühler 20, 112.
Destilliervorlagen 113, 123.
Dewargefäß 17, 124.
Dialyse 77, 85.
— von Enzymlösungen 85, 166.
Dichtung, von Autoklaven 34.
— von Vakuumapparaten 30, 128.
Digerieren 75, 162, 167.

Diisoamyläther 88.
Dimrotkühler 20.
DIN DENOG 170.
Dioxan 48, 88.
Dispergierung 39.
Doppelschelle 33.
Dosen-Exsiccator 104.
Drahtrührer 38.
Drehungsvermögen, optisches 6.
Dreischliffsystem 171.
Druckausgleichsventil 52.
Druckfiltration 65, 66.
Druckflasche 33.
Druckluft 35, 65, 66, 182.
Druckpumpe 35.
— Verwendung 93, 139.
Druckregler 51.
Druckschlauch 40.
Durchflußextraktor 77.
Duranglas 9, 169.
Durchmischen, mit Luft 39.
Dünnschichtdestillation 137.

Eindunsten 138.
Einhängekühler 20.
Einschmelzröhren 31, 37.
Eis, für Kältemischungen 16.
Eisenfeile, zur Badfüllung 10.
Eisessig 48, 87, 88, 172.
Eistrichter 102.
Elektrische Heizkörper 8, 9, 10, 11, 37.
— Heiztrichter 8.
Elektroschnelldialysator 86.
Elution 161, 162, 167, 168.
— auswählende 167, 168.
— fraktionierte 162.
Emulsion, Entmischung 68, 74.
Entfärbung 90, 91.
Entlüftungshahn 22, 125, 131.
Entmischung 35, 68, 74.
Enzyme, Extraktion 166.
— Freilegung 166.
— Reinigung 165ff. 168.
Enzymeinheit 166.
Enzymgemische, Zerlegung 168.
Enzymwert 166.
Erhitzen, direktes 8.
— in Bädern 8, 9, 10.
— in Kolben 8.
— in Röhren 11.
Essigester, als Extraktionsmittel 73.

Essigester, Darstellung 13.
— Lösungsvermögen 72, 73.
— Reinigung 48.
— zum Umkristallisieren 88.
Etagenrührer 58.
Eutervorlage 125, 126.
Evakuierung 22.
Explosive Stoffe 180.
Exsiccator 69, 70, 104, 105.
Extraktion, fester Stoffe 74ff.
— von Enzymen 166.
— von Flüssigkeiten 80ff., N.
Extraktionsapparat, von Clausnitzer 76.
— von Friedrichs 78, 79, 83, 84.
— von Hagen 77.
— von Haanen und Badum 77, 78, 79.
— von Kutscher-Steudel 81, 82.
— von Neumann 80, 83, 84.
— von Nottes 78, 84.
— von Prausnitz 76, 83.
— von Rademacher 76.
— von Sandermann 76.
— von Schmalfuß 78.
— von Schöbel 77, 79.
— von Schöbel-Prausnitz 76.
— von Soxhlet 75, 76, 82.
— von Thielepape 77, 79, 82, 84.
Extraktionsdialysator 86.
Extraktionsmittel 72ff.
— Auswahl 73.
Extraktionsprinzip, umgekehrtes 83.
Extraktionstechnik 73.
Exzenter 36.

Faltenfilter 62.
Faltenkolben 38.
Fasertonerde 158.
Feuerkitt 175.
Filterkerze, von Berkefeld 65.
Filterkuchen 98.
Filtermasse 62.
Filtermaterialien 62.
Filterplatte 99.
Filterpresse 66.
Filterstäbchen 101, 106.
Filtersteine 99.
Filtertuch, Pe-Ce 63.
Filtrieren 35, 62ff, 91.
— Niveau-Regler 64, N.
Filtrierpapier 62.
Flanschenschliff 135, 145, 153, 155.

Fleischwolf 61.
Fluorescenz-Chromatographie 161.
Fluorwasserstoffsäure 100.
Flüssigkeitsextraktor 80 ff.
Flüssigkeitsthermometer 7.
Flußsäure 175.
Föhn 68, 139.
Fraktionieraufsätze 109, 110, 119.
Fraktioniereuter 125, 126.
Fraktionierte Adsorption 167.
— Destillation 116.
— Kristallisation 107.
— Verteilung 84.
Fraktioniervorlagen 124 ff.
Freykolonne 120.
Fullererde 91.
Führung, der Rührwellen 39.
Füllkörperkolonnen 110.

Galvanometer 8.
Gasabsorption 58 ff.
Gasdruckregler 8.
Gase, Aufbewahrung 51.
— Bewegung 51.
— Darstellung 51.
— indifferente 147, 152.
— in Stahlflaschen 51.
— komprimierte 51.
— Reinheitsgrad 51.
— Reinigung 51, 52, 86, 131, 132.
— Trennung 53, 54.
— Trocknung 54.
— Verflüssigung 56.
— Zerteilung 58.
Gasentwicklung 51, 52.
Gasentwicklungsapparat 52.
Gasfallen 21, 137.
Gasflasche 51.
Gaskondensationsgefäße 21, 29.
Gasmesser 57, 58.
Gasometer 57, 132.
Gasregulatoren 8.
Gasstrommesser 57, 58.
Gasuhr 58.
Gasverteilung, in Flüssigkeiten 100.
Gasverteilungsrohr 58.
Gebläsebrenner 35.
Geräte, halbtechnische 143.
Geryk-Pumpe 24.
Gesundheitsschädigende Wir-
    kung, von Lösungsmitteln 45,
    46, 48, 50.
— von Gasen 56.

Gewebe 63.
Giftstoffe, Handhabung 179, 180.
Glas, allgemeine Eigenschaften
    169.
Glas, Blasen 170, N.
— Filtergeräte 100.
— Fritte 62, 78.
— Geräte 169 ff., Reinigung 174, N.
Glashähne 172.
Glaskugelverschluß 177.
Glasmagazin 184.
Glas-Metall-Verschmelzungen
    179, N.
Glasquirl 93.
Glasscheiben, Mattieren 175.
— Schneiden 170.
Glasschliffe 172.
Glassinternutsche 99.
Glasstöpsel, Lockerung 172, N.
Glastinte 175.
Glaswolle 62.
— als Filtermasse 62, 100.
Gleitdialysator 86.
Glycerin 173.
— als Badflüssigkeit 10.
    als Extraktionsmittel 167.
— als Schmiermittel 40, 177.
Graphit 99.
— Bad 10.
Gummistöpsel 177.
— Entfernung 177, N.

Hahnvorstoß 125.
Halbmikrodestillation 122.
Hauptlauf 115.
Heber 62.
Heizkörper 8, 9, 105, 128.
Heizmantel 126, 128.
Heptan 88.
Hexalin 87, 88.
Hexan 88.
Hilfsgeräte 178.
Hochdruckautoklaven 34.
Hochdruckhydrierung 60.
Hochvakuum, Anlagen 29, 30,
    133, 134, 135.
— Erzeugung 24, 25, 26.
— Destillation 116, 133 ff.
— Fett 30, 127.
— Fraktioniergerät 121.
— Messung 27.
— Naßluftpumpe 24.
— Schnellumlaufverdampfer 143

Hochvakuum, Verdampfung 133.
Hydrierung 31, 59, 60.
— Apparate 60.
— Raum 183.

Impfkristalle 94.
Implosion 114.
Indifferente Gasatmosphäre, bei
  der Dialyse 86.
— — beim Destillieren 131, 132.
— — bei Sublimieren 152.
— — beim Umkristallisieren 105.
Injektor 58.
Intensivflachrohrkühler 20.
Interferometrie 6.
Isolierband 176.
Isolierung, thermische 105.
Isoprenlampe 15.

Jantzenkolonne 120.

Kahlbaum-Aufsatz 110, 111.
Kalium 49.
Kaliumcarbonat (Pottasche), als
  Trockenmittel 50, 71, 73, 114.
— zum Aussalzen 96.
— zum Abscheiden von Alko-
  holen 74.
Kaliumhydroxyd, als Trocken-
  mittel 47, 48, 49, 50, 54, 71,
  114.
Kaliumnitrat 10.
Kältemischungen 16, 102, 112, 124.
Kältenutschen 102.
Kaolin 157, 166.
Katalysator 60.
Katalytische Hydrierung 60.
Kautschuk, Behandlung 176.
Ketenlampe 15.
Kieselgur 65, 91, 99, 157, 167.
Kieselsäure, aktive 26, 56, 91, 166.
Kieselsäuregel 26, 56.
Kippscher Apparat 52.
Kitte 175, 178.
Klammern 178, N.
Klärungsmethoden 91, 166, 167.
Klingeritdichtung 33.
Kneten 35.
Kohle 99.
— aktive 26, 54, 157.
Kohlendioxyd 53, 55, 56, 163.
Kohlenmonoxyd 55, 56.
Kohlensäure, feste 16.

Kolieren 63.
Kollergang 61.
Kollodium 176.
Kolloidgele, als Adsorptions-
  mittel 166.
Kolloidmühle 61, N.
Kombinationsmethode, zur Va-
  kuumerzeugung 26.
Kondensation, des Dampfes 18.
— von Gasen 21.
Kondensationsmethode, zur Va-
  kuumerzeugung 25.
Kondensationsreaktionen 1.
Konstitutionsermittlung 2.
Kontaktthermometer 8.
Kork, Behandlung 176.
Korkbohrerschärfer 176.
KPG-Rührwerk 41, 42.
KPG-Umlaufpumpe 11.
Kristallform 94.
Kristallisation 5, 86 ff.
— bei verschiedenen Tempera-
  turen 108.
— durch Abdunsten 95.
— durch Aussalzen 95.
— fraktionierte 107.
— öliger Substanzen 96.
Kropftrichter 100.
Kugelflanschrohr 33.
Kugelkühler 19.
Kugelmühle 61.
Kugelschliff 77, 83, 84, 142, 171.
Kühlaggregate 20.
Kühler 18, 19, 20, 112.
Kühlgefäße 15, 16, 17, 18.
Kühlmantel 112.
Kühlmittel 16.
Kühlraum 183.
Kühlrohr 19, 20, 112.
Kühlschlange 18.
Kühlschrank, Verwendung 17, 97.
Kühlung, bei Reaktionen 17.
— des Dampfes 18, 112, 123, 147.
— von Flüssigkeiten 15.
Kupfersulfat, als Trockenmittel
  71, 114.
Kurzwegdestillation 133, 134, 137.
— Apparatur 136.
Küvette, zur chromatographi-
  schen Adsorption 160.

Laboratoriumsbau 181, N.
Laboratoriumsbrände 181.

Laboratoriumseinrichtungen 181.
Laborkolonne 111.
Lagerhülse 43.
Lagerräume 184.
Lamellenkühler 20.
Liebigkühler 20, 112.
Ligroin 45, 72.
— als Extraktionsmittel 72.
— zum Umkristallisieren 88.
Löschapparate 181.
Lösen 50, 91.
Löslichkeit 5, 72, 73, 89.
— anorganischer Substanzen 72.
Löslichkeitsprobe 89.
Lösungsmittel, Absorption 140, 146.
— als Kristallverbindungen 89.
— Anwendung 43, 72, 73.
— bei Adsorptionen 90, 91.
— Giftigkeit 44.
— Indifferenz 44, 72, 73, 89, 96, 97.
— Mischung 85, 88, 103.
— Nachweis 44.
— Reinigung 44 ff.
— Trocknung 44 ff.
— Verdunstung 17, 139, 140, 146.
— zum Umkristallisieren 87, 88.
— zur Extraktion 72, 73.
Lovibond-Tintometer 6.
Luft, flüssige 17, 25, 54.
Luftbad 8, 10, 36.
Luftkühlung 18, 20.

Macerieren 74.
Manometer, für Druckmessung 51.
— für Vakuummessung 26, 27.
Maschenweite 62.
Maschenzahl 62.
Membranfilter 65.
Metallbäder 10.
Metallgeräte 177.
Metallhülsen 39.
Metallrührer 39.
Methanol, als Elutionsmittel 161.
— siehe Alkohole.
Methylal 89.
Methylaethylketon 48, 88.
Methylchlorid 17.
Methylenchlorid 49.
Mikroadsorptionsrohr 158, 159.
Mikrodestillation 113.
— im Vakuum 122.
Mikrodosenexsiccator 104.

Mikroextraktion 78, 79, 82.
Mikrofraktionierkolben 121, 122.
Mikrofraktioniervorlagen 127, 128.
Mikrohydrierung 60.
Mikrokolonnen 123.
Mikronutsche 102.
Mikroröhrenexsiccator 105.
Mikrorührwerk 43.
Mikrosublimation 152, 154.
Mikro-Umkristallisieren 93, 94.
Mikrovakuumexsiccator 105.
Mikroverfahren, zur chromatographischen Adsorption 159.
Mikrowasserdampfdestillation 149.
Mikrozentrifugalnutsche 103.
Mischoperationen 35.
Mischungsschmelzpunkt 6.
Molekulardestillation 117, 133 ff., N.
— kleiner Flüssigkeitsmengen 136.
Mühlen 61.
Mutterlauge, Abtrennung 97, 103.
— Verarbeitung 99, 107, 108.
— Verwertung 104.

Nachlauf 115.
Nachtraum 183.
Natriumnitrat 10.
Natrium, zum Trocknen 45, 114.
Natriumchlorid, für Kältemischungen 16.
— zum Aussalzen 74, 96.
Natriumsulfat, zum Trocknen 71, 114.
Nebel, zum Auswaschen 99, 103.
Neointensivkühler 20.
Nitrobenzol 50, 89.
Normalschliffe 30, 117, 119, 170, 171.
— Normierung 171.
Normblätter 62, 171.
Normung 169.

Ölbad 11, 36, 130.
Öldiffusionspumpe 25.
Ölpumpe 24, 29.
Operationen, chemische 7 ff.
Organisch-präparatives Labor., (allg. Einrichtung) 182.
Ozon 55, 56.

Papinscher Topf 33.
Paraffin, zur Adsorption von Lösungsmitteln 140.
Paraffinbad 10, 131.
Paraffinöl, für Bäder 10.
Pentan 88.
— Thermometer 7.
Perforator 81 ff.
Perkolator 74, 75.
Peroxyd 48.
Petroläther 45, 72.
— bei der Adsorption 160, 161.
— Reinigung 45.
— zur Extraktion 72, 82.
— zum Umkristallisieren 87, 88, 94, 96.
Phenole, Abtrennung 4.
Phosphorpentoxyd 70.
— als Trockenmittel 50, 54, 55, 71, 74, 79, 114, 132, 140.
Photometer 6.
Physikalisch-chemische Räume 184.
Picein 173, 174.
Polarisation 6.
Porzellan 99.
— Apparate 175.
Prallfläche 38, 39.
Presse 66, 103.
Propellerrührer 38.
Protokollführung 184.
Publikationstechnik 185.
Pukallfilter 98.
Pyknometer 6.
Pyridin 50, 88.
Pyroreaktionen 15.

Quarz 99.
Quarzglas 169.
Quecksilberdiffusionspumpe 122, 137.
Quecksilberpumpe 25, 29, 31.
Quecksilberthermometer 7.
Quecksilberverschluß 31, 41.
Quetschhahn 59, 80, 177.

Ramsayfett 30, 41, 173.
Rapidrührwerk 42.
Raschigringe 59, 110.
Reaktionen, Bedeutung der
— Temperatur 12.
— Charakteristik 1.
— Durchführung 12 ff.

Reaktionen, mit Gasen 56.
— unter Destillation 13.
— unter Druck 31 ff, 36, 37, 60.
— unter Rückflußkühlung 12.
— unter Rühren 37 ff.
— unter Schütteln 36.
Reaktionsbehälter 37.
— nach Schott 42.
Reaktionssäule 59.
Reduzierventil 35, 51.
Refraktometer 6.
Regenerierungsblock 105, 152.
Reibschale 61.
Reizgas 56.
Rektifikation 105.
Rektifizierapparatur 111.
Rieselturm 53, 58, 59.
Röhrenexsiccator 70, 105.
Rohrleitungen 171.
Rosesche Legierung 10.
Rostschutzmittel 178.
Rotamesser 57.
Rotorzerteiler 58.
Rückflußkühler, gekröpft 14.
Rückflußkühlung 14, 18, 19, 20, 38, 92.
Rücklauf 105.
Rückschlagventil 28.
Rückspülung 100.
Rühraufsatz 38, 40.
Rührautoklav 34, 43, 60, 179.
Rührer 38.
Rührgefäße 37, 39.
Rührrohr 39.
Rührstäbe 38.
Rührwerk 37 ff, 38.
Rührwerke, KPG 41, 42, 43, 173.
Rundfilter 62.

Säbelkolben 113.
Sackfilter 63.
Salpetersäure 73.
Salzbäder 10.
Salzsäure 100.
Sandbad 10.
Sauerstoff 55.
— Entfernung 53.
Saugeprouvette 20, 99, 123.
Saugflasche 99, 123.
Saugstäbchen 101, 106.
Saugtopf 99.
Säuren, Abtrennung 4.
Säurekitt 175.

Schälschleuder 68.
Schamotte 99.
Schäumen, bei der Destillation 131, 145, 151.
Schaumfänger 144, 145, 146.
Schaumzerstörung 146.
Scheidetrichter 80, 85.
Schießkasten 32.
Schießofen 32, 36, 37.
Schlangenkühler 19, 20, 112.
Schliff-Flasche 99.
Schlitztrichter 99.
Schmelzpunkt 6, 90, 113, 114.
Schmiermittel 41, 43, 172, 173.
Schnelldialysator 86.
Schnellzentrifuge 68.
Schraubenquirl 39.
Schraubenrührer 39.
Schüttelautoklav 37.
Schüttelbirne 60.
Schüttelmaschine 36, 37.
Schütteln 35 ff, 74.
Schüttelofen 36.
Schutztrichter 139.
Schwanzhahn 26, 29, 125.
Schwefeldioxyd 55, 56.
Schwefelkohlenstoff 8, 50, 72, 88
Schwefelsäure 100.
— als Badflüssigkeit 10.
— als Trockenmittel 54, 55.
— für Kältemischungen 16.
Schwefelwasserstoff 25, 55, 56.
Schwertkolben 113.
Sedimentierzentrifuge 67, 103.
Seitzfilter 66.
Separator 13.
Sicherheitsbrenner 8.
Sieben 61, 62.
Siebgut 62.
Siebzentrifuge 67, 103.
Siedekapillaren, für die Vakuum-destillation 117, 119, 144.
— nach Knöbel 115.
Siedesteinchen 115.
Siedeverzug, Aufhebung 115, 117, 119.
Silbernitrat 175.
Silicagel 26, 54, 56, 70, 91, 140, 157, 162.
— Gesellschaft 26.
Sinterglasnutsche 99.
Soxhlet-Apparat 75, 76.
Soxhlet-Kühler 20.

Spektroskopie 6.
Spezialräume 183.
Spiralenkühler 20, 112.
Spitzfilter 63.
Spitzkolben 118.
Spülraum 184.
Stärke, lösliche 173.
Stabthermometer 7.
Sterilfiltration 65, 66.
Steingutnutsche 99.
Steroide 164.
Stickoxydul 163.
Stickstoff 55, 163.
Stinkraum 183.
Stopfbüchse 43.
Stoßen 25.
Strömungsgeschwindigkeit, Messung 57, N.
Stufenphotometer 6.
Sublimation 151 ff.
— fraktionierte 155.
— im Vakuum 153.
— Leistungsfähigkeit 151, 155.
— Protokollierung 185.
— Technik 155.
Sulfierkolben 37, 41.
Sulfonierung 2, 14.
— Apparatur 14.
Superzentrifuge 68.
Supremaxglas 169.
Synthese, organische 1.

Talkum, als Adsorptionsmittel 91, 158, 166.
Technische Räume 183.
Temperaturmessung und -Regelung 7, 8.
Tetrachlorkohlenstoff 50, 70, 174.
— als Extraktionsmittel 72, 84.
— Reinigung 50.
— Verwendung 13, 181.
— zum Umkristallisieren 88.
Tetralin 87, 88.
Thermoelement 7.
Thermoregulator 120.
Thiophen 45.
Tierkohle, Reinigung 87, 91, 152.
Titrierraum 183.
Toluol 45.
— Verwendung 70.
— zum Umkristallisieren 87, 88.
Ton, Verwendung 99, 103, 104.
Trägergas 162.

Transmission 40.
Trenneffekt 163.
Trennung, von Gasen 165.
— von Kohlenwasserstoffen 54, 120.
— organischer Substanzen 4, 5, 72.
Trichter 62, 63.
Trockenapparate 54, 68ff, 104, 105.
Trockengeräte 51.
Trockenmittel 44ff, 54, 55, 69, 70, 104.
Trockenpistole 105.
Trockenrohr 54, 105.
Trockenschrank 8, 68, 105.
Trockenturm 54.
Trocknen, fester Substanzen 68ff, 104, 105.
— von Flüssigkeiten 71, 114.
— von Gasen 54ff.
— von Lösungsmitteln 44, 71.
Tropfrohr 93, 98.
Tropftrichter 13, 37, 52, 59, 106, 147, 159.
Tubus 99.
Turbinenrührer 38.

Überhitzer 150.
Überhitzung, bei der Destillation 61.
— Vermeidung 8.
Überhitzungsmethoden 14, 15.
Überlaufvorrichtung 9.
Überlaufzentrifuge 68.
Ultrachromatographie 161.
Ultrafiltrationsapparat 65.
Ultrathermostat 11.
Ultrazentrifuge 68.
Umfällen 96.
Umkristallisieren 86ff.
— fraktioniertes 107, 108.
— in indifferenter Gasatmosphäre 105.
Umlösen 87, 91, 95, 96.
Universalextraktor 78, 82.
U-Röhren 21, 54.
— zur Gasreinigung 54.
Unterdruckdampf 142.

Vakometer 137.
Vakuum 38, 182.
Vakuumanlage 27ff.

Vakuumbehälter 28.
Vakuumdestillation 116ff.
— hitzeempfindlicher Substanzen 132.
— oxydabler Substanzen 132.
— schäumender Substanzen 131.
— stoßender Substanzen 131.
— Technik 129.
— Vorlagen 124, N.
Vakuumdestillierkolben 117.
Vakuumeinrichtungen 182.
Vakuumleitung 30.
Vakuummessung 26, 27.
Vakuummeter 27, 131.
Vakuumpumpen 23ff.
Vakuumtechnik 22ff.
— Handhabung 30.
Vakuumtrockenpistole 154.
Vakuumtrockenschrank 69.
Vakuumsublimationsapparat 154.
Vakuum-Umlaufverdampfer 141ff.
Vakuumverdampfung 142, N.
— Anlagen 24, 144.
Ventilator 139.
Venturi-Gasmesser 58.
Verätzungen 179.
Verbindungsschliffe 117, 171.
Verbrennungen 181.
Verbrennungsrohr 34.
Verbrennungszimmer 184.
Verdampfung 95, 138ff.
— bei der fraktionierten Kristallisation 107.
— Niveau-Regler N.
Verdunstung, im Vakuum 146.
— mit Hilfe von Adsorptionsmitteln 139.
— zur Erzielung tiefer Temperaturen 17.
Verdunstungskasten 69, 139.
Veresterung 2, 14.
— Apparatur 14.
Veröffentlichungen 186, N.
Versprühen 99, 144, 145.
Vertikalströmung 39.
Vertikalzirkulation 39.
Verunreinigungen, Entfernung 91.
Vitamin A 137.
— D 137.
— E 137.
Volmer-Pumpe 23.
Vorentgaser 136.

Vorlage 113, 124 ff.
— nach Brühl 126.
— nach Gautier 126.
— nach Konowalow 126.
Vorlauf 115.
Vorvakuum 24.

Wägezimmer 183.
Warmwassertrichter 92.
Waschflasche 53.
Wasserbad 9.
Wasserdampfdestillation 146 ff.
Wasserfänger 13, 70.
Wasserglaslösung 175.
Wasserstoff 51, 54, 60, 163.
Wasserstrahlpumpe 23, 24, 28, 35, 43, N.
Wasserstrahlpumpenvakuum, Anlage 28, 29, 112, 139.
— Anwendung 116.
— Messung 26.

Watte 62.
Weinhold-Gefäß 17.
Wendelstab 110.
Werkstätte 184.
Widmer-Kolonne 111, 118, 119.
Wittsche Filterplatte 99, 102.
Wittscher Filtrierapparat 101.
Woodsche Legierung 10.
Woulffsche Flasche 28, 29.

Xylol, Reinigung 45.
— Verwendung 70.
— zum Umkristallisieren 87, 88.

Zahnräder 40.
Zentrifugieren 62, 66 ff, 102, 103.
Zentrifugalrührer 38, 39.
Zinkoxyd 175.
Zucker, als Adsorptionsmittel 158.
Zulaufgefäß 137.